Wilfried Staudt

Unter Mitarbeit von
Martin Zywitza

Berufsfeld Fahrzeugtechnik

Diagnostizieren und Instandsetzen von Motormanagementsystemen

1. Auflage

Bestellnummer 04364

Bildungsverlag EINS

www.bildungsverlag1.de

Gehlen, Kieser und Stam sind unter dem Dach des Bildungsverlages EINS zusammengeführt.

Bildungsverlag EINS
Sieglarer Straße 2, 53842 Troisdorf

ISBN 3-427-**04364**-9

© Copyright 2005: Bildungsverlag EINS GmbH, Troisdorf
Das Werk und seine Teile sind urheberrechtlich geschützt. Jede Nutzung in anderen als den gesetzlich zugelassenen Fällen bedarf der vorherigen schriftlichen Einwilligung des Verlages.
Hinweis zu § 52a UrhG: Weder das Werk noch seine Teile dürfen ohne eine solche Einwilligung eingescannt und in ein Netzwerk eingestellt werden. Dies gilt auch für Intranets von Schulen und sonstigen Bildungseinrichtungen.

Inhaltsverzeichnis

1 Ottomotor-Management ... 5
    1.1 Qualitätssicherung durch Kundenorientierung ... 5
        ● **Kundenauftrag: Schlechte Gasannahme** ... 5
    1.2 Qualitätssicherung durch Systemkenntnis ... 6
        1.2.1 Betriebssituation Ottomotor ... 6
        1.2.2 Drehmomentorientiertes Motormanagementsystem für Saugrohreinspritzung (ME-Motronic) ... 9
    1.3 Qualitätssicherung durch Kundenorientierung ... 48
        ● **Kundenauftrag: Kraftstoffverbrauch zu hoch** ... 48
    1.4 Qualitätssicherung durch Systemkenntnis ... 49
        1.4.1 Drehmomentorientiertes Motormanagementsystem für Benzindirekteinspritzung (MED-Motronic) ... 49
        1.4.2 Vergleich: Saugrohreinspritzung (ME-Motronic) – Direkteinspritzung (MED-Motronic) ... 50
    1.5 Qualitätssicherung durch Prüfen und Messen ... 55
        1.5.1 Systematische Fehlerdiagnose ... 55
        1.5.2 Eigendiagnose ... 55
        1.5.3 Prüf- und Messgeräte ... 60
        1.5.4 Systematische Fehlersuche am Beispiel VW Lupo 1,0, AUC-Motor ... 61

2 Dieselmotor-Management ... 76
    2.1 Qualitätssicherung durch Kundenorientierung ... 76
        ● **Kundenauftrag: Hohe Drehzahl im Leerlauf** ... 76
    2.2 Qualitätssicherung durch Systemkenntnis ... 77
        2.2.1 Betriebssituation Dieselmotor ... 77
        2.2.2 Motormanagement eines Dieselmotors mit Radialkolben-Verteilereinspritzpumpe ... 79
        2.2.3 Kraftstoffversorgung ... 81
        2.2.4 Motormanagement ... 83
        2.2.5 Starthilfesystem ... 90
        2.2.6 Abgasnachbehandlung beim Dieselmotor ... 91
        2.2.7 Hydraulische Motorlagerung ... 92
    2.3 Qualitätssicherung durch Prüfen und Messen ... 93
    2.4 Qualitätssicherung durch Kundenorientierung ... 94
        ● **Kundenauftrag: Ruckeln** ... 94
    2.5 Qualitätssicherung durch Systemkenntnis ... 95
        2.5.1 Motormanagement eines Dieselmotors mit Common Rail ... 95
        2.5.2 Aufbau des Speichereinspritzsystems Common Rail ... 96
        2.5.3 Kraftstoffversorgung ... 97
        2.5.4 Abgasturbolader mit verstellbaren Leitschaufeln ... 100
        2.5.5 Motormanagement ... 102
    2.6 Qualitätssicherung durch Prüfen und Messen ... 106
        2.6.1 Prüfen und Messen von Sensoren und Aktoren am Beispiel eines Dieselmotors mit Common Rail (MB E 320 CDI) ... 106
    2.7 Qualitätssicherung durch Kundenorientierung ... 114
        ● **Kundenauftrag: Kraftstoffverbrauch zu hoch in Verbindung mit unzureichender Motorleistung** ... 114
    2.8 Qualitätssicherung durch Systemkenntnis ... 115
        2.8.1 Motormanagement eines Dieselmotors mit Pumpe-Düse-Einheit ... 115
        2.8.2 Aufbau ... 116
        2.8.3 Kraftstoffversorgung ... 117
        2.8.4 Motormanagement ... 119
    2.9 Qualitätssicherung durch Prüfen und Messen ... 123

Anweisungen zur Lösung der Kundenaufträge ... 124

Bildquellenverzeichnis ... 125

Sachwortverzeichnis ... 126

Inhalte der CD-ROM Zusatzmaterialien ... 127

Hinweise für den Benutzer

Das vorliegende Lern- und Arbeitsbuch unterstützt Lehrer und Schüler bei der Umsetzung der Vorgaben des Rahmenlehrplanes.
Schwerpunkte in den Lernfeldern sind
1. die Abwicklung von Kundenaufträgen im Sinne eines Arbeits- und Geschäftsprozesses,
2. der Erwerb von Fach-, Diagnose- und Instandsetzungskompetenz,
3. Qualitätsmanagement
   Zum Qualitätsmanagement gibt der Rahmenlehrplan folgende Information:
   „Im ersten Ausbildungsjahr sollen die Schülerinnen und Schüler lernen, die Qualität ihrer Arbeit ständig zu überprüfen und zu verbessern. Der Selbstbewertungsprozess bildet in den folgenden Jahren den Ausgangspunkt zu einem ganzheitlichen Qualitätsdenken im Rahmen des Qualitätsmanagements."
   Die gesamte Abwicklung eines Kundenauftrages wird daher in der Fachstufe unter dem Gesichtspunkt der Qualitätssicherung betrachtet.

Im Gegensatz zu in den Lernfeldbüchern der Grundstufe ausführlich behandelten Kundenaufträgen müssen in der Fachstufe die Kundenaufträge von den Schülern mithilfe der Arbeitsblätter selbstständig geplant, durchgeführt, kontrolliert und bewertet werden. Durch die Bearbeitung eines Kundenauftrages erarbeiten sich die Schüler in Teamarbeit die erforderlichen Systemkenntnisse zu den instandzusetzenden Systemen und Strategien der Fehlerdiagnose. Unterstützt werden sie durch die Informationsseiten des Buches, das Werkstatt-Informationssystem ESItronic und die beiliegende CD-ROM mit Zusatzmaterialien. Die Übungsphase ist in die Erarbeitungsphase integriert.

Im Buch sind die Bereiche
- „Qualitätssicherung durch geplante Instandsetzung"
- „Qualitätssicherung durch Kontrolle und Dokumentation", teilweise auch
- „Qualitätssicherung durch Kundenorientierung"

in die Erarbeitungsphase der Schüler mit Arbeitsblättern verlegt worden.
Die o. a. Bereiche, abgesehen vom Kundenauftrag, werden nur noch dann im Buch dargestellt, wenn neue Inhalte und Informationen erforderlich sind.

Der Unterricht kann wie folgt organisiert werden:

„Erarbeitungsphase (Übungsphase integriert):
Zur Auftragsabwicklung werden die Schüler durch die auf der CD-ROM gespeicherten Arbeitsblätter unterstützt.

1. **Qualitätssicherung durch Kundenorientierung**
   Annahmegespräch und Auftragsannahme
   Ausgangspunkt ist eine Kundenbeanstandung. Kundenbefragung und Kundenberatung sind Bestandteil der Auftragsannahme. Um die Kommunikation mit dem Kunden zu üben, kann die Auftragsannahme im Rahmen eines Rollenspiels stattfinden.

2. **Qualitätssicherung durch Systemkenntnis**
   In Teamarbeit organisieren die Schüler in einer ersten Vorplanung die Informationsbeschaffung. Recherchen im Internet ergänzen die Materialsammlung.
   Im Folgenden wechseln Phasen der Auftragsabwicklung mit Phasen des Erwerbs von Systemkenntnis ab. In Teamarbeit werden die fachlichen Inhalte zur Beantwortung der Fragestellungen und der weiteren Auftragsabwicklung erarbeitet.

3. **Qualitätssicherung durch Prüfen und Messen**
   Die Schüler wählen die Prüf- und Messgeräte aus, legen Diagnose- bzw. Instandsetzungsstrategien fest, entwickeln den Prüfplan und kreisen aufgrund der Störungsdiagnose den möglichen Fehler ein.

4. **Qualitätssicherung durch geplante Instandsetzung**
   In dieser Phase werden Werkzeuge, Geräte zur Instandsetzung, Hilfs- und Betriebsstoffe ausgewählt, Arbeitsregeln, Vorschriften zur Arbeitssicherheit ermittelt und der Arbeitsprozess dokumentiert.

5. **Qualitätssicherung durch Kontrolle und Dokumentieren**
   Die Schüler präsentieren ihre Ergebnisse. Die Schüler kontrollieren und diskutieren den im Arbeitsplan/Prüfplan vorgeschlagenen Weg der Diagnose/Instandsetzung und schlagen, wenn möglich, eine verbesserte Vorgehensweise vor.
   Die Dokumentation wird über die in dem Werkstatt-Informationssystem ESItronic integrierte Arbeitskarte durchgeführt.

Der Lehrer übernimmt die Rolle eines Moderators, der die Schüler bei der Informationsauswertung und Auftragsabwicklung berät, betreut und weitere Lernprozesse initiiert und organisiert.

Die englische Sprache wird durch mehrere Fachtexte auf englischsprachigen Internet-Seiten einbezogen (siehe CD-ROM für Zusatzmaterialien).

ESItronic „DEMO 2"

Diesem Fachbuch ist eine neu entwickelte und um zahlreiche Fahrzeuge erweiterte Demo-CD der ESItronic beigefügt. Sie ist auf die Kundenaufträge, die Fahrzeuge und die Motormanagementsysteme des Lernfelds 7 abgestimmt.

November 2004   Wilfried Staudt

1 Ottomotor-Management

1.1 Qualitätssicherung durch Kundenorientierung
- **Kundenauftrag: Schlechte Gasannahme**

Anschrift Kunde:

Frau
Helga Siebert
Lärchenstr. 16

65207 Wiesbaden

Auftrags-Nr.: 0012

Kunden-Nr.: 1512

Auftragsdatum: 21. 11. 2004

Typ	Amtl.-Kennzeichen	Fzg.-Ident-Nr.	KBA-Schlüssel	km-Stand
VW-Lupo	WI-HK 100		0603 450	35000

Erstzulassung	Motor-Nr.	angenommen durch	Telefon-Nr.
04/2003	AUC	Schmidt	0611/32134

Pos.	Arb.wert	Zeit	Arbeitstext	Preis
01			Schlechte Gasannahme	

Termin: 22. 11. 2004, 16.00 Uhr

Der Auftrag wird unter ausdrücklicher Anerkennung der „Bedingungen für die Ausführung von Arbeiten an Kraftfahrzeugen, Aggregaten und deren Teile und für Kostenvoranschläge" erteilt, die mir ausgehändigt wurden.

Endabnahme Fahrzeug

Tag	Uhrzeit	Abnehmer	km-Stand

Helga Siebert
Unterschrift Kunde

1.2 Qualitätssicherung durch Systemkenntnis

1.2.1 Betriebssituation Ottomotor

1. Takt: Ansaugen	2. Takt: Verdichten	3. Takt: Arbeiten	4. Takt: Ausstoßen
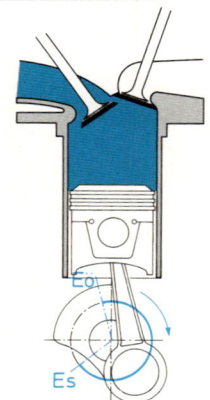	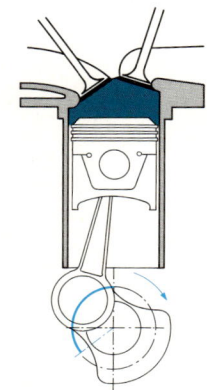	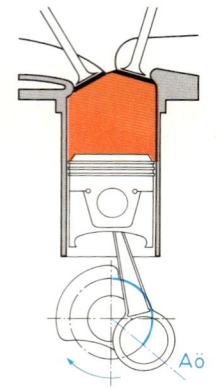	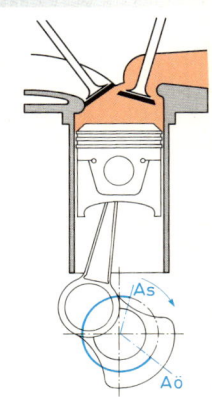
Einlassventil: offen Auslassventil: geschlossen Kolben bewegt sich von OT nach UT Ansaugdruck: $p = -0{,}1$ bis $0{,}2$ bar	Einlassventil: geschlossen Auslassventil: geschlossen Kolben bewegt sich von UT nach OT Verdichtungsenddruck: $p = 15$ bis 20 bar Verdichtungstemperatur $t = 400\,°C$ bis $500\,°C$ Verdichtungsverhältnis: $\varepsilon = 9{:}1$ bis $12{:}1$	Einlassventil: geschlossen Auslassventil: geschlossen Zündfunke leitet kurz vor OT Verbrennung ein, Kolben bewegt sich von OT nach UT Verbrennungshöchstdruck: $p_{max} = 40$ bis 60 bar Verbrennungshöchsttemperatur: $t_{max} = 2\,000\,°C$ bis $2\,500\,°C$	Einlassventil: geschlossen Auslassventil: geöffnet Kolben bewegt sich von UT nach OT Restdruck beim Öffnen des Auslassventils: $p = 4$ bis 7 bar $t = 700\,°C$ bis $1000\,°C$

Arbeitsdiagramm

Der Druck im Zylinder über dem Hub des Kolbens für die vier Takte wird im Arbeitsdiagramm dargestellt (siehe auch Lernfeld 1).

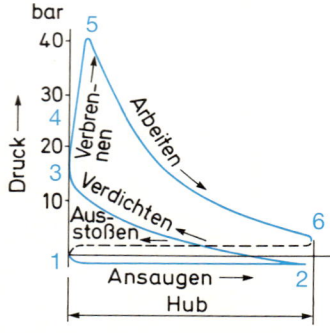

Leistungs- und Drehmomentkurven

Die Kurven stellen die Abhängigkeit der Leistung und des Motordrehmomentes von der Drehzahl dar (siehe auch Lernfeld 1). Zwischen dem maximalen Drehmoment und der maximalen Leistung liegt der elastische Bereich des Motors.

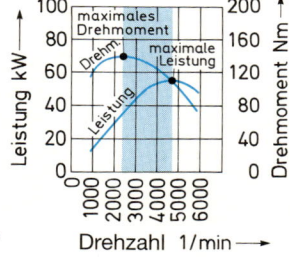

Leistungsbilanz des Ottomotors (Sankey-Diagramm)

Im Otto-Viertaktmotor wird die im Kraftstoff gebundene chemische Energie durch Verbrennung in mechanische Energie der Kurbelwelle (Nutzenergie) umgewandelt. Ein Teil der chemischen Energie wird nicht in Nutzleistung umgewandelt, sondern geht als Wärme im Abgas, in der Kühlflüssigkeit, durch Wärmestrahlungsverluste von heißen Motorteilen und durch Reibung verloren. Damit stehen etwa 24 bis 32 % der zugeführten Energie als Nutzleistung an der Kurbelwelle zur Verfügung. Das Verhältnis der Nutzleistung (effektive Leistung) zur zugeführten Wärmeleistung wird als Nutzwirkungsgrad oder effektiver Wirkungsgrad bezeichnet.

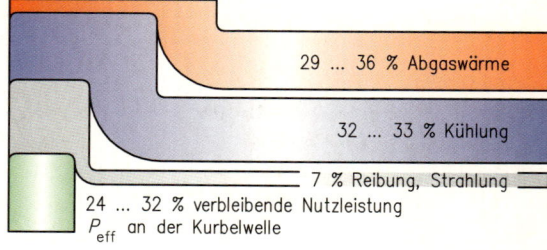

Gemischbildung

Leistung, Verbrauch und Abgaszusammensetzung eines Ottomotors sind im Wesentlichen vom Mischungsverhältnis von Kraftstoff und Luft abhängig. Eine einwandfreie Zündung und Verbrennung eines Luft-Kraftstoffgemischs kann nur innerhalb eines bestimmten Mischungsverhältnisses erfolgen. Zur vollkommenen Verbrennung von 1 kg Kraftstoff sind 14,7 kg Luft erforderlich, anders ausgedrückt, 1 l Benzin benötigt 11 500 l Luft.

Das Verhältnis der der Verbrennung zugeführten Luftmenge zum theoretischen Luftbedarf bezeichnet man als Luftverhältnis λ.

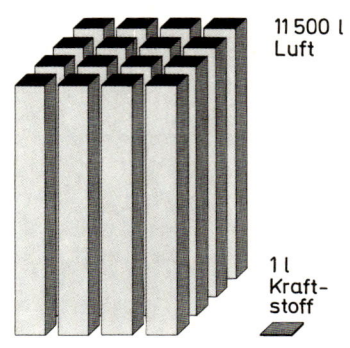

$$\lambda = \frac{\text{zugeführte Luftmenge}}{\text{theoretischer Luftbedarf}}$$

Es gilt
- $\lambda = 1$
  Die zugeführte Luftmasse entspricht dem theoretischen Luftbedarf. Dies ist beim idealen, theoretischen Luft-Kraftstoff-Gemisch von 14,7:1 (auch stöchiometrisches Luft-Kraftstoff-Verhältnis genannt) der Fall.
- $\lambda < 1$
  Bei Luftmangel ergibt sich ein fettes Gemisch. Ottomotoren mit Saugrohreinspritzung (siehe S. 21) erreichen ihre Höchstleistung bei $\lambda = 0{,}95$ bis $0{,}85$.
- $\lambda > 1$
  Bei Luftüberschuss ergibt sich ein mageres Gemisch. Der Kraftstoffverbrauch ist bei $\lambda = 1{,}05$ bis $1{,}1$ am niedrigsten, die Leistung nimmt ab.
- $\lambda > 1{,}2$
  Das Gemisch ist nicht mehr zündwillig. Es treten Verbrennungsaussetzer auf, der Motor läuft unruhig, der Kraftstoffverbrauch nimmt zu, die Leistung nimmt ab.

Den günstigsten Kraftstoffverbrauch bei optimaler Leistung erzielt man bei $\lambda = 0{,}9$ bis $1{,}1$.

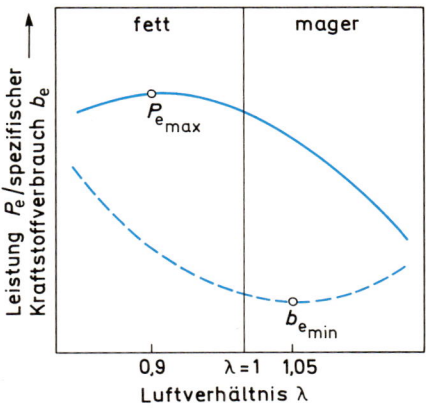

Anpassung an Betriebszustände

Bei den unterschiedlichen Betriebszuständen müssen korrigierende Eingriffe in die Gemischbildung durchgeführt werden.

Kaltstart	Nachstart/Warmlauf	Leerlauf
Beim Kaltstart magert das Luft-Kraftstoff-Gemisch durch • schlechte Verwirbelung, • geringe Verdampfung, • Wandbenetzung bei tiefen Temperaturen ab. Um dies auszugleichen und das Anspringen des Motors zu erleichtern, muss zusätzlicher Kraftstoff zugeteilt werden.	Nach dem Start ist bei tiefen Temperaturen für eine kurze Zeit zusätzlich Kraftstoff erforderlich, um die schlechte Gemischbildung und die Kondensation auszugleichen. Während der Warmlaufphase kondensiert noch Kraftstoff an den kalten Zylinderwandungen, sodass der Motor eine Warmluftanreicherung benötigt.	Nach Erreichen der Betriebstemperatur erhält der Motor ein stöchiometrisches Gemisch.

Teillast	Vollast	Beschleunigen
Im Teillastbereich wird ein möglichst geringer Kraftstoffverbrauch bei niedrigen Schadstoffemissionen angestrebt. Dies wird duch ein stöchiometrisches Gemisch erreicht.	Der Motor gibt sein größtes Drehmoment bzw. seine größte Leistung ab. Das Luft-Kraftstoff-Verhältnis muss gegenüber der Teillast angereichert werden. Die Anreicherung erfolgt drehzahlabhängig.	Wenn die Drosselklappe plötzlich geöffnet wird, magert das Gemisch kurzzeitig ab, es entsteht ein Beschleunigungsloch. Beim Beschleunigen muss daher zusätzlich angereichert werden, um einen guten Übergang zu erhalten.

Schadstoffe

Bei vollkommener Verbrennung des Kraftstoff-Luft-Gemischs würden nur Wasserdampf und Kohlendioxid entstehen. Aufgrund der unvollständigen Verbrennung setzt sich die gesamte Abgasmenge aus Stickstoff (N), Kohlendioxid (CO_2), Wasser (H_2O) und den Schadstoffen (ca. 1–2 %) zusammen. Schadstoffe sind:

- **Kohlenmonoxid CO**
  Bei Luftmangel (fettes Gemisch) nehmen die Anteile von Kohlenmonoxid zu. Bei $\lambda = 1$ und im mageren Bereich ist es sehr gering.
  Kohlenmonoxid ist farb- und geruchlos. Es ist sehr giftig und kann bei höheren Konzentrationen als 0,3 Vol% tödlich wirken.
- **Unverbrannte Kohlenwasserstoffe HC**
  HC-Emissionen entstehen bei Luftmangel ($\lambda < 1$) und Luftüberschuss ($\lambda > 1,2$). Das Minimum liegt bei $\lambda = 1,1$ bis 1,2.
  Kohlenwasserstoffe verursachen den typischen Abgasgeruch und sind krebserregend.
- **Stickoxide NO_x**
  Die Abhängigkeit der Stickoxide vom Luftverhältnis λ läuft genau umgekehrt zu den HC-Emissionen.
  Bei Luftmangel ergibt sich ein Anstieg bis zu einem Maximum, bei $\lambda = 1,05$ bis 1,1 ein Abfall in den mageren Bereich.
  Stickoxide sind ein farbloses Gas, das die Atemwege stark reizt und bei höheren Konzentrationen zu Lähmungserscheinungen führen kann. Es ist außerdem mitverantwortlich für die Ozonbildung. Stickoxide entstehen bei hohen Brennraumtemperaturen und Brennraumdrücken.

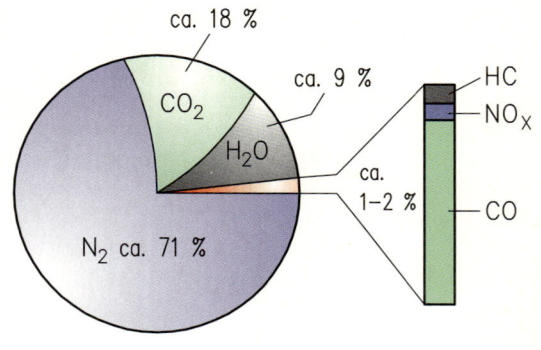

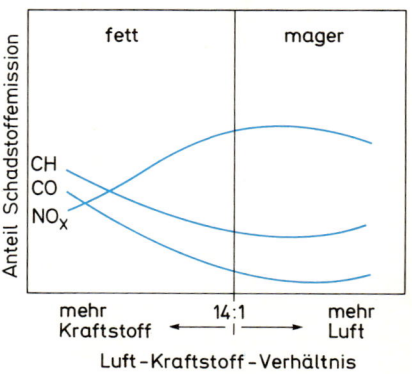

Abgas und Umwelt

Kohlendioxid wird als natürlicher Bestandteil der Luft in der Atmosphäre nicht zu den Schadstoffen gezählt.

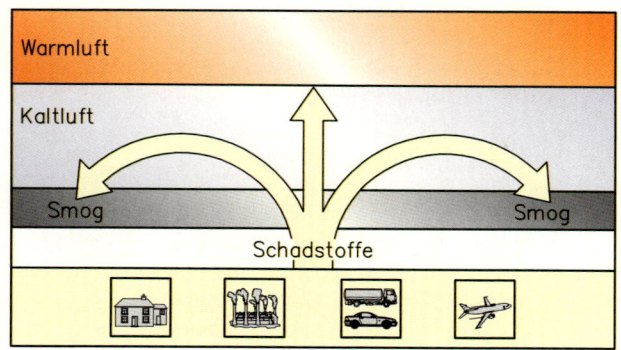

1.2.2 Drehmomentorientiertes Motormanagementsystem für Saugrohreinspritzung (ME-Motronic)

1.2.2.1 Systemübersicht

Der prinzipielle Aufbau eines Motormanagementsystems ist immer gleich. Es gibt jedoch bei verschiedenen Motortypen und unterschiedlichen Herstellern eine Vielzahl von Varianten. Im Folgenden wird das drehmomentorientierte Motormanagementsystem Motronic ME 7.5 untersucht, das von dem im Lupo (siehe Auftrag) eingesetzten Motormanagementsystem Motronic ME 7.5.11 für den Motortyp AUC etwas abweicht.

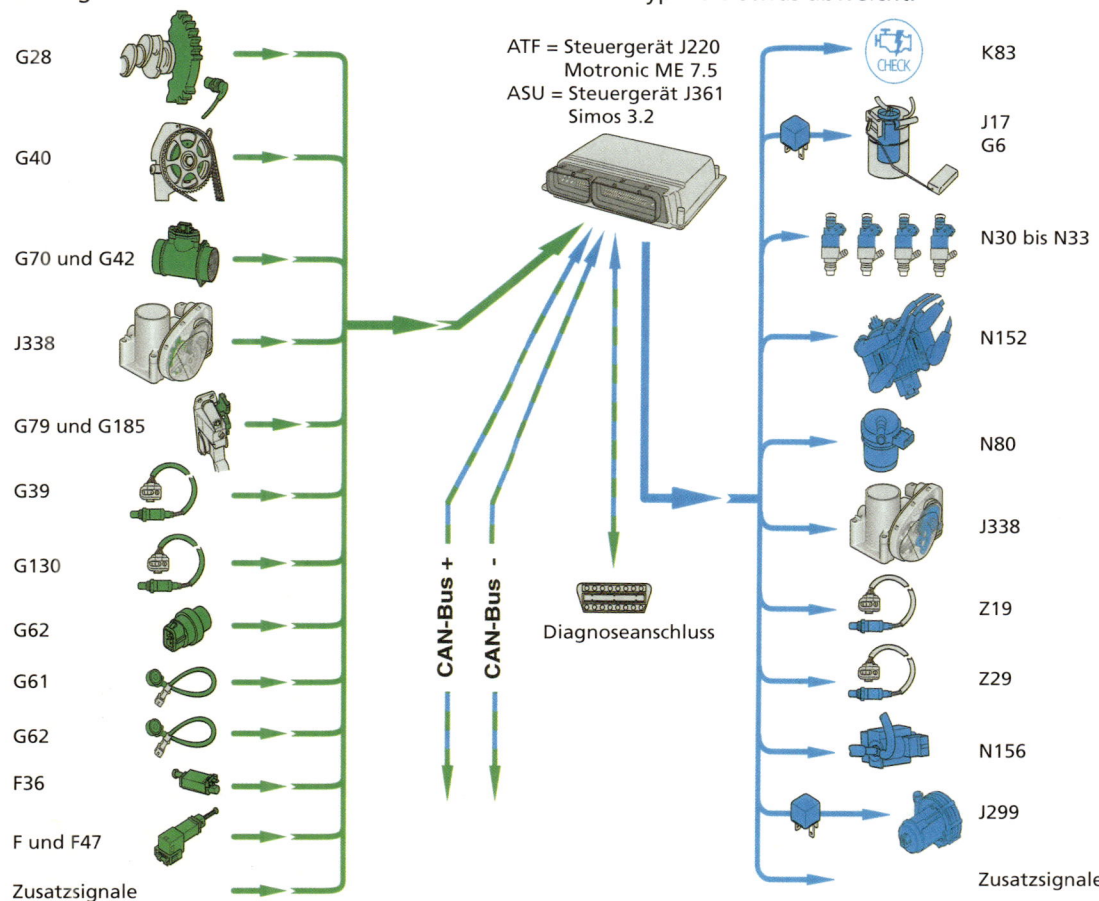

Sensoren		Aktoren	
Geber f. Motordrehzahl G28	Lambda-Sonde nach Katalysator G130	Abgaswarnleuchte K83	nach Katalysator Z29
Hallgeber G40	Geber für Kühlmitteltemperatur G62	Kraftstoffpumpenrelais J17	Ventil für Registersaugrohrumschaltung N156
Heißfilm-Luftmassenmesser G70	Klopfsensor I G61	Kraftstoffpumpe G6	Relais für Sekundärluftpumpe J299 und Motor für Sekundärluftpumpe V101
Geber für Ansauglufttemperatur G42	Klopfsensor II G62	Einspritzventile N30 bis N33	
Drosselklappensteuereinheit J338 (E-Gas-Steller)	Kupplungspedalschalter F36	Zündtrafo N152	
Winkelgeber für Drosselklappenantrieb G187 und G188	Bremslichtschalter F und F47	Magnetventil für Aktivkohlebehälter N80	**Zusatzsignale:**
Geber für Gaspedalstellung G79 und G185	**Zusatzsignale:** Klimakompressor ein, Klimabereitschaft, Fahrgeschwindigkeitssignal	Drosselklappensteuereinheit J338 mit Drosselklappenantrieb G186	Klimakompressor aus, E-Gas-Fehlerlampe, Geschwindigkeitsregelanlage, Kraftstoffverbrauchssignal
Lambda-Sonde G39		Heizung für Lambda-Sonde Z19	
		Heizung für Lambda-Sonde	

Technische Beschreibung

- Motormanagement: Bosch Motronic ME 7.5
- Elektronisch gesteuerte sequentielle Einspritzung
- Kennfeldgesteuerte Zündung mit zylinder-selektiver Klopfregelung
- Doppelfunken-Zündspule (Zündfolge 1-3-4-2)
- 2 Lambda-Sonden
- Sekundärluftsystem
- Luftumfasste Einspritzdüsen
- Schaltsaugrohr
- Elektrische Gasbetätigung
- Abgasüberwachung nach OBD II

1.2.2.2 Herkömmliches Motormanagement (Motronic) – Drehmomentorientiertes Motormanagement (ME-Motronic)

Der Fahrer legt über das Fahrpedal die Stellung der Drosselklappe und die Wahl der Getriebeübersetzung den gewünschten Betriebszustand des Motors fest. Bei einem herkömmlichen Motormanagementsystem (siehe Fachbuch 04256, Lernfeld 4) erkennt das Motorsteuergerät aus den Informationen der Sensoren den vom Fahrer gewünschten Betriebszustand des Motors und berechnet bzw. bestimmt für die verschiedenen Betriebszustände den Zündwinkel, die Zündwinkelanpassung, die Einspritzzeit, die Einspritzfolge, die Gemischanreicherung.

Das Motormanagement hat keine Möglichkeit, die Stellung der Drosselklappe zu beeinflussen, wenn z. B. im Leerlauf oder beim Zuschalten des Klimakompressors ein größeres Drehmoment, d. h. eine größere Luftmasse oder mehr Kraftstoff benötigt wird. Um das Motordrehmoment zu beeinflussen, muss das Motorsteuergerät auf Stellgrößen wie Zündung und Einspritzung zurückgreifen. In bestimmten Fällen gibt es folgende Möglichkeiten:

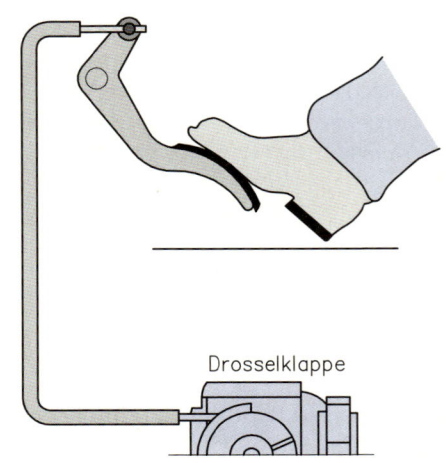

Drosselklappensteuereinheit

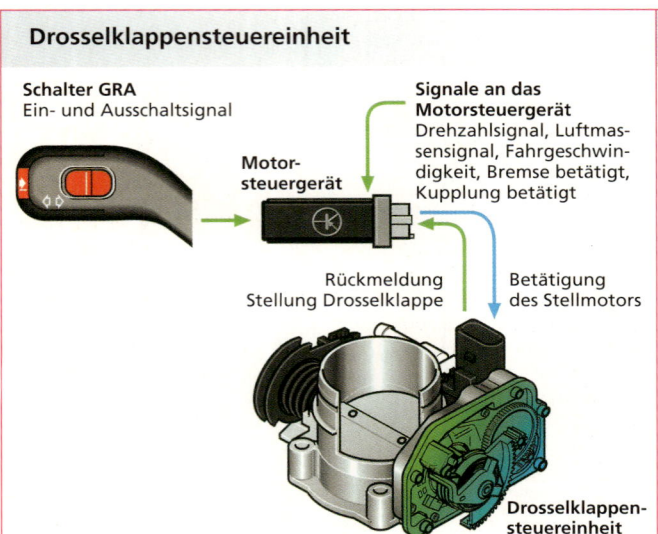

Zur Überwindung der größeren Reibungswiderstände bei kaltem Motor im Leerlauf wird die Drosselklappe soweit geöffnet, dass der Motor mehr Luft erhält. Da die Mehrluft vom Luftmassenmesser gemessen und bei der Kraftstoffzuteilung berücksichtigt wird, erhält der Motor mehr Gemisch.

Das Signal des Schalters für die Geschwindigkeitsregelanlage und Drehzahl-, Luftmassen-, Fahrgeschwindigkeitssignale werden an das Motorsteuergerät gemeldet, das die Drosselklappensteuereinheit ansteuert. Die Drosselklappe wird dann je nach eingestellter Fahrgeschwindigkeit geöffnet.

Leerlaufdrehsteller

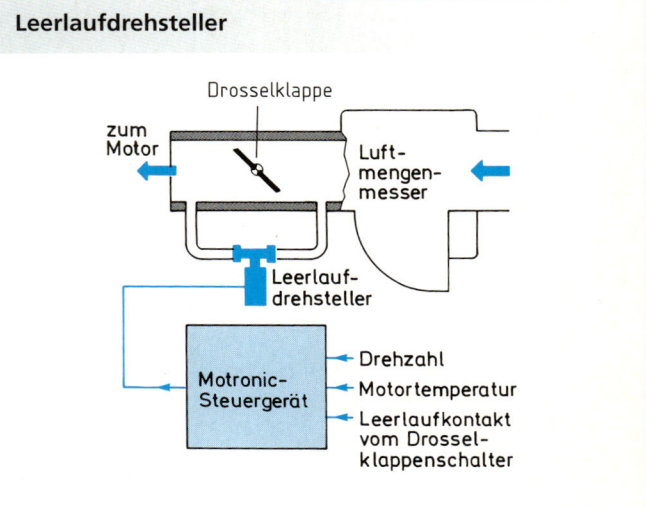

Zur Leerlaufstabilisierung bei kaltem Motor wird bei Einspritzsystemen mit Leerlaufsteller parallel zur Drosselklappe eine Umgehungsleitung angeordnet. Auch hier wird aufgrund der Mehrluft das Gemisch angereichert.

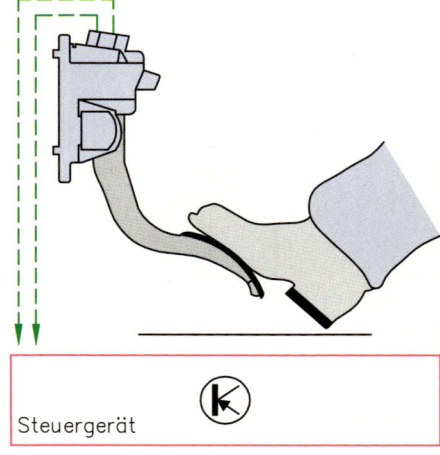

Bei einem drehmomentorientierten Motormanagementsystem wird die Drosselklappe über den gesamten Verstellbereich durch einen Elektromotor verstellt. Hierzu wird die Gaspedalstellung des Fahrers von Sensoren erfasst und an das Motorsteuergerät gemeldet. Dieses setzt den Fahrerwunsch in einen Drosselklappenwinkel um. Dabei werden zusätzliche Drehmomentanforderungen berücksichtigt.

1.2.2.3 Struktur eines drehmomentorientierten Motormanagements

Motordrehmoment

Die Leistung eines Motors ist abhängig von dem Drehmoment und der Drehzahl. Das innere Drehmoment ergibt sich aus dem Gasdruck im Verdichtungs- und Arbeitstakt. Zieht man vom inneren Drehmoment die Verluste durch Reibung und Ladungswechsel sowie das zum Betrieb der Nebenaggregate wie Wasserpumpe, Generator, Klimakompressor erforderliche Drehmoment ab, erhält man das vom Motor tatsächlich abgegebene Drehmoment.

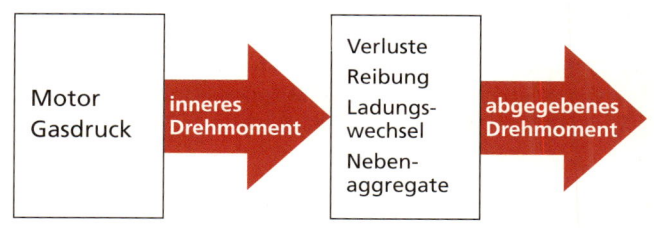

Das innere Drehmoment ist abhängig von
- der Luftmasse, die nach dem Schließen des Einlassventils für die Verbrennung zur Verfügung steht,
- der Kraftstoffmasse, die in den Zylinder eingespritzt wird,
- dem Zeitpunkt, zu dem der Zündfunke die Verbrennung des Kraftstoff-Luft-Gemischs einleitet.

Ein maximales inneres Drehmoment erhält man durch eine vollständige Verbrennung des Kraftstoff-Luft-Gemischs zum richtigen Zeitpunkt.

Funktionsstruktur ME-Motronic

Der Fahrer (innere bzw. interne Drehmomentanforderung) und die unterschiedlichen Teilsysteme wie Leerlauf- und Geschwindigkeitsregelung, Automatikgetriebe (Schaltzeitpunkte), Bremssystem (Antischlupfregelung), Drehzahl- und Leistungsbegrenzung, Klimaanlage (äußere bzw. externe Drehmomentanforderungen) stellen unabhängig voneinander Forderungen an das Motordrehmoment. Sie verlangen je nach Fahrsituation eine Drehmomenterhöhung oder -reduzierung.

So wird vom Motormanagement verlangt, dass z. B. vor Zuschalten des Klimakompressors die Forderung der Klimaanlagensteuerung auf Erhöhung des Motordrehmomentes berücksichtigt wird. Bei einer Antischlupfregelung (ASR) stellt das ASR-Steuergerät bei durchdrehenden Rädern die Forderung an das Motorsteuergerät, das erzeugte Drehmoment zu reduzieren. Alle Funktionen äußern unabhängig voneinander ihre Forderung an das Drehmoment.

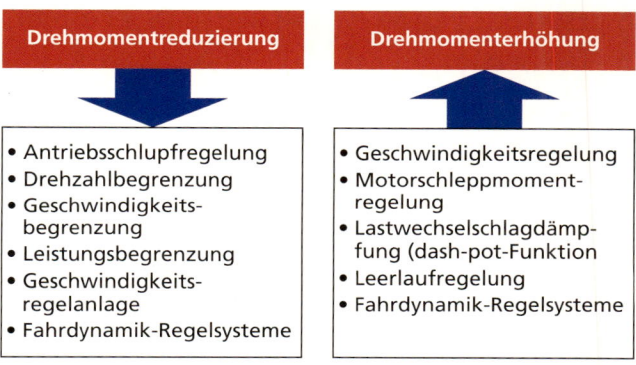

Das drehmomentgeführte Motormanagementsystem sammelt, wertet und koordiniert alle inneren und äußeren Drehmomentanforderungen unter Berücksichtigung des Wirkungsgrades und der Abgasnormen; es setzt das Sollmoment durch die verfügbaren Stellgrößen um.

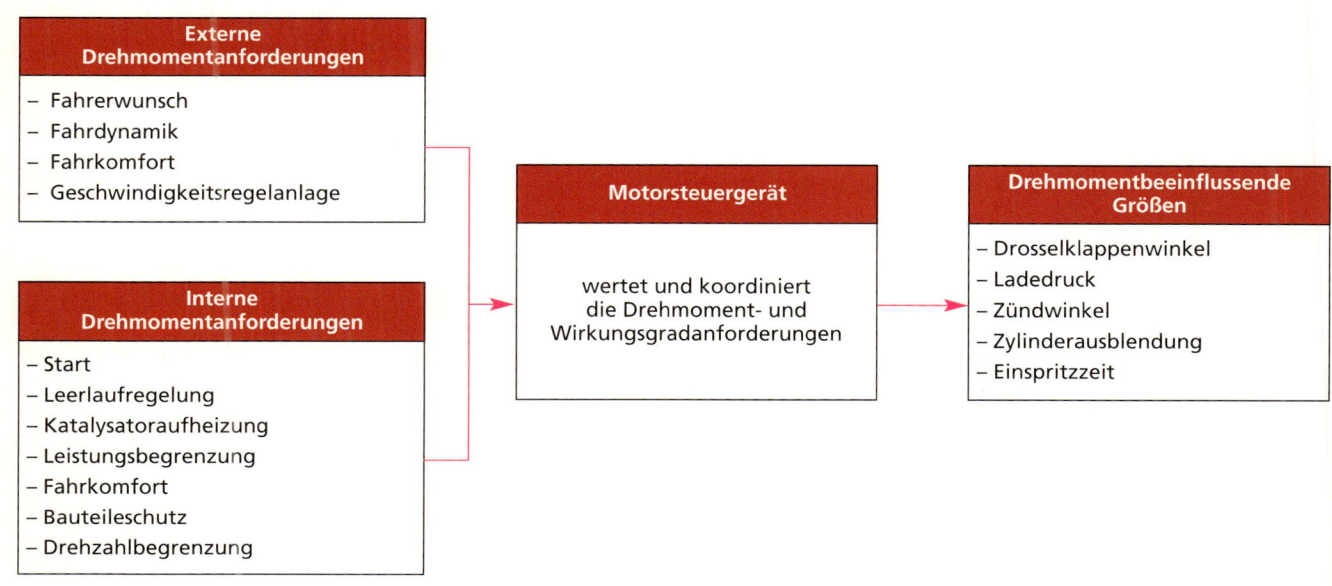

Wesentliches „Werkzeug" für die Drehmomentführung ist das elektronische Gaspedal, das die Steuerung der Drosselklappe unabhängig vom Fahrpedal erlaubt.
Dieses setzt unter Berücksichtigung des aktuellen Betriebszustandes des Motors die vom Fahrer gewünschte Leistung in einen Drosselklappenwinkel um. Wenn das Drehmoment verändert werden muss, um den Kraftstoffverbrauch zu optimieren bzw. die Abgasnormen einzuhalten, verstellt das Motormanagement die Drosselklappe, ohne dass der Fahrer seine Gaspedalstellung ändert. Die Drosselklappe kann über den gesamten Verstellbereich elektromotorisch verstellt werden.

Regelablauf

Grundgröße für die Momentenstruktur der ME-Motronic ist das innere Moment aus der Verbrennung. Aufgabe der Drehmomentführung ist es, durch geeignete Wahl der Motorstellgrößen das innere Moment so einzustellen, dass der Fahrerwunsch erfüllt wird und alle Verluste durch Zusatzanforderungen abgedeckt werden.
Das Motormanagement bildet aus den äußeren und inneren Drehmomentanforderungen ein Soll-Drehmoment. Für jedes gewünschte Soll-Drehmoment enthält das Motorsteuergerät die optimalen Werte für Füllung, Einspritzzeit und Zündwinkel. Damit wird ein abgas- und ver-

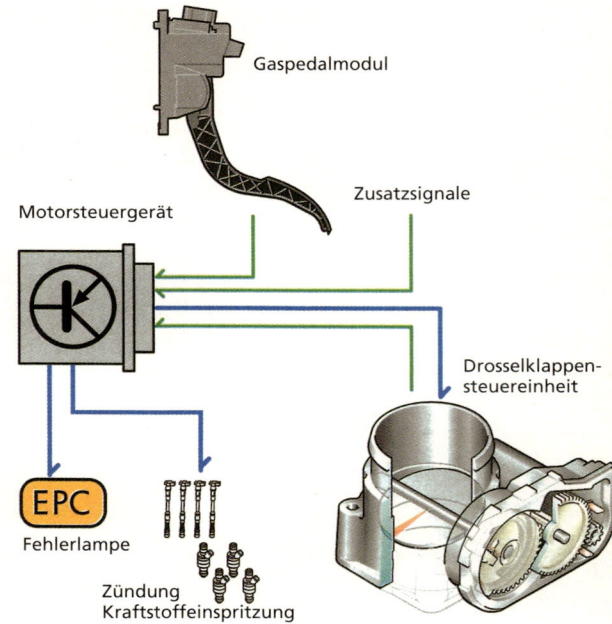

brauchsoptimaler Motorbetrieb sichergestellt. Das Ist-Drehmoment wird aus den Größen Motordrehzahl, Lastsignal und Zündwinkel berechnet. Dabei kann das System auf zwei Steuerungspfaden vorgehen:

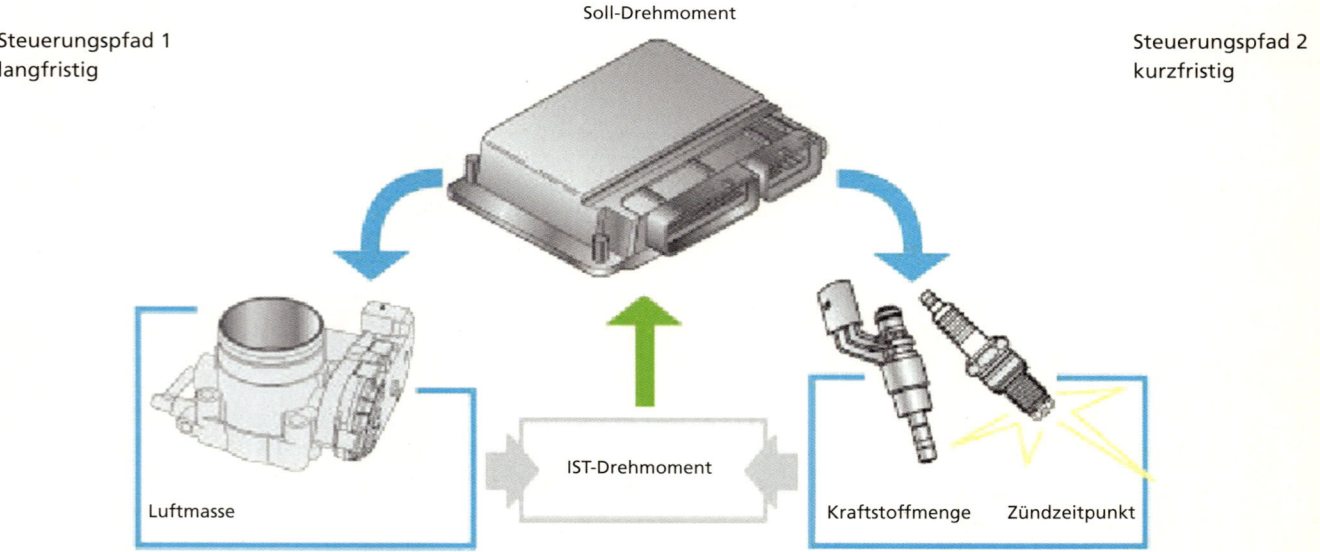

Steuerungspfad 1	Steuerungspfad 2
Es werden die Stellgrößen angesteuert, die die Füllung beeinflussen: • Drosselklappenwinkel, • bei Turbomotoren der Ladedruck. Dieser Weg wird vorwiegend bei langfristigen Drehmomentanforderungen realisiert	Es werden Stellgrößen verändert, die das Drehmoment kurzfristig, unabhängig von der Füllung, beeinflussen: • Zündzeitpunkt • Einspritzzeit • Zylinderausblendung

Bei Abweichungen zwischen Ist- und Solldrehmoment errechnet das Steuergerät einen Regeleingriff bis beide Werte übereinstimmen.

1.2.2.4 Funktionen eines drehmomentorientierten Motormanagements

Das auf Seite 9 dargestellte Motormanagement besitzt folgende Funktionen:

Grundfunktion	Zusatzfunktionen
Hauptaufgabe der ME-Motronic ist die Berechnung der Stellgrößen, die für das Motordrehmoment bestimmend sind: • die Füllung der Zylinder mit Luft → Füllungssteuerung • die Masse des eingespritzten Kraftstoffs → Kraftstoffsystem • der Zündwinkel → Zündsystem	Die ME-Motronic umfasst weitere Zusatzfunktionen: • Leerlaufregelung • Lambda-Regelung • Klopfregelung • Kraftstoffverdunstungs-Rückhaltesystem • Abgasrückführung • Sekundärluftsystem • Fahrgeschwindigkeitsregelung Diese Funktionen können ergänzt werden: • Saugrohrumschaltung • Nockenwellensteuerung • Ladedruckregelung (siehe Seite 84)

Kommunikation

CAN-Schnittstelle	Diagnoseschnittstelle
Das Motormanagementsystem kann über die CAN-Schnittstelle Daten mit anderen elektronischen Systemen austauschen, z.B. Automatikgetriebe, Antiblockiersystem, Klimaanlage usw.	Über die Diagnoseschnittstelle können in der Werkstatt mithilfe von System-Testgeräten (z.B. KTS 650) die während des Betriebes abgespeicherten Fehler ausgelesen werden. 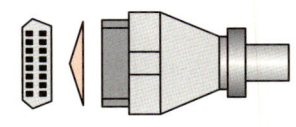
Abgaswarnleuchte	
Eine im Instrumenteneinsatz integrierte Abgaswarnleuchte zeigt dem Fahrer ein Fehlverhalten des Motronic-Systems an.	In das Motronic-System ist eine „On-Board-Diagnose" (OBD) integriert. Die OBD überwacht die abgasrelevanten Komponenten. Die Prüfung findet ständig während des Normalbetriebs statt. Erkannte Fehler werden zusammen mit den Betriebsbedingungen im Fehlerspeicher abgelegt. Der Fahrer wird durch eine Abgaswarnleuchte informiert. (Weitere Informationen siehe Fachbuch 04366, Lernfeld 8)
Kraftstoffverbrauchssignal	
Die Motronic berechnet aus der Einspritzzeit den Kraftstoffverbrauch und gibt diese Information an den Bordcomputer.	

Blockschaltbild

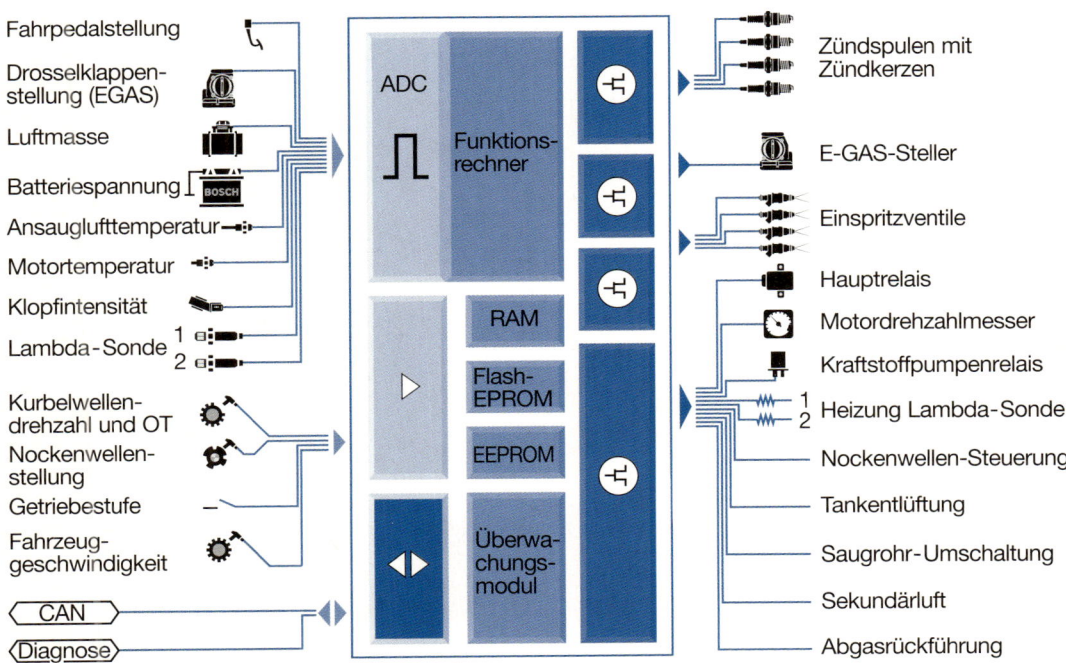

1.2.2.5 Grundfunktionen

Füllungssteuerung

Zylinderfüllung

Der Zylinder saugt beim Ansaugtakt Frischluft über die Drosselklappe an. Die angesaugte Frischluft ist maßgebend
- für die während der Verbrennung am Kolben verrichtete Arbeit,
- für das vom Motor abgegebene Drehmoment.

Die Füllung wird entscheidend durch Ventilüberschneidung, Brennraumform, Saugrohrgestaltung, Öffnungsquerschnitte der Ventile beeinflusst. Die maximale Füllung des Zylinders ist durch den Hubraum vorgegeben.

Das Verhältnis der tatsächlich angesaugten Frischladungsmasse zur theoretisch möglichen Frischladungsmasse bezeichnet man als Liefergrad λ_L oder auch als Füllungsgrad:

$$\lambda_L = \frac{\text{angesaugte Frischgasmasse}}{\text{theoretische Frischgasmasse}}$$

Bei Saugmotoren beträgt der Liefergrad 0,6 bis 0,9.

Nun bleibt nach dem Schließen des Auslassventils eine bestimmte Restgasmenge, bestehend aus Abgasen, im Zylinder zurück. Die Restgasmenge nimmt nicht an der Verbrennung teil. Sie beeinflusst aber den Verlauf der Verbrennung. Im Zylinder befindet sich nach Schließen des Einlass- und Auslassventils Frischluft und Restgas. Das Gasgemisch bezeichnet man als Zylinderfüllung.

Systemübersicht

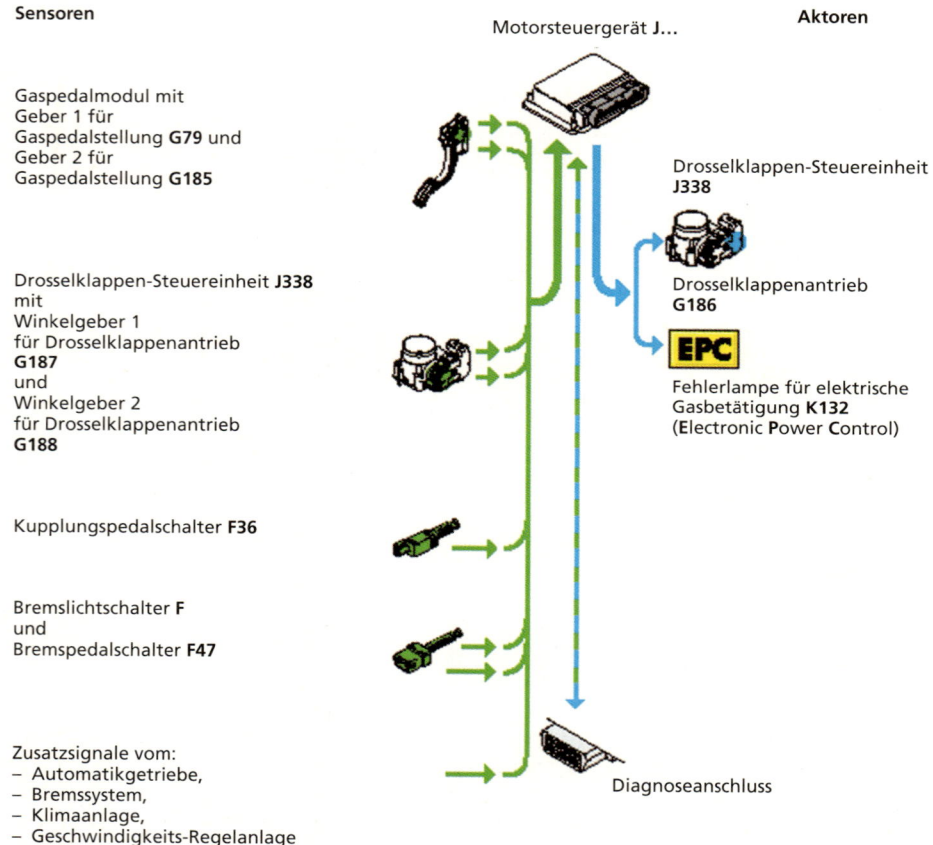

Sensoren

Gaspedalmodul mit
Geber 1 für
Gaspedalstellung **G79** und
Geber 2 für
Gaspedalstellung **G185**

Drosselklappen-Steuereinheit **J338**
mit
Winkelgeber 1
für Drosselklappenantrieb
G187
und
Winkelgeber 2
für Drosselklappenantrieb
G188

Kupplungspedalschalter **F36**

Bremslichtschalter **F**
und
Bremspedalschalter **F47**

Zusatzsignale vom:
- Automatikgetriebe,
- Bremssystem,
- Klimaanlage,
- Geschwindigkeits-Regelanlage
  und andere

Motorsteuergerät J...

Aktoren

Drosselklappen-Steuereinheit
J338

Drosselklappenantrieb
G186

Fehlerlampe für elektrische
Gasbetätigung **K132**
(**E**lectronic **P**ower **C**ontrol)

Diagnoseanschluss

Elektrisch betätigte Drosselklappe (E-Gas-Funktion)

Bei der elektrisch betätigten Drosselklappe gibt es keinen mechanischen Gaszug zwischen Gaspedal und Drosselklappe. Dieser wird durch eine elektronische Steuerung ersetzt (Drive-by-wire). Das System besteht aus folgenden Komponenten:
- Pedalwertgeber,
- Motorsteuergerät,
- Drosselklappensteuereinheit.

Mit dem elektronischen Gaspedal und der Drosselklappensteuereinheit wird die Erhöhung und die Reduzierung des Drehmomentes erreicht, ohne die Abgaswerte dabei negativ zu beeinflussen. Die E-Gas-Funktion ist in das Motorsteuergerät integriert. Fehler im System werden von der Eigendiagnose erfasst und über die Fehlerlampe angezeigt und gleichzeitig im Fehlerspeicher abgelegt.

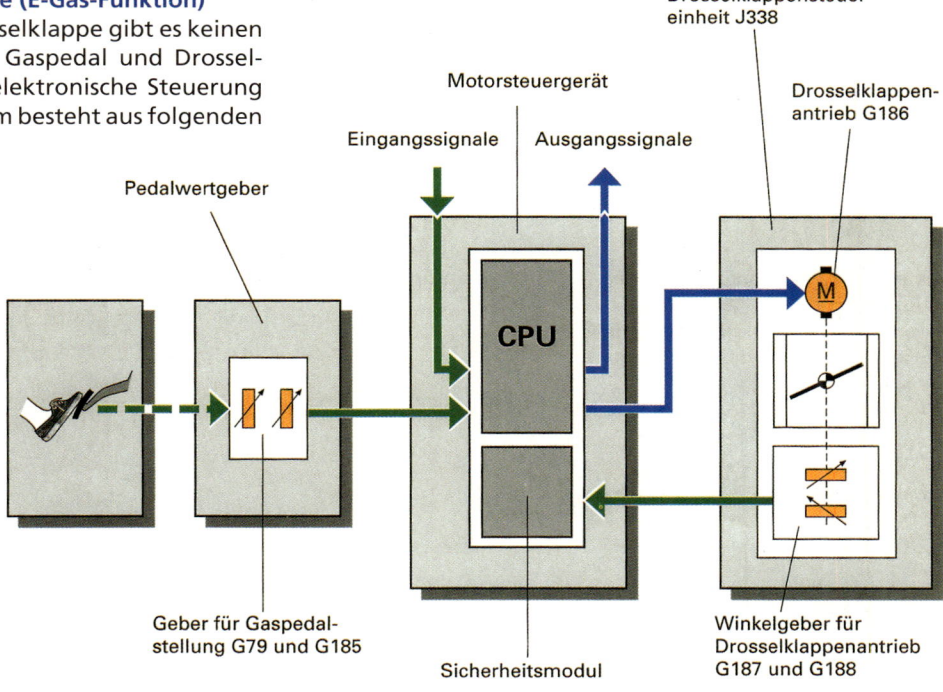

Betriebsdatenerfassung durch Sensoren und Schalter

Für die E-Gas-Funktion sind folgende Sensoren und Schalter in Aktion:

Pedalwertgeber

Prinzipbild | **Schaltbild**

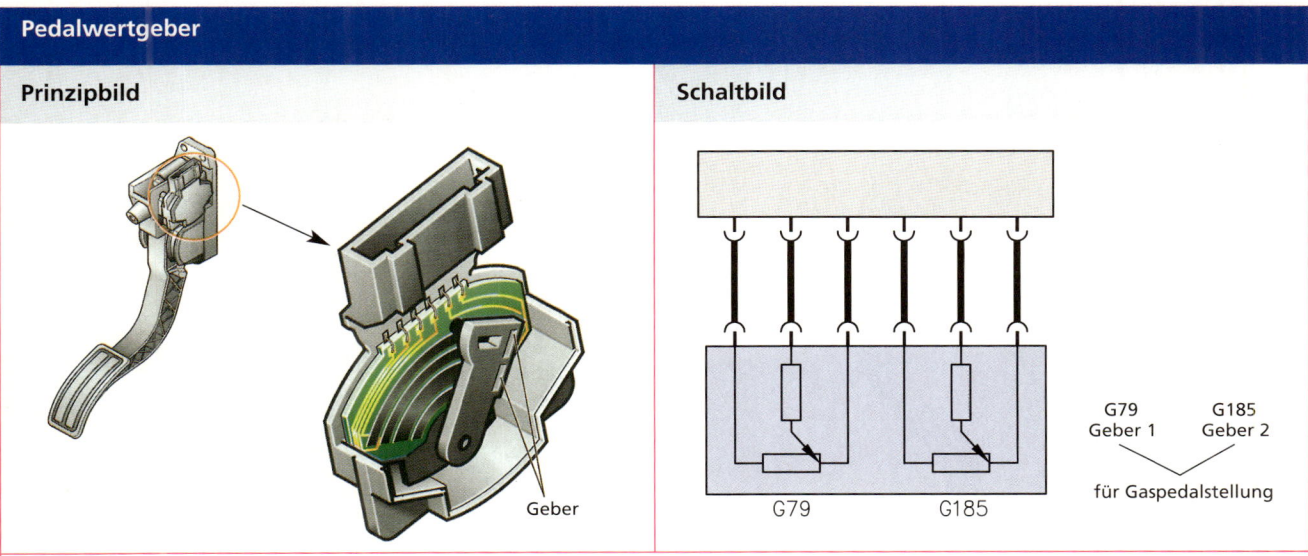

Der Pedalwertgeber besitzt zwei voneinander unabhängige Potentiometer. Das Steuergerät überwacht während des Motorbetriebes die Funktion und Plausibilität der beiden Geber. Fällt ein Geber aus, dient der andere als Ersatz. Der Geber für die Gaspedalstellung übermittelt dem Motorsteuergerät den Fahrerwunsch. Für die Kickdown-Information ist im Pedalwertgeber ein „mechanischer Druckpunkt" integriert. Beim Betätigen des Kickdown wird der Volllast-Spannungswert der Geber für Gaspedalstellung überschritten und eine im Motorsteuergerät festgelegte Spannung erreicht, die als Kickdown interpretiert wird und über CAN-Bus an das Automatikgetriebe gesandt wird.

Ausfall des Pedalwertgebers

Bei Ausfall eines Gebers
- leuchtet die Fehlerlampe,
- wird der Pedalwert auf einen bestimmten Wert begrenzt,
- wird bei Volllastvorgabe die Leistung nur langsam erhöht,
- bei unplausiblen Signalen der beiden Geber der niedrigere Wert verwendet.

Bei Ausfall beider Geber leuchtet ebenfalls die Fehlerlampe und der Motor läuft nur in der Leerlaufdrehzahl. Im Leerlauf unterliegen die Geber für Gaspedalstellung keiner Diagnose.
Fällt ein Stecker vom Gaspedalgeber ab, wird kein Fehler abgespeichert, die Fehlerlampe leuchtet nicht auf. Der Motor läuft im Leerlauf und zeigt keine Reaktion beim Betätigen des Gaspedals.

Kupplungspedalschalter

Prinzipbild

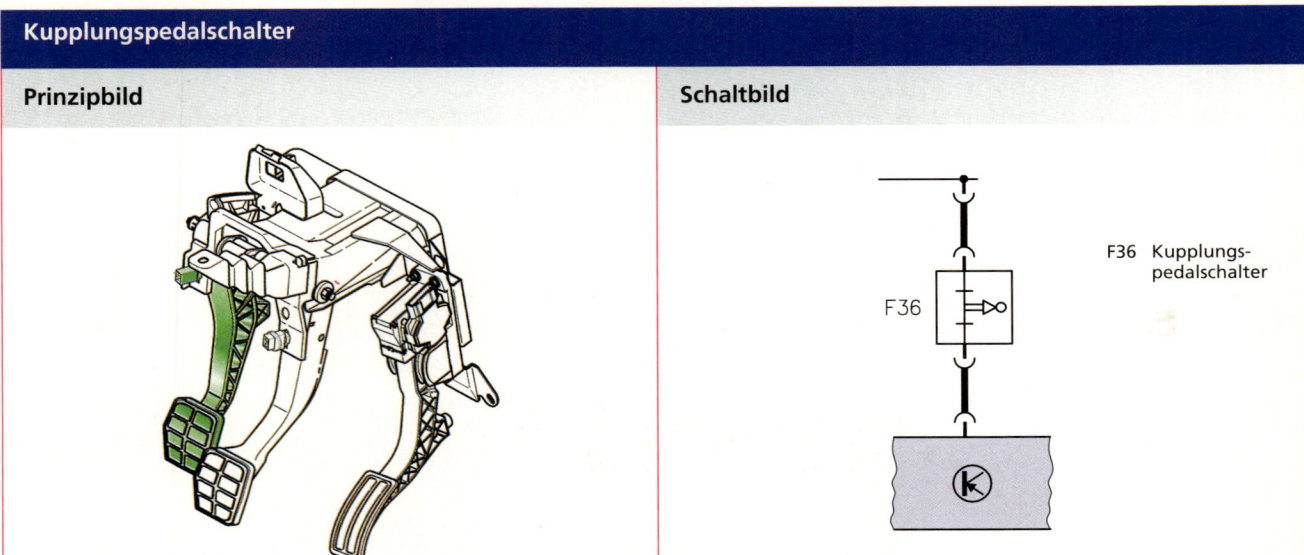

Schaltbild

F36 Kupplungspedalschalter

Durch das Signal erkennt das Steuergerät, ob ein- oder ausgekuppelt ist. Die Geschwindigkeitsregelanlage wird abgeschaltet. Beim Betätigen der Kupplung wird die Einspritzmenge kurzzeitig reduziert, um ein Hochdrehen des Motors beim Schalten zu verhindern und damit den Lastschlag zu reduzieren.

Bremslichtschalter und Bremspedalschalter

Prinzipbild

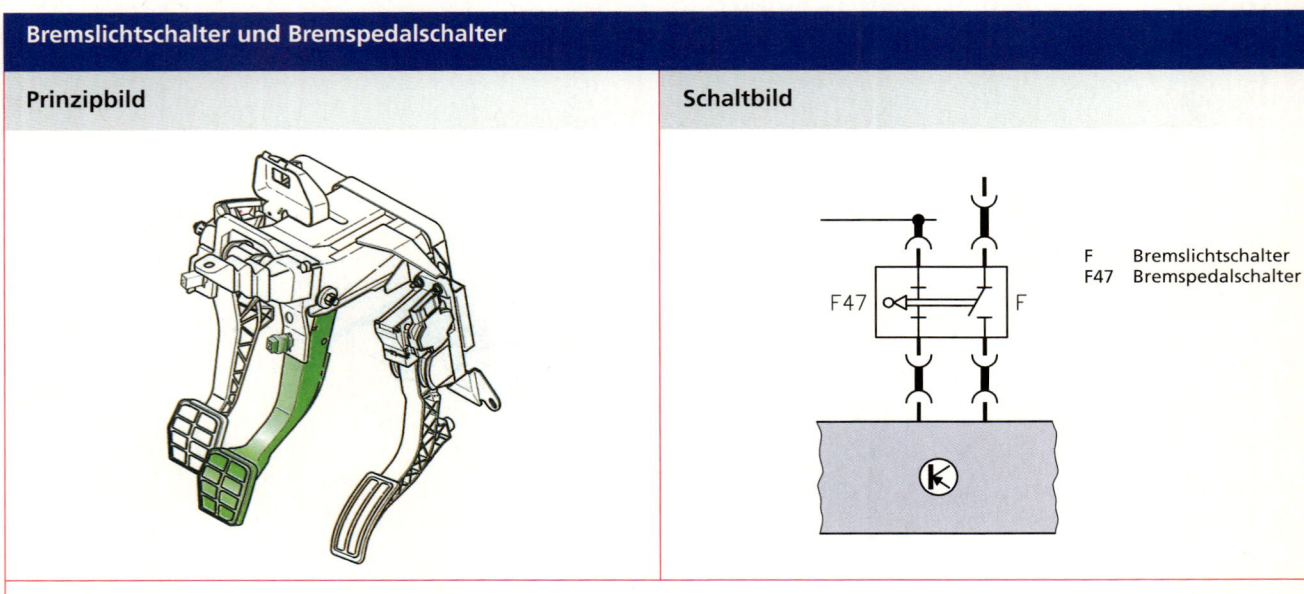

Schaltbild

F Bremslichtschalter
F47 Bremspedalschalter

Beide Schalter liefern dem Motorsteuergerät das Signal „Bremse betätigt". Beide Signale werden vom Steuergerät zur gegenseitigen Kontrolle benutzt (Sicherheitsabfrage bei der E-Gas-Funktion).
Bei betätigter Bremse wird die Geschwindigkeitsregelanlage abgeschaltet.

Der Bremslichtschalter ist in Ruhestellung offen und wird von Klemme 30 mit Spannung versorgt, der Bremspedalschalter ist in Ruhestellung geschlossen und wird von Klemme 15 mit Spannung versorgt.

Betriebsdatenverarbeitung

Eingangssignale sind:
- Signal vom Gaspedalmodul
- Signal vom Kupplungspedalschalter
- Signal vom Bremslicht- und Bremspedalschalter

Zusatzsignale:
- Geschwindigkeitsregelanlage
- Klimaanlage
- Lambda-Regelung
- Automatikgetriebe
- Generator
- ABS
- Servo-Lenkung

Das Motorsteuergerät berechnet aus dem Signal des Fahrpedalmoduls und den Zusatzsignalen die optimale Umsetzung der Drehmomentanforderungen. Es steuert den Drosselklappenantrieb an, um die Drosselklappe weiter zu öffnen oder zu schließen. Die weitere Umsetzung erfolgt über die Zündung und Kraftstoff-Einspritzung.

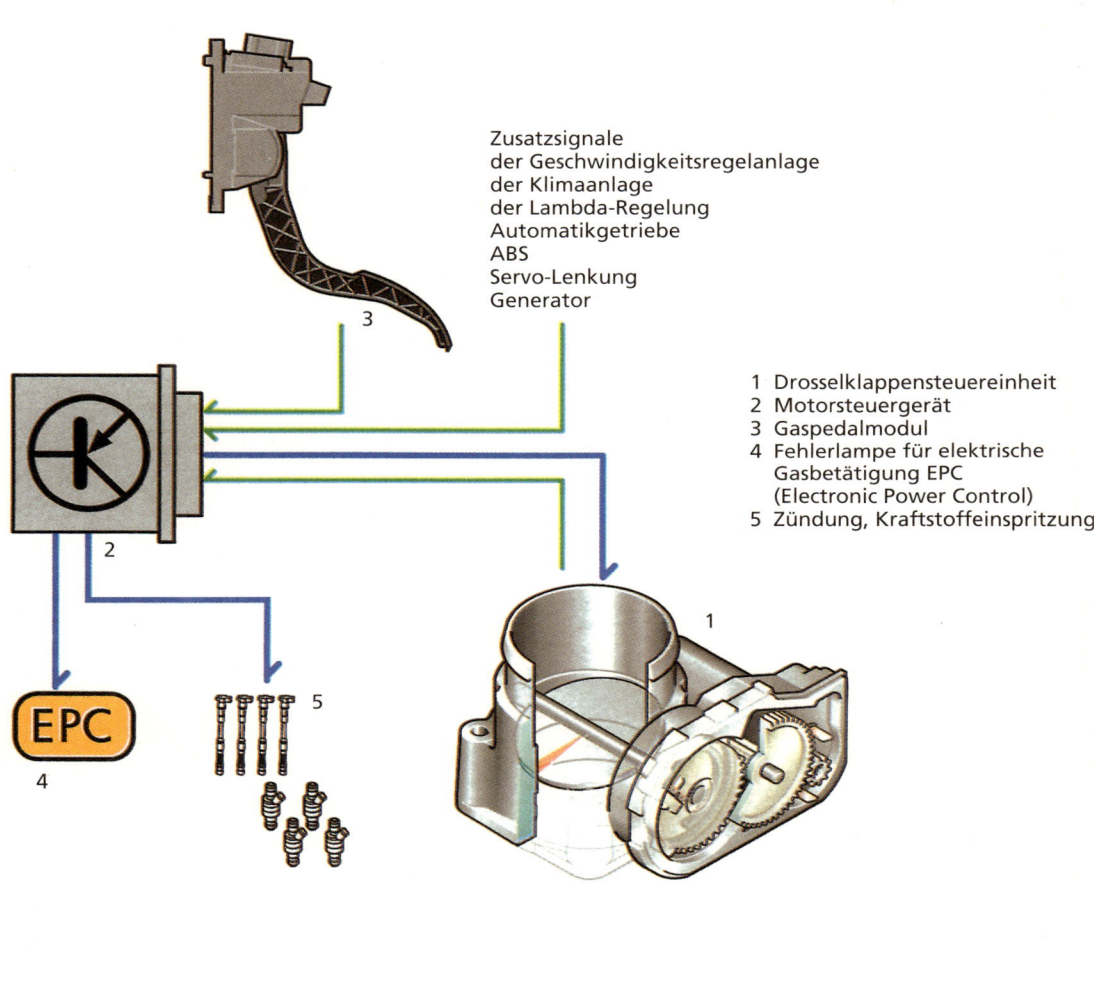

Zusatzsignale
der Geschwindigkeitsregelanlage
der Klimaanlage
der Lambda-Regelung
Automatikgetriebe
ABS
Servo-Lenkung
Generator

1 Drosselklappensteuereinheit
2 Motorsteuergerät
3 Gaspedalmodul
4 Fehlerlampe für elektrische Gasbetätigung EPC (Electronic Power Control)
5 Zündung, Kraftstoffeinspritzung

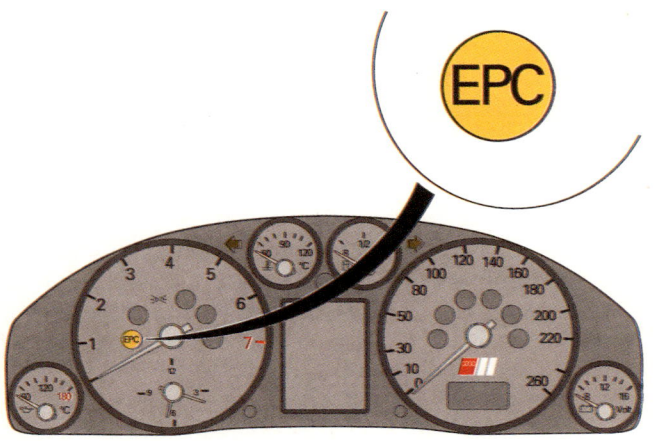

1.2 Qualitätssicherung durch Systemkenntnis: Motormanagement für Saugrohreinspritzung

Befehlsumsetzung durch Drosselklappeneinheit

Drosselklappensteuereinheit

Prinzipbild

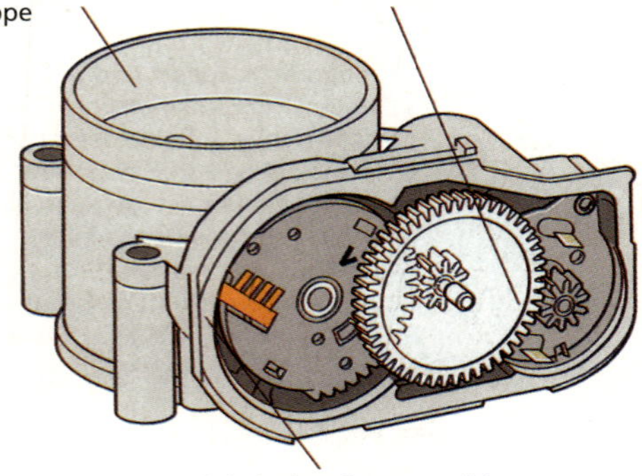

- Drosselklappengehäuse mit Drosselklappe
- Drosselklappenantrieb G186 (Elektrische Gasbetätigung)
- Winkelgeber für Drosselklappenantrieb G187 und G188

Schaltbild

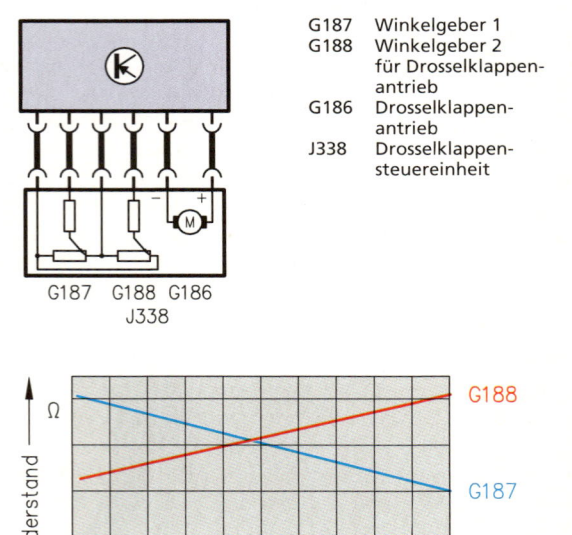

G187 Winkelgeber 1
G188 Winkelgeber 2 für Drosselklappenantrieb
G186 Drosselklappenantrieb
J338 Drosselklappensteuereinheit

Die Drosselklappensteuereinheit besteht aus
- dem Drosselklappengehäuse mit der Drosselklappe,
- dem Drosselklappenantrieb,
- den Winkelgebern für den Drosselklappenantrieb.

Der Drosselklappenantrieb wird vom Steuergerät angesteuert. Er stellt die Drosselklappe so ein, dass die zur Drehmomenterfüllung erforderliche Luftmasse zur Verfügung steht. Die aktuelle Drosselklappenstellung wird durch Potentiometer rückgemeldet. Aus Sicherheitsgründen werden zwei Potentiometer eingesetzt, deren Widerstandslinien gegenläufig sind.

Ausfall der Drosselklappensteuereinheit

Bei Ausfall eines Gebers
- leuchtet die Fehlerlampe,
- werden drehmomenterhöhende Eingriffe unterdrückt.

Bei Ausfall oder Regelfehler des Drosselklappenantriebes
- leuchtet die Fehlerlampe,
- wird der Drosselklappenantrieb abgeschaltet, was sich durch starken Leistungsabfall und einen erhöhten, unrunden Leerlauf bemerkbar macht,
- nimmt der Motor nur gering Gas an.

Ist keine eindeutige Erkennung der Drosselklappenstellung möglich bzw. nicht gewährleistet, dass eine Notlaufposition vorliegt
- leuchtet die Fehlerlampe,
- wird der Drosselklappenantrieb abgeschaltet, was sich im erhöhten, unrunden Leerlauf bemerkbar macht,
- wird die Drehzahl durch Einspritzausblendung auf 1 200 1/min begrenzt.

Vom Motorsteuergerät werden vier wichtige Funktionsstellungen der Drosselklappensteuereinheit erkannt:
- Unterer mechanischer Anschlag
  Die Drosselklappe ist geschlossen.
- Unterer elektrischer Anschlag
  Er liegt knapp über dem mechanischen Anschlag, um zu verhindern, dass sich die Drosselklappe in das Drosselklappengehäuse einarbeitet.
- Notlaufsituation
  Die Stellung im stromlosen Zustand erlaubt noch ausreichenden Luftdurchsatz bei Ausfall entsprechender E-Gas-Funktionen.
- Oberer elektrischer Anschlag
  Er ist im Steuergerät festgelegt.

Damit die genaue Winkelstellung der Drosselklappe erkannt werden kann, müssen die Winkelgeber für den Drosselklappenantrieb angelernt werden.
Die Grundeinstellung ist nicht nur ein Lernen der Drosselklappenposition, sondern eine komplette Überprüfung der Drosselklappensteuereinheit. Sie kann auf drei Arten erfolgen:

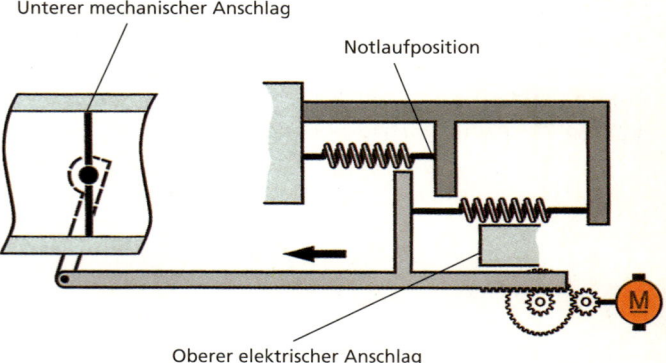

- Selbstständig, wenn die Zündung für mindestens 24 Minuten eingeschaltet ist, ohne den Anlasser oder das Gaspedal zu betätigen.
- Automatisch, wenn ein Bedarf zur Grundeinstellung erkannt wird.
- Gezielt durch Einleiten der Grundeinstellung.dem Fahrer an, dass im System ein Fehler vorliegt.

Kraftstoff-Einspritzsystem

Kraftstoffversorgung

Bei den heute üblichen Benzineinspritzsystemen werden elektrische Kraftstoffpumpen eingesetzt. Sie fördern den Kraftstoff kontinuierlich aus dem Kraftstoffbehälter über Filter zu den Einspritzventilen. Die Pumpe wird in der Regel in den Tank eingebaut (Tankeinbaueinheit) und ist vom Kraftstoff umspült.

Eine Tankeinbaueinheit besteht neben der elektrischen Kraftstoffpumpe aus einem saugseitigen Kraftstofffilter, einer Füllstandsanzeige, einem Dralltopf als Kraftstoffreservoir und zur Abscheidung von Dampfblasen aus dem Kraftstoff, und den elektrischen und hydraulischen Anschlüssen.

Ein Kraftstoffverteiler sorgt dafür, dass der Kraftstoff gleichmäßig auf alle Einspritzventile verteilt wird.

Bei Systemen mit Rücklauf zum Kraftstoffbehälter sind Druckregler und eventuell Kraftstoffdruckdämpfer am Verteiler angeordnet:

- **Druckregler:** Er hält die Differenz zwischen Kraftstoffsystemdruck und Saugrohrdruck konstant.
- **Druckdämpfer:** Er verhindert, dass Schwingungen, die durch das Takten der Einspritzventile und das periodische Ausschieben von Kraftstoff durch Elektrokraftstoffpumpen, auf andere Bauelemente übertragen werden.

Zunehmend werden rücklauffreie Kraftstoffversorgungssysteme verwendet. Hier ist der Druckregler in der Tankeinbaueinheit eingebaut. Die Rücklaufleitung kann entfallen.

Der Systemdruck beträgt etwa 3 bis 4,5 bar.

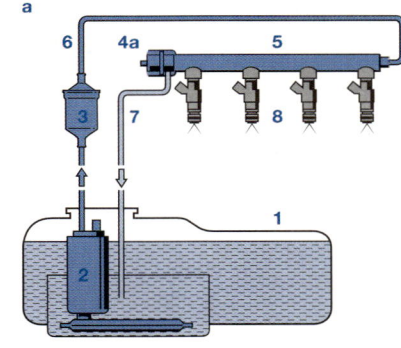
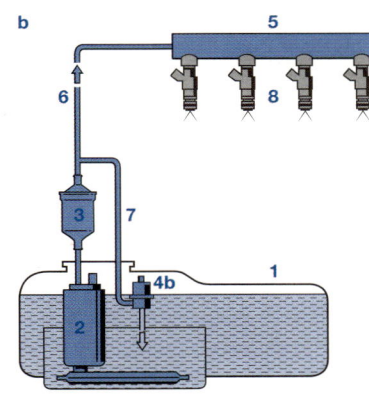

Kraftstoff-Einspritzsystem:
- a Mit Rücklauf
- b ohne Rücklauf
- 1 Kraftstoffbehälter
- 2 Elektrokraftstoffpumpe
- 3 Kraftstofffilter
- 4a Kraftstoffdruckregler (Saugrohrdruck als Referenz)
- 4b Kraftstoffdruckregler (Umgebungsdruck als Referenz)
- 5 Kraftstoffverteilerstück
- 6 Kraftstoffleitung
- 7 Kraftstoffrücklaufleitung
- 8 Einspritzventile

Kraftstoffpumpenrelais

Funktion

Die Kraftstoffpumpe wird indirekt über das Motorsteuergerät angesteuert. Da der Stromverbrauch sehr hoch ist (ca. 6 A), erfolgt die Spannungsversorgung über das Kraftstoffpumpenrelais.

Eine Sicherheitsschaltung oder -software verhindert die Förderung bei eingeschalteter Zündung und stehendem Motor. Eine andere Schutzschaltung schaltet die Elektrokraftstoffpumpe ab, sobald das Drehzahlsignal eine untere Grenze unterschreitet. Damit wird die Brandgefahr, z. B. bei einem Unfall durch einen gerissenen Kraftstoffschlauch, verringert.

Schaltbild

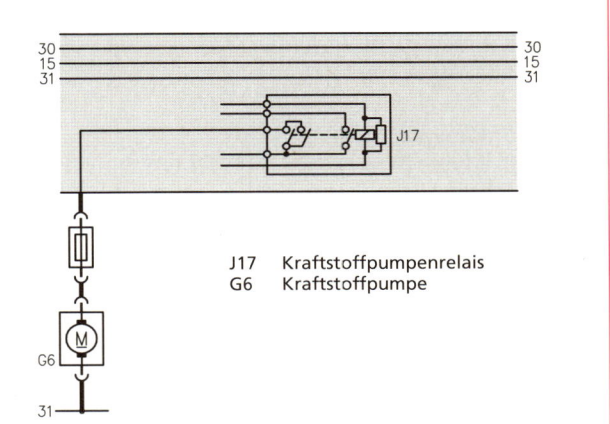

J17 Kraftstoffpumpenrelais
G6 Kraftstoffpumpe

Störungsdiagnose

Ausfallursache	Ausfall macht sich bemerkbar durch	Diagnose
- Verbrannte Kontakte - Durchgebrannte Relaisspulen - Oxidierende Anschlusspins - Überbelastung - Verschleiß - Korrosion	- Ausfall des Systems, in dem das Relais verbaut ist.	- Überprüfen von Spannungs- und Masseversorgung - Überprüfen von Anschlussleitungen zum Relais - Überprüfen von Steuerleitungen und dazugehörigen Komponenten

Einspritzventil

Das Einspritzventil besteht aus folgenden Bauteilen:
- dem Ventilgehäuse mit Stromspule und elektrischem Anschluss,
- dem Ventilsitz mit Spritzlochscheibe,
- der Ventilnadel mit dem Magnetanker.

Bei stromloser Spule drücken die Feder und die sich aus dem Kraftstoffdruck ergebende Kraft die Ventilnadel auf den Ventilsitz und dichten das Einspritzventil gegen das Saugrohr ab. Durch einen Stromimpuls wird in der Stromspule ein Magnetfeld erzeugt, das den Anker anzieht und die Ventilnadel vom Ventilsitz abhebt.

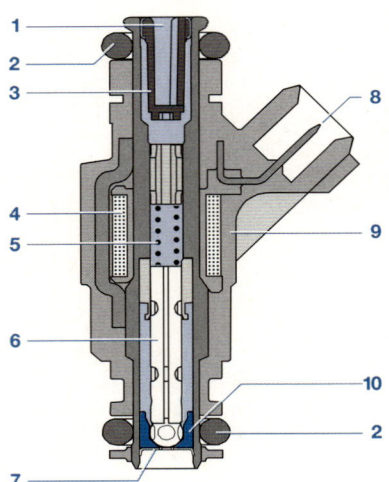

Aufbau des Einspritzventils EV6
1. Zulauf
2. O-Ringe
3. Filtersiep
4. Stromspule
5. Feder
6. Ventilnadel mit Magnetanker
7. Spitzlochscheibe
8. elektr. Anschluss
9. Ventilgehäuse
10. Ventilsatz

Strahlaufbereitung

Die Gemischaufbereitung wird durch die Strahlaufbereitung, d. h. Strahlform, Strahlwinkel und Tröpfchengröße, beeinflusst. Hierzu sind die Ventile mit einer Spritzlochscheibe mit mehreren kalibrierten Löchern ausgestattet. Die Gemischaufbereitung ist aber auch abhängig von der Geometrie des Saugrohres und des Zylinderkopfes. Folgende Varianten werden eingesetzt:

- **Kegelstrahlventil**
  Durch die kalibrierten Bohrungen treten einzelne Kraftstoffstrahlen aus, die zusammen einen Strahlkegel bilden. Der Kegelstrahl zielt in die Öffnung zwischen Einlassventil und Saugrohrwand.
  Kegelstrahlventile werden in Motoren mit einem Einlassventil eingesetzt.

- **Zweistrahlventil**
  Zweistrahlventile werden in Motoren mit zwei Einspritzventilen eingesetzt.
  Bei Zweistrahlventilen sind die Bohrungen in der Spritzlochscheibe so angeordnet, dass zwei Kraftstoffstrahlen aus dem Einspritzventil austreten, die jeweils ein Einspritzventil versorgen.

- **Luftumfassung**
  Eine weitere Verbesserung der Gemischaufbereitung ermöglichen Einspritzventile mit Luftumfassung. Luft wird über einen Luftvorsatz in den Austrittsbereich der Spritzlochscheibe geführt. Der enge Luftspalt bewirkt eine sehr hohe Luftgeschwindigkeit, die zu einer besseren Vermischung des Kraftstoffs mit der Luft und einer besseren Zerstäubung führt.

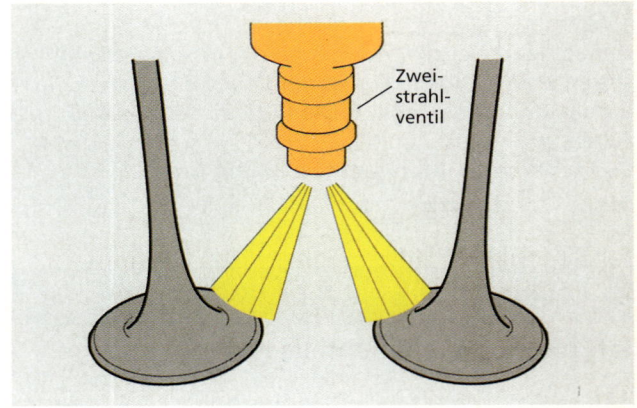

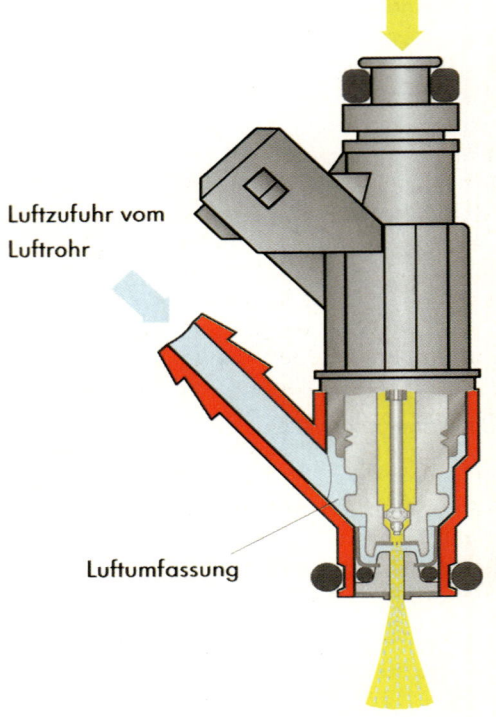

Einspritzventil

Prinzipbild

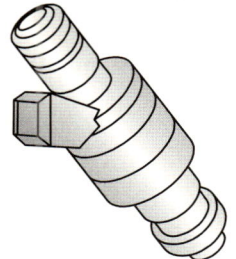

Schaltbild

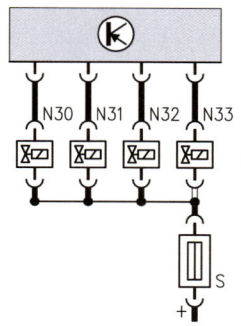

N30 bis N33 Einspritzventile

Auswirkungen bei Ausfall
Bei Ausfall einzelner Einspritzventile ist an der jeweiligen Stelle die Kraftstoffzufuhr unterbrochen. Der Motor läuft mit verminderter Leistung.

Störungsdiagnose

Ausfallursache	Ausfall macht sich bemerkbar durch	Diagnose
<ul><li>Verstopftes Filtersieb im Einspritzventil durch verschmutzten Kraftstoff</li><li>Schlecht schließendes Nadelventil durch kleinste Verunreinigungen von innen, Verbrennungsrückstände von außen, Ablagerung von Additiven</li><li>Zugesetzte, verschlossene Ausflussbohrung</li><li>Kurzschluss in der Spule</li><li>Kabelunterbrechung zum Steuergerät</li></ul>	<ul><li>Startprobleme</li><li>Erhöhter Kraftstoffverbrauch</li><li>Leistungsverlust</li><li>Schwankende Leerlaufdrehzahl</li><li>Beeinträchtigtes Abgasverhalten (AU-Werte)</li><li>Folgeschäden: Reduzierung der Motorlebensdauer, Schäden am Katalysator</li></ul>	<ul><li>Zylindervergleichsmessung und Abgasmessung zur Bestimmung des Drehzahlabfalls, der HC- und CO-Werte</li><li>Einspritzsignal mit dem Oszilloskop</li><li>Kraftstoffdruckmessung</li><li>Prüfen der Kabelverbindung zwischen Einspritzventilen und Steuergerät auf Durchgang und Masseschluss Sollwert: ca. 0 Ohm</li><li>Spulen der Einspritzventile auf Durchgang (ca. 15 Ohm) und auf Masseschluss prüfen Sollwert: > 30 Ohm</li><li>Spritzbild mit Testgerät im ausgebauten Zustand prüfen</li></ul>

Saugrohreinspritzung

Die ME-Motronic ist ein Benzineinspritzsystem mit Saugrohreinspritzung. Das Kraftstoff-Luft-Gemisch wird im Saugrohr, also außerhalb des Brennraumes gebildet. Das Einspritzventil spritzt den Kraftstoff intermittierend (zeitweise unterbrechend) in das Saugrohr vor die Einlassventile und wird dort vorgelagert. Der fein zerstäubte Kraftstoff verdampft und wird beim Öffnen des Einlassventils von der angesaugten Luftmenge mitgerissen und verwirbelt.

Jedem Zylinder ist ein Einspritzventil zugeordnet. Man spricht von einer Einzeleinspritzung bzw. Mehrpunkteinspritzung (Multi-Point-Injection MPI).

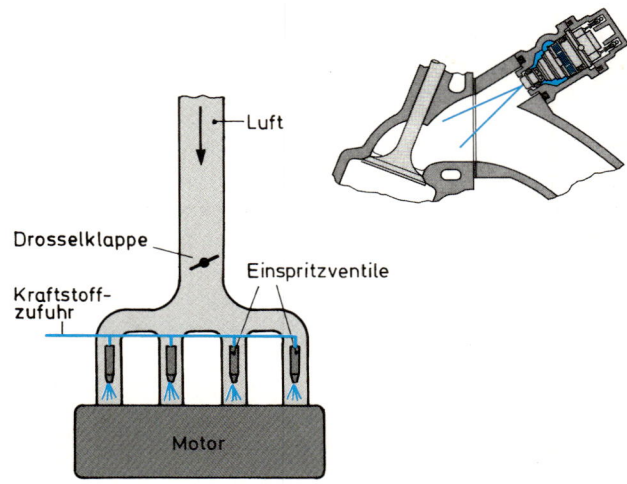

Zündung

Aufbau des Zündsystems

Ein modernes Zündsystem besteht aus
- dem Steuergerät, welches die Eingangssignale verarbeitet und eine Zündungsendstufe ansteuert,
- der Zündspule mit Primär- und Sekundärwicklung,
- den Zündkerzen.

Im drehmomentgeführten Motormanagementsystem ME-Motronic werden zwei Alternativen eingesetzt:

Zündsystem mit Einzelfunken-Zündspulen

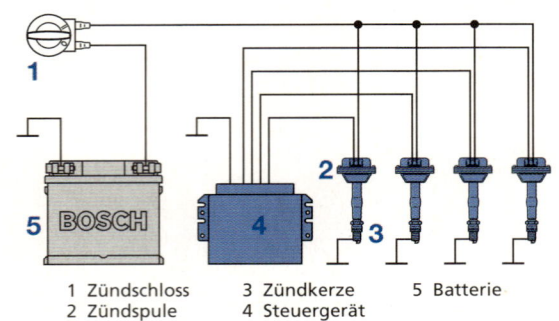

1 Zündschloss 3 Zündkerze 5 Batterie
2 Zündspule   4 Steuergerät

Die Einzelzündspulen sitzen im Zylinderkopf direkt an jeder Zündkerze. Jede Primärwicklung besitzt eine separate Endstufe, die das Steuergerät aufgrund der Eingangsinformationen einzeln in der festgelegten Reihenfolge ansteuert.

Zündsystem mit Zweifunken-Zündspulen

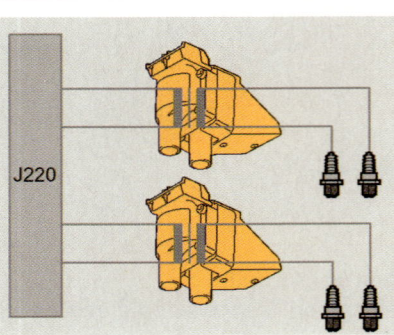

Je zwei Zündkerzen werden von einer gemeinsamen Zündspule mit Hochspannung versorgt. Die Ansteuerung erfolgt abwechselnd über je eine Zündungsendstufe. Bei jeder Zündung gibt es an beiden angeschlossenen Zündkerzen einen Zündfunken, wobei der eine im Arbeitstakt, der andere im Ausstoßtakt erfolgt.

Wir unterscheiden in einem Zündsystem zwei Stromkreise:
- Primärstromkreis = Steuerstromkreis,
- Sekundärstromkreis = Zündstromkreis.

Die Erzeugung des Zündfunkens ist eine Folge sehr rasch ablaufender Vorgänge:
- Speichern der Zündenergie in der Primärspule,
- Übertragen der Zündenergie auf die Sekundärspule und Erzeugen einer Hochspannung in der Sekundärspule,
- Verteilen der Hochspannung,
- Funkenüberschlag an der Zündkerze,
- Entzünden des Gemisches.

Zündspule

Wesentliches Bauelement zur Speicherung, Übertragung der Zündenergie und Erzeugung der Hochspannung ist die Zündspule.

Sie besteht aus folgenden Bauelementen:
- Eisenkern, zusammengesetzt aus einzelnen Blechen,
- Primärwicklung direkt auf dem Eisenkern mit wenigen Windungen (100 bis 200) dicken Kupferdrahtes (Ø 0,4 bis 0,6 mm),
- Sekundärwicklung mit vielen Windungen (10 000 bis 20 000) dünnen Drahtes (Ø 0,05 bis 0,1 mm) über der Primärwicklung.

Das Gehäuse ist zur Isolation der Wicklungen untereinander und zum Kern mit Epoxidharz ausgegossen.

Im Gegensatz zur rotierenden Hochspannungsverteilung (siehe CD-ROM) sind Primär- und Sekundärwicklung nicht zusammengeschaltet.
- Bei der Einzelfunken-Zündspule liegt die eine Seite der Sekundärspule an Masse (Kl. 4a), die andere Seite direkt an der Zündkerze.
- Bei der Zweifunken-Zündspule gehen beide Anschlüsse der Sekundärspule zu je einer Zündkerze.
  Wegen der vorgegebenen Stromrichtung springt in der einen Zündkerze der Zündfunke von der Mittelelektrode zur Masseelektrode, in der anderen Zündkerze von der Masseelektrode zur Mittelelektrode.

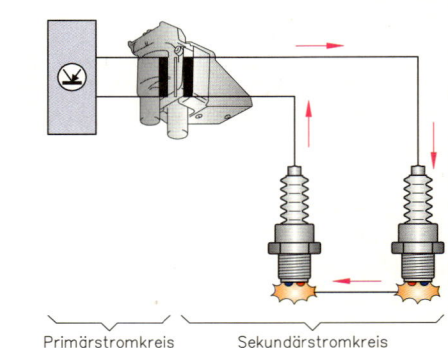

Primärstromkreis Sekundärstromkreis

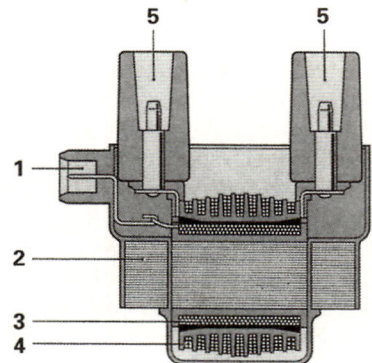

Zweifunken-Zündspule
1 Niederspannungsanschluss außen
2 lamellierter Eisenkern
3 Sekundärwicklung
4 Primärwicklung
5 Hochspannungsanschlüsse

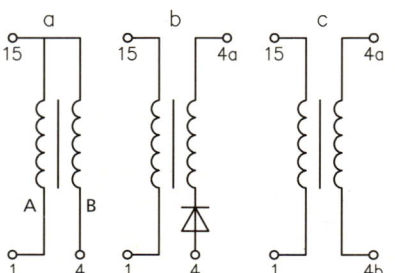

Für rotierende Hochspannungsverteilung:
a Einfunken-Zündspule

Für ruhende Spannungsverteilung:
b Einfunken-Zündspule
c Zweifunken-Zündspule

A Primärseite
B Sekundärseite

Hochspannungserzeugung

Speichern der Zündenergie

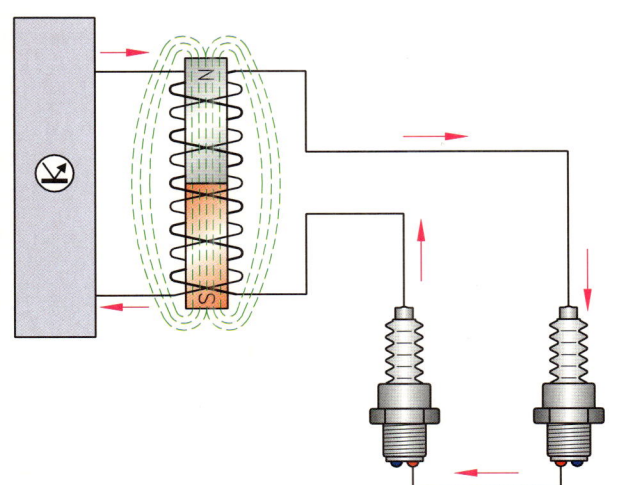

Bei geschlossenem Primärstromkreis fließt ein Primärstrom. In der Primärspule baut sich ein Magnetfeld auf, dessen Kraftlinien die Sekundärspule schneiden. Der Primärstrom erreicht nur verzögert seinen Endwert, der auch als Ruhestrom bezeichnet wird. Der verzögerte Stromanstieg kommt dadurch zustande, dass das entstehende Magnetfeld eine der Batteriespannung U_B entgegengesetzte wirkende Selbstinduktionsspannung U_i induziert. Nach beendetem Feldaufbau ist die induzierte Gegenspannung verschwunden, die volle Batteriespannung kann sich auswirken.

Übertragen der Zündenergie und Erzeugen der Hochspannung

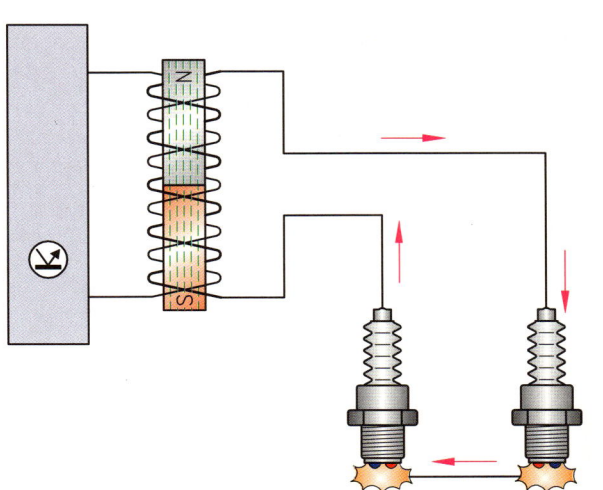

Im Zündzeitpunkt öffnet ein Leistungsschalter (Transistor) und unterbricht den Primärstromkreis. Das schlagartig zusammenbrechende Magnetfeld induziert in der Sekundärwicklung eine Spannung. Da die Sekundärwicklung etwa 100-mal mehr Windungen hat als die Primärwicklung, ist die Sekundärspannung etwa 100-mal größer als die Primärspannung. Die Sekundärspannung ist eine Hochspannung.

Zündfunke – Zündoszillogramm

Im Zündzeitpunkt (1) wird die Hochspannung erzeugt. Wenn die Zündspannung (2) erreicht ist, wird die Funkenstrecke zwischen Mittelelektrode und Masseelektrode leitend. Ein Funke springt über. Der Funkenkopf ist stromstark, aber äußerst kurz. Sobald der Funkenschlag eingesetzt hat, sinkt die Sekundärspannung auf die niedrigere Brennspannung (4) schlagartig ab. Den Anstieg und den Abfall der Sekundärspannung bezeichnet man als Zündspannungsnadel (3). Die Brennspannung hält den Funkenstrom aufrecht, bis die aus dem Speicher nachgelieferte Energie einen bestimmten Wert unterschreitet.
Die Funkenstrecke ist jetzt wieder elektrisch nichtleitend. Die noch vorhandene Restenergie pendelt in Form einer gedämpften Schwingung aus.

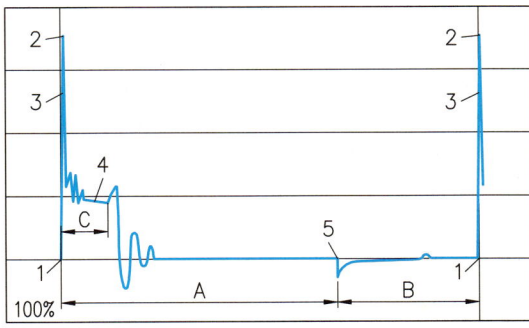

A Öffnungszeit, B Schließzeit, C Funkendauer

Einschaltfunke

Beim Einschalten des Primärstromes (5) werden in der Sekundärwicklung 1 000 bis 2 000 Volt erzeugt, die eine der Hochspannung entgegengesetzte Polarität haben, was ohne Zusatzmaßnahmen einen Einschaltfunken zur Folge haben würde. Daher sperrt bei den Einzelfunken-Zündspulen eine Diode im Hochspannungskreis den Einschaltfunken. Bei der Zweifunken-Zündspule wird der Einschaltfunke durch die hohe Überschlagspannung der in Reihe geschalteten Zündkerzen ohne Zusatzmaßnahmen unterbunden.

Zündwinkel – Schließwinkel

Zündwinkel

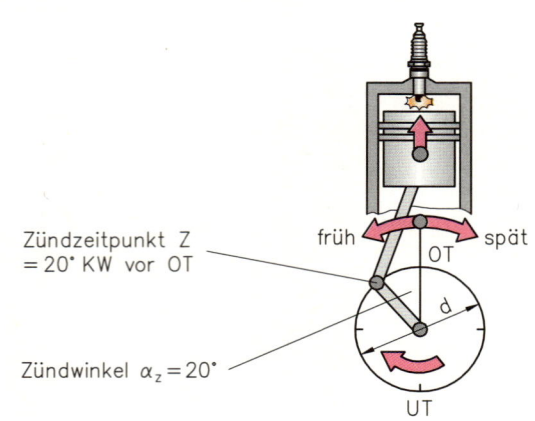

Das Kraftstoff-Luft-Gemisch benötigt zu seiner Verbrennung etwa 2/1000 Sekunde. Diese Zeit bleibt bei allen Betriebszuständen des Motors gleich. Damit der höchste Verbrennungsdruck kurz nach OT wirksam werden kann, muss der Zündfunke schon vor OT überspringen. Dieser Punkt wird als Zündzeitpunkt bezeichnet.

Zündwinkel: *Der Winkel an der Kurbelwelle von OT bis zum Zündzeitpunkt wird als Zündwinkel bezeichnet.*
Der Zündzeitpunkt kann nicht starr eingestellt werden. Er muss an den Betriebszustand des Motors angepasst werden. Die Anpassung erfolgt in Abhängigkeit von Drehzahl und Motorbelastung:
- Bei steigender Drehzahl wird die Zeit bis zur vollkommenen Verbrennung immer kürzer. Der Zündzeitpunkt muss daher in Richtung „früh" verstellt werden.
- Im Teillastbereich des Motors wird weniger Gemisch angesaugt als bei Volllast. Der Verdichtungsdruck ist geringer. Da das Gemisch langsamer verbrennt, muss auch hier früher gezündet werden, damit der maximale Verbrennungsdruck kurz nach OT herrscht.
- Zur Abgasentgiftung im Nulllastbereich (Leerlauf und Schiebebetrieb) wird die Zündung nach „spät" verlegt. Spätzündung entwickelt im Verbrennungsraum mehr Wärme je Arbeitshub und bewirkt eine vollkommenere Verbrennung und einen geringeren Ausstoß giftiger Gase:

Schließwinkel

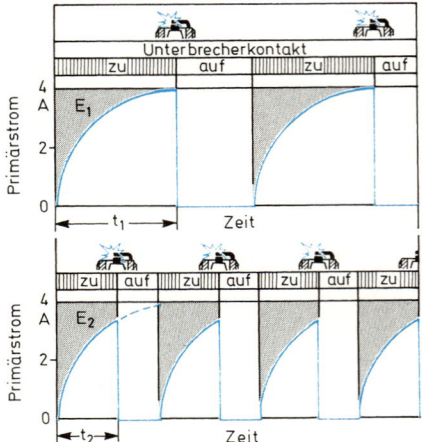

Der Motor benötigt in jedem Betriebszustand eine ausreichende Hochspannung für den Funkenüberschlag. Die bereitgestellte Hochspannung ist von der in der Zündspule gespeicherten Energie abhängig. Eine größtmögliche Energie wird nur dann gespeichert, wenn der Primärstromkreis genügend lange eingeschaltet ist.
Die Zeitdauer während der Primärstrom eingeschaltet ist, entspricht der Schließzeit.

Schließwinkel: *Der Schließwinkel ist der halbe Drehwinkel, den ein Punkt auf der Kurbelwelle durchläuft, während der Primärstrom eingeschaltet ist.*
Um ein von der Drehzahl unabhängiges Spannungsangebot zu erhalten, wird der Schließwinkel vergrößert. Um bei fallender Batteriespannung den gewünschten Soll-Primärstrom zu erreichen, wird der Schließwinkel ebenfalls vergrößert.
Das Schließende legt in der Regel den Zündzeitpunkt fest.
Die Schließzeit wird drehzahl- und batteriespannungsabhängig über ein Schließwinkelkennfeld berechnet.

Zündkennfeld

In einem Zündkennfeld ist zu jedem Drehzahl- und Lastpunkt ein für Verbrauch und Abgas günstiger Zündwinkel programmiert. Das Kennfeld ist im Festwertspeicher (ROM) des Mikrocomputers gespeichert.

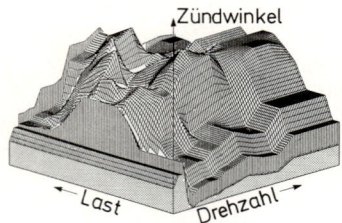

Schließwinkelkennfeld

Im Schließwinkelkennfeld wird der Schließwinkel in Abhängigkeit von der Batteriespannung und der Motordrehzahl gespeichert. Das Schließwinkelkennfeld ist im Festwertspeicher gespeichert.

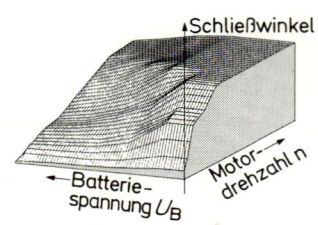

Zündkerze
Begriffe um die Zündkerze

Aufbau

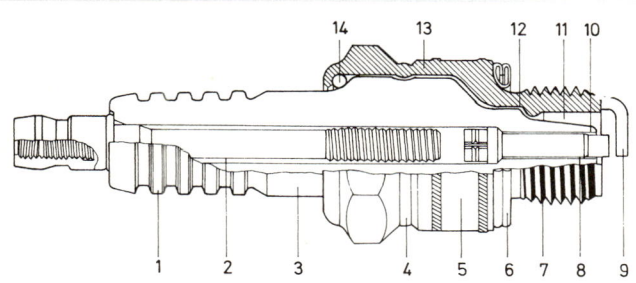

1 Kriechstrombarrieren
2 Anschlussbolzen
3 Pyranit-Isolator
4 Stauch- und Warmschrumpfzone
5 Elektrisch leitende Spezialschmelze
6 Unverlierbarer äußerer Dichtring
7 Gewinde mit Einführungsansatz
8 Abbrandfeste Cr-Spezialelektrode (Mittelelektrode)
9 Abbrandfeste Masseelektrode
10 Isolatorfluss
11 Atmungsraum
12 Innerer Dichtring
13 Zündkerzengehäuse
14 Bördelring
15 SAE-Anschlussmutter (wahlweise)

Isolator

Der Isolator isoliert die Mittelelektrode und den Anschlussbolzen vom Gehäuse. Er ist ein Keramikkörper aus Aluminiumoxid. Die Außenform des Keramikkörpers dient als Kriechstrombarriere. Sie verhindert bei Verschmutzung oder feuchtem Isolator, dass Kriechströme zur Fahrzeugmasse fließen und die Zündspannung verringern. Die Folge wären Zündaussetzer.

Mittelelektrode

Mittelelektrode und Anschlussbolzen sind durch eine elektrisch leitende Glasschmelze verbunden. Sie dichtet Verbrennungsraum und Mittelelektrode absolut gasdicht ab. Als Elektrodenwerkstoff verwendet man Nickel-, Silberlegierungen oder Platin.
Elektrodenabstand: kürzeste Entfernung zwischen Mittelelektrode und Masseelektrode. Die optimalen Elektrodenabstände werden vom Hersteller vorgeschrieben.
Übliche Elektrodenabstände: 0,7 bis 1,2 mm

Gehäuse und Masseelektrode

Das Gehäuse besteht aus einer Chrom-Nickel-Legierung und besitzt zum Einschrauben in den Zylinderkopf ein Feingewinde:
M 14 x 1,25 bei Viertaktmotoren
M 18 x 1,5 bei Zweitaktmotoren
Die Masseelektrode besteht ebenfalls aus einer Speziallegierung und wird am Kerzengehäuse angeschweißt.
Die Abdichtung der Zündkerze zum Zylinderkopf erfolgt je nach Motorbauart durch
- Flachdichtsitz
- Kegeldichtsitz

Elektrodenformen

Die Elektrodenform hängt von der Art der Funkenstrecke und der Funkenlage ab.

Elektrodenformen:

Seitenelektrode · Dachelektrode · Gleitfunkenkerze ohne Masseelektrode (Spezialanwendungen)

Funkenlage

Unter Funkenlage versteht man die Anordnung der Funkenstrecke im Verbrennungsraum.

Funkenlage

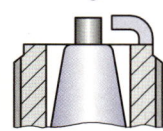 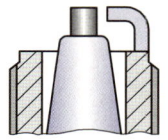 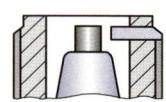

normale · vorgezogene Funkenlage · zurückgezogene

Funkenstrecke zwischen Masse- und Mittelelektrode

Luftfunkenstrecke

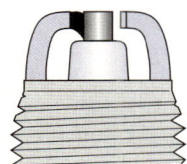

Der Zündfunke springt auf direktem Weg von der Mittelelektrode über das Kraftstoff-Luft-Gemisch zur Masseelektrode.

Luftgleitfunkenstrecke

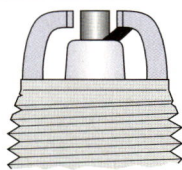

Der Zündfunke gleitet zuerst von der Mittelelektrode über die Oberfläche der Isolatorfußspitze und springt dann über einen Gasspalt zur Masseelektrode.
⊕ Verschmutzungen der Isolatorfußspitze werden weggebrannt (Selbstreinigungseffekt)

Gleitfunkenstrecke

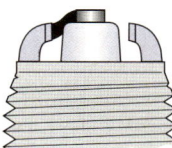

Der Zündfunke gleitet ebenfalls von der Mittelelektrode über die Oberfläche der Isolatorfußspitze und springt dann über einen Gasspalt zur Masseelektrode.
⊕ Selbstreinigungseffekt
⊖ schlechte Gemischzugänglichkeit
⊖ großer Elektrodenabstand

Wärmewert der Zündkerze

Beim Kaltstart mit unvollständiger Verbrennung entsteht Ruß, der sich u. a. auf der Zündkerze ablagert. Der Ruß bildet auf dem Isolatorfuß eine leitfähige Verbindung zwischen Mittelelektrode und Zündkerzengehäuse. Hierdurch wird ein Teil der Zündenergie als Nebenschlussstrom abgeleitet und schwächt den Zündfunken. Die Ablagerung der Verbrennungsrückstände erfolgt vorwiegend bei Temperaturen unter 500 °C. Um Zündaussetzer zu vermeiden, muss die Betriebstemperatur des Isolatorfußes höher als die sog. „Freibrenngrenze" von ca. 500 °C liegen. Oberhalb einer Temperatur von 900 °C besteht wiederum die Gefahr von Glühzündungen des Kraftstoff-Luft-Gemischs an den heißen Zündkerzenteilen.

Die Betriebstemperatur einer Zündkerze muss daher zwischen 500 und 900 °C liegen.

Die Betriebstemperatur einer Zündkerze ergibt sich zwischen der Wärmeaufnahme und Wärmeabgabe.
Die Wärmezufuhr erfolgt aus dem Brennraum. Das Zündkerzengehäuse nimmt Zylinderkopftemperatur an, die Temperatur des Isolators ist noch höher. Die aufgenommene Wärme wird zu 20 % an das Frischgas, zu 80 % über die Mittelelektrode und den Isolator an das Zündkerzengehäuse abgegeben.
Der Wärmewert beschreibt die Fähigkeit einer Zündkerze, Wärme aufzunehmen und abzuführen.
Er wird durch die Wärmewert-Kennzahl bestimmt.
Der Wärmewert einer Zündkerze muss der spezifischen Motorcharakteristik angepasst werden.

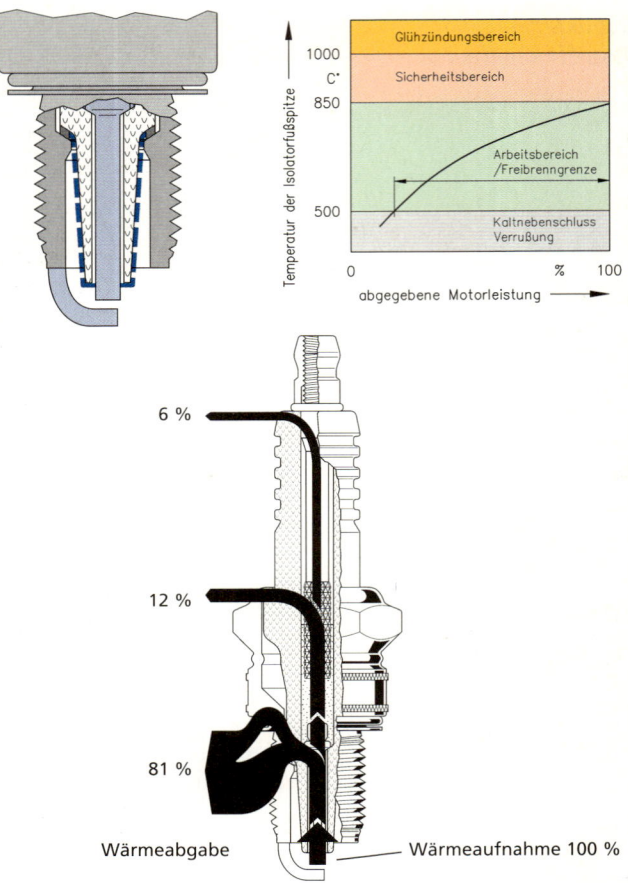

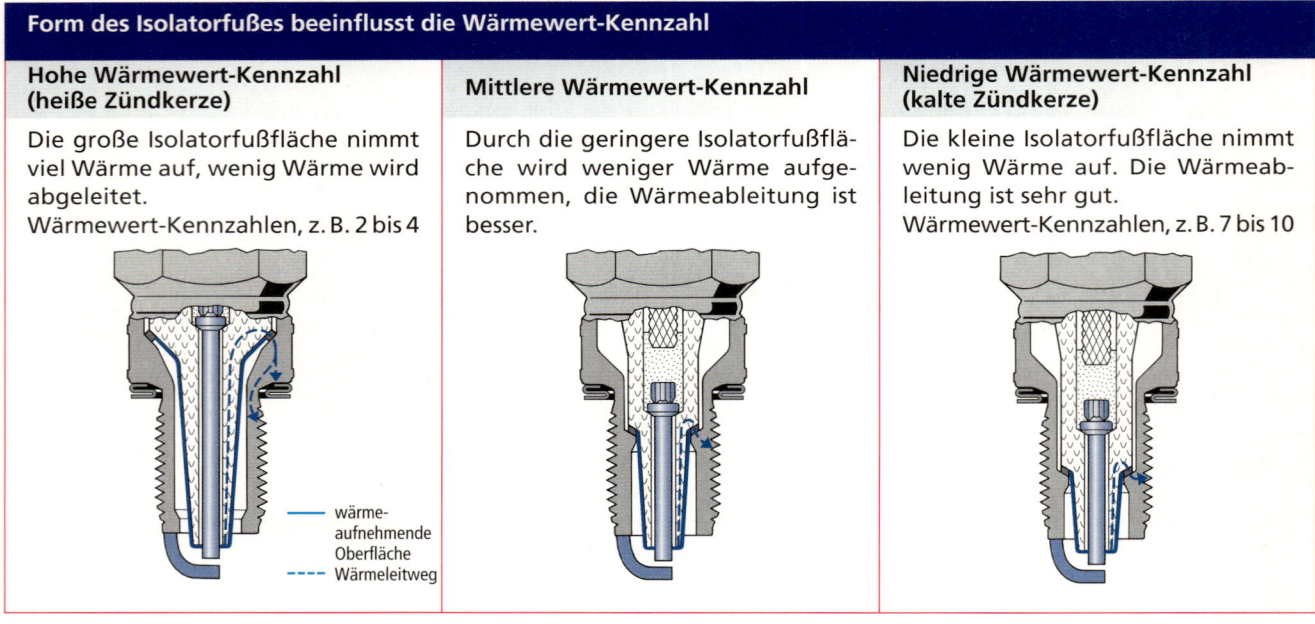

Zündkerzen decken heute immer mehrere Wärmewert-Kennzahlen ab. Sie werden daher als Mehrbereichszündkerzen bezeichnet.

Es gilt: Je größer die Wärmwert-Kennzahl einer Zündkerze, desto schneller erreicht sie die Betriebstemperatur, desto „wärmer" ist die Zündkerze.

Wärmewert-Kennzahlen															
06	07	08	09	2	3	4	5	6	7	8	9	10	11	12	13
						Günstigster Wärmewert									
kälter				←			Zündkerze								wärmer

Wärmewert-Kennzahlen sind nicht genormt. Für Bosch und Beru bedeutet eine hohe Wärmewert-Kennzahl eine warme Zündkerze, für NGD und ND ist es genau umgekehrt.

Zündkerzenbezeichnung
Die Zündkerzenbezeichnung am Beispiel einer Bosch-Zündkerze:

Typformelerläuterung

Einschubgewinde Dichtsitz
- D = M 18 × 1,5   Kegel
- H = M 14 × 1,25   Kegel
- M = M 18 × 1,5   Flach
- U = M 10 × 1   Flach
- W = M 14 × 1,25   Flach
- X = M 12 × 1,25   Flach

Konstruktionsmerkmale
- B = geschirmt, wasserdicht, mit Widerstand, für Zündleitung ⌀ 7 mm
- C = wie B, jedoch für Zündleitung ⌀ 5 mm
- E = Gleitfunkenkerze
- S = kurze Bauart
- R = Widerstand (kann auch an 3. Stelle stehen)

Wärmewert

niedrige Kennzahl = „kalte" Zündkerze
hohe Kennzahl   = „warme" Zündkerze

13 warm
12
11
10
9
8 gängigster
7 Wärmewert
6
5
4
3
2
09
08
07
06 kalt

Gewindelänge   **Funkenlage**
- A = 12,7 mm   normal
- B = 12,7 mm   vorgezogen
- C = 19 mm   normal
- D = 19 mm   vorgezogen
- E = 9,5 mm   normal
- F = 9,5 mm   vorgezogen
- G = 11,2…12,7 mm extrem vorgezogen
- H = 19 mm   extrem vorgezogen

Elektrodenwerkstoff

bei Standard-Ausführung bleibt der vorgesehene Raum bei der Beschriftung frei

- C = Ni-Cu-Mittelelektrode
- L = Inconel-Masseelektrode
- P = Platin-Elektroden
- S = Silber-Elektroden

Sonstige Merkmale
- X = Elektrodenabstand 1,1 mm
- Y = Elektrodenabstand 1,5 mm
- 0 = Abweichung von Grundausführung
- 1
- 3 } = Wärmewertabweichung nach „kalt"
- 5 } und zusätzliche mech. Abweichung
- 7
- 2
- 4 } = Wärmewertabweichung nach „warm"
- 6 } und zusätzliche mech. Abweichung
- 8

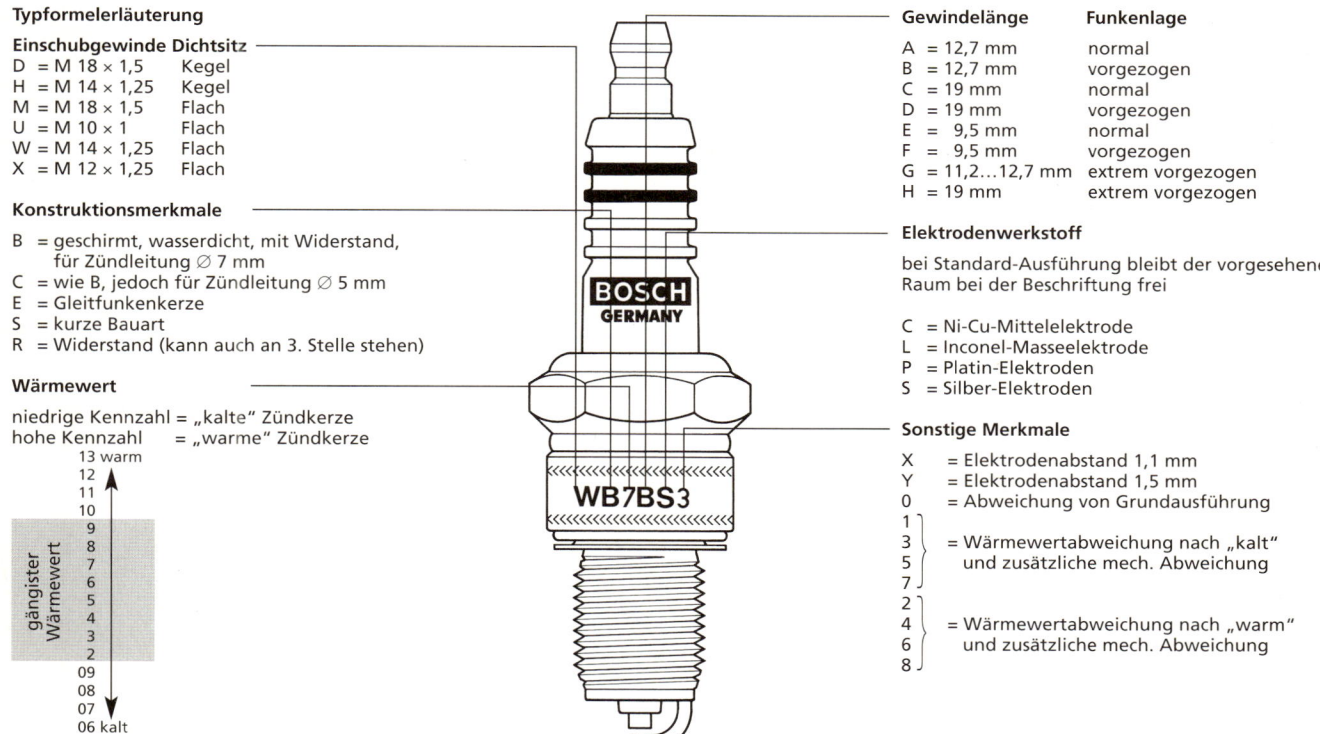

Motormanagement der Grundfunktionen
Betriebsdatenerfassung durch Sensoren
Lasterfassung

Bei der Saugrohreinspritzung besteht ein direkter Zusammenhang zwischen Luftfüllung und dem durch die Verbrennung erzeugten Moment, also der Belastung des Motors. In der ME-Motronic ist die Luftfüllung eine der Hauptgrößen zur Berechnung
- der Einspritzmenge,
- des aktuell vom Motor abgegebenen Drehmomentes,
- des Zündwinkels,

Zur Erfassung der Füllung bzw. der Motorlast werden eingesetzt:
- Luftmassenmesser oder
- Saugrohrdrucksensor,

jeweils in Verbindung mit dem Geber für Ansauglufttemperatur.

Heißfilm-Luftmassenmesser mit Rückströmerkennung

Durch das Öffnen und Schließen der Ventile enstehen Rückströmungen der angesaugten Luftmasse im Saugrohr. Der Heißfilm-Luftmassenmesser mit Rückströmerkennung erkennt die rückströmende Luftmasse und berücksichtigt sie bei seinem Signal an das Motorsteuergerät. Die Messung der Luftmasse ist sehr genau.
Das Signal des Luftmassenmessers wird zur Berechnung aller drehzahl- und lastabhängigen Funktionen benutzt, z. B. Einspritzzeit, Zündzeitpunkt oder Tankentlüftungssystem.
Der Heißfilm-Luftmassenmesser mit Rückströmerkennung besitzt am unteren Ende des Gehäuses einen Messkanal, in den das Sensorelement hineinragt. Dem Luftstrom wird ein Teilluftstrom entnommen, der über das Sensorelement geführt wird. Das Sensorelement misst im Teilluftstrom die angesaugte und die rückströmende Luftmasse.

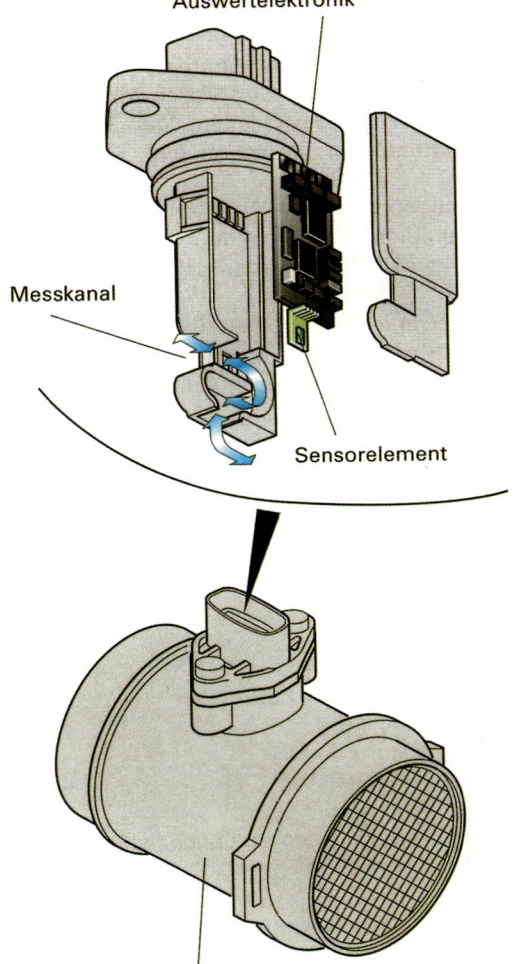

Heißfilm-Luftmassenmesser

Prinzipbild

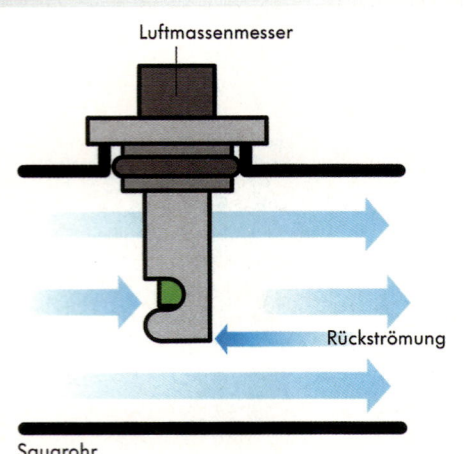

Schaltbild

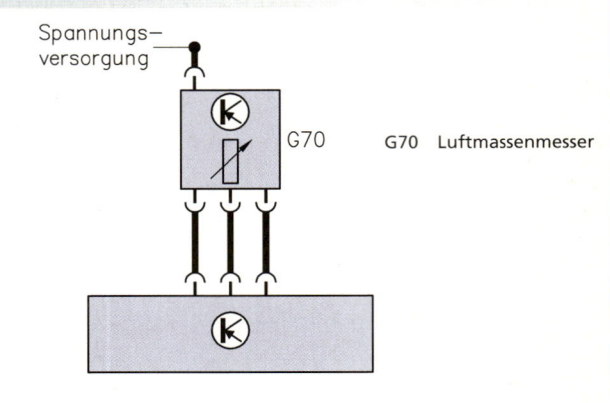

G70 Luftmassenmesser

Auf dem Sensorelement befinden sich zwei Temperatursensoren V1 und V2 und ein Heizelement. Das Trägermaterial besteht aus Glas, da es ein schlechter Wärmeleiter ist. Die Luft über der Glasmembran wird durch das Heizelement erwärmt.

Erkennen der angesaugten Luftmasse

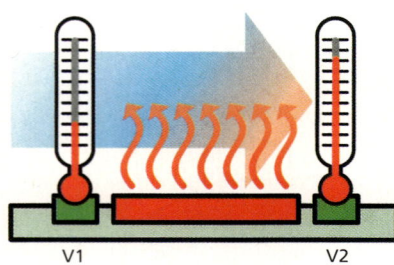

Beim Ansaugen strömt Luft von V1 in Richtung V2 über das Sensorelement. Die Luft kühlt den Sensor V1 ab. Über dem Heizelement wird die Luft erwärmt, so dass V2 nicht so stark abgekühlt wird wie V1. Die Temperatur von V1 ist also niedriger als die Temperatur von V2. Aufgrund des Temperaturunterschieds erkennt die elektronische Schaltung dass Luft angesaugt wird.

Erkennen der rückströmenden Luftmasse

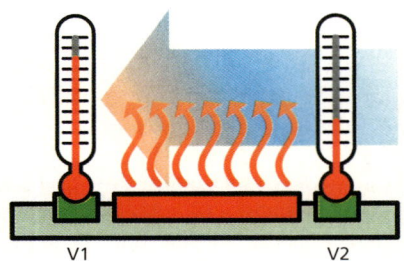

Strömt die Luft in entgegengesetzter Richtung, wird V2 stärker abgekühlt als V1. Die Temperatur von V2 ist also niedriger als die Temperatur von V1. Die elektrische Schaltung erkennt, dass es sich um eine rückströmende Luft handelt. Sie zieht die rückströmende Luftmasse von der angesaugten Luftmasse ab und meldet das Ergebnis an das Motorsteuergerät.

Ausfall des Luftmassenmessers: Bei Ausfall wird die Luftmasse über ein Kennfeld (Drosselklappenwinkel und Motordrehzahl) berechnet.

Störungsdiagnose

Ausfallursache	Ausfall macht sich bemerkbar durch	Diagnose
• Beschädigung der Messelemente durch Schwingungen • Korrosion an den Anschlüssen • Drift der Messelemente	• Motorstillstand • Aufleuchten der Kontrolllampe • Steuergerät arbeitet im Notlaufprogramm	• Steckeranschluss auf korrekten Sitz und Kontakt prüfen • Auf Beschädigung prüfen • Spannungsversorgung vom Steuergerät prüfen (7,5 bis 14 V) • Ausgangsspannung prüfen (ca. 5 V) • Verbindungsleitung zwischen Steuergerät und Luftmassenmesser auf Durchgang prüfen • Elektronische Prüfung durch das Steuergerät, Auslesen des Fehlerspeichers

Saugrohrdruck- und Ladedrucksensor

Zur Bestimmung der Motorlast bzw. Füllung kann auch ein Saugrohrdrucksensor eingesetzt werden. Aus dem im Saugrohr herrschenden Unterdruck, der Ansauglufttemperatur und der Motordrehzahl kann das Motorsteuergerät die Luftmasse berechnen, die im Zylinder zur Verbrennung vorhanden ist.
Bei vorhandenem Luftmassenmesser dient ein zusätzlicher Saugrohrdrucksensor zur Diagnose des Abgasrückführungssystems.
Bei aufgeladenen Motoren ist zusätzlich ein Ladedrucksensor erforderlich.
Der Drucksensor ist in eine Druckzelle mit zwei Sensorelementen und einen Raum für die Auswerteschaltung unterteilt. Das Sensorelement besteht aus einer glockenförmigen Dickschichtmembran. Auf der Membran sind Piezoelemente (Quarzkristalle) angeordnet. Je nach Größe des Druckes wird die Membran verschieden stark ausgelenkt. Hierdurch ändert sich der Widerstand der Piezoelemente. Die Widerstandsänderung ist ein Maß für den Ladedruck. Der Drucksensor ist entweder im Steuergerät integriert oder wird als Wegbausensor in Saugrohrnähe oder direkt am Saugrohr angeordnet.

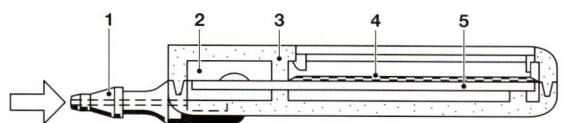

Drucksensor (für Steuergeräteeinbau)
1 Druckanschluss
2 Druckzeile mit Sensorelementen
3 Dichtsteg
4 Auswerteschaltung
5 Dickschichthybrid (Keramiksubstrat)

Sensor für Drehzahl, Kurbel- und Nockenwellenstellung

Der Geber für die Motordrehzahl ist ein Induktivgeber, der die Motordrehzahl und die winkelgenaue Stellung der Kurbelwelle erfasst. Aus der Kurbelwellenstellung kann keine Information darüber gewonnen werden, ob sich ein Zylinder in der Verdichtungsphase oder in der Gaswechselphase befindet. Der erste Zündfunke darf erst dann erzeugt werden, wenn sicher erkannt ist, welcher Zylinder sich gerade im Verdichtungstakt befindet. Der Hallgeber ermittelt die Nockenwellenstellung.
Zusammen mit dem Drehzahlgeber wird der Zünd-OT des 1. Zylinders erkannt. Die Zylindererkennung erfolgt über Vergleiche der Signale von Kurbel- und Nockenwellensensor.

Motordrehzahlsensor

Prinzipbild

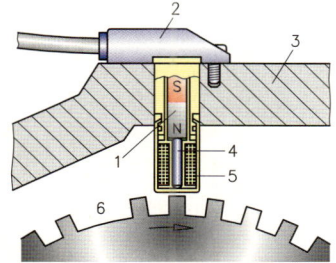

1 Dauermagnet
2 Gehäuse
3 Motorgehäuse
4 Weicheisenkern
5 Wicklung
6 Zahnscheibe mit Bezugsmarke (Zahnlücke)

Schaltbild

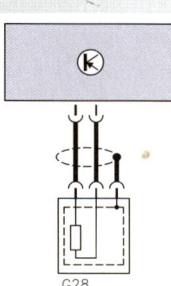

G28 Geber für Motordrehzahl

Funktionsweise

Zur Erfassung der Drehzahl und der Kurbelwellenstellung ist an der Kurbelwelle ein Impulsgeberrad mit 60 Zähnen und im Motorgehäuse der Induktionsgeber anordnet. Ein Permanentmagnet im Induktionsgeber erzeugt einen magnetischen Fluss. Bei Drehung des Geberrades ändert sich der magnetische Fluss durch die Zähne. Die Flussänderung bewirkt in der Wicklung des Induktionsgebers eine Wechselspannung. Aus der Frequenz der Wechselspannung errechnet das Steuergerät die Drehzahl.

Zur Erfassung der Kurbelwellenstellung besitzt das Impulsgeberrad eine Zahnlücke von 2 Zähnen. Dreht sich die Zahnlücke am Induktionsgeber vorbei, wird durch die größere magnetische Flussänderung eine höhere Spannung erzeugt. Die Zahnlücke ist einer bestimmten Kurbelwellenstellung des ersten Zylinders zugeordnet. Aus dem Signal erkennt das Steuergerät die Kurbelwellenstellung (siehe Fachbuch 04256, Lernfeld 4).

Ausfall der Motordrehzahlsensors: Bei Ausfall des Motordrehzahlsensors ist kein Motorlauf möglich.

Störungsdiagnose

Ausfallursache	Ausfall macht sich bemerkbar durch	Diagnose
• Kontaktprobleme • Innere Kurzschlüsse • Leitungsunterbrechungen • Leitungskurzschluss • Verschmutzung durch Metallabrieb • Mechanische Beschädigung des Geberrades	• Motorstillstand • Aussetzen des Motors • Aufleuchten der Motorkontrolllampe • Abspeichern eines Fehlercodes	• Elektrische Anschlüsse der Sensorleitungen, des Steckers und des Sensors auf richtige Verbindung, Bruch und Korrosion prüfen • Reinigen der Geberspitze • Auslesen des Fehlerspeichers • Sensor auf Beschädigung prüfen • Signalaufnahme mit Oszilloskop

Hallgeber/Schnellstart-Geberrad

Prinzipbild

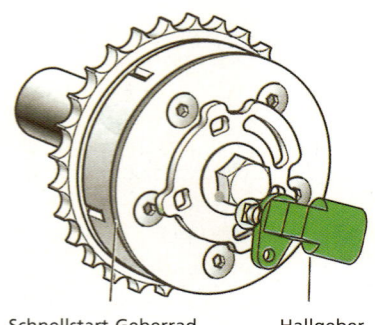

Schnellstart-Geberrad — Hallgeber

Schaltbild

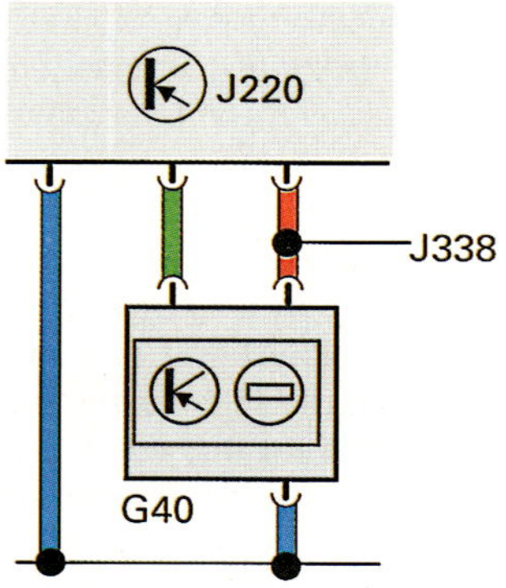

J338 Drosselklappen-steuereinheit
G40 Hallgeber

Funktionsweise

Die Nockenwelle steuert die Ein- und Auslassventile und bestimmt damit, ob sich ein Kolben in der Verdichtungsphase mit anschließender Zündung oder in der Gaswechselphase befindet. Diese Information kann aus der Kurbelwellenstellung nicht gewonnen werden.
Die Information über die Position der Nockenwelle liefert der Hallgeber (siehe Lernfeld 4). Das Signal wird zur Erkennung des 1. Zylinders im OT benötigt. Danach legt das Steuergerät die Einspritz- und Zündreihenfolge fest. Weiterhin wird das Signal zur Klopfregelung der einzelnen Zylinder benötigt.

Beim Starten kann mit herkömmlichen Hallgebern die erste Verbrennung nach ca. 600 – 900° Kurbelwinkel eingeleitet werden. Durch ein Schnellstart-Geberrad kann das Motorsteuergerät die Position der Nockenwelle zur Kurbelwelle nach 400–480° Kurbelwinkel erkennen und mit dem Signal des Drehzahlgebers zusammen die erste Verbrennung früher einleiten und den Motor schneller starten.

Das Schnellstart-Geberrad besteht aus folgenden Funktionselementen:
- Zweispurgeberrad mit zwei Spuren nebeneinander
- Hall-Sensor mit zwei nebeneinander liegenden Hall-Elementen.

Jedes Hallelement tastet eine Spur auf dem Geberrad ab, das so gestaltet ist, dass Hallelement 1 auf einer Lücke und Hallelement 2 immer auf einem Zahn steht. Beide Hallelemente erzeugen daher nie das gleiche Signal. Das Steuergerät vergleicht die beiden Signale und erkennt dadurch, auf welchem Zylinder die Nockenwelle steht.
Mit dem Signal des Gebers kann so die Einspritzung nach ca. 440° Kurbelwinkel eingeleitet werden.

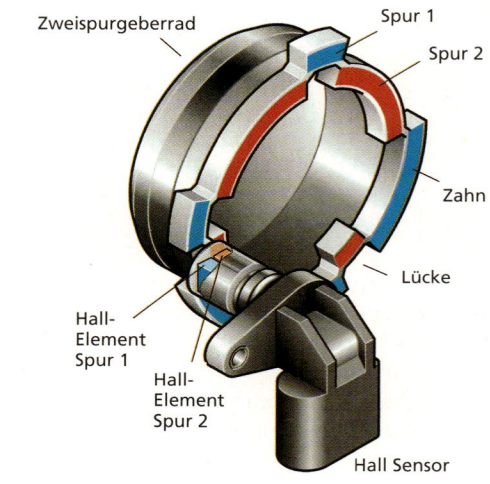

Zweispurgeberrad, Spur 1, Spur 2, Zahn, Lücke, Hall-Element Spur 1, Hall-Element Spur 2, Hall Sensor

Ausfall des Hallgebers
Bei Ausfall des Hallgebers arbeitet das Motorsteuergerät im Notlauf.

Störungsdiagnose

Ausfallursache	Ausfall macht sich bemerkbar durch	Diagnose
- Bruch des Geberrades - Kontaktprobleme - Abriss der Befestigung - Temperaturprobleme - Innere Kurzschlüsse	- Motorsteuergerät arbeitet im Notlauf - Erhöhter Kraftstoffverbrauch - Aufleuchten der Motorkontrolllampe - Abspeichern eines Fehlercodes	- Elektrische Anschlüsse der Sensorleitung, des Steckers und des Sensors auf richtige Verbindung, Bruch und Korrosion prüfen - Reinigen der Geberspitze - Auslesen des Fehlerspeichers - Sensor auf Beschädigung prüfen - Signalaufnahme mit dem Oszilloskop

Sensoren für Motor- und Ansauglufttemperatur

Zylindererkennung bei einem 6-Zylinder-Motor mit Standardgeberrad

Durch das Signal des Hallgebers zusammen mit dem Signal des Motordrehzahlgebers wird der Zünd-OT des 1. Zylinders erkannt. Trifft die Lücke des Drehzahlgebers mit dem Signal des Hallgebers zusammen, so findet im Zylinder 1 gerade eine Verdichtung statt.

Motor- und Ansauglufttemperatur

Das Signal des Sensors für die Kühlmitteltemperatur wird zum Erkennen der Motortemperatur, der Berechnung des Zündzeitpunktes und der Einspritzzeit verwendet; das Signal des Sensors für die Ansaugluft wird für die Berechnung der Motorlast und ebenfalls für die Zündzeitpunktberechnung bei unterschiedlichen motorischen Betriebszuständen – vom Start bis zum Erreichen der Betriebstemperatur von Motor und Abgassystem – verwendet.

Signalzuordnung Zündung, Kurbelwelle und Nockenwelle bei einem 6-Zylinder-Motor mit Standardgeberrad:

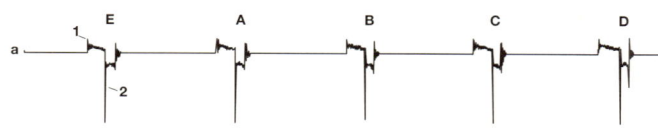

a Sekundärspannung der Zündspule
b Signal des Drehzahlsensors an der Kurbelwelle
c Signal des Hall-Sensors (Standardgeberrad) an der Nockenwelle
1 Schließen
2 Zünden

A Zündung Zylinder 1
B Zündung Zylinder 5
C Zündung Zylinder 3
D Zündung Zylinder 6
E Zündung Zylinder 4

Temperatursensor

Prinzipbild

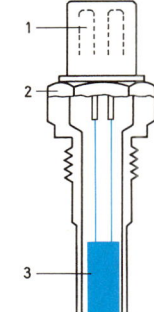

Motortemperatursensor
1 Elektrischer Anschluss
2 Gehäuse
3 NTC-Widerstand

Schaltbild

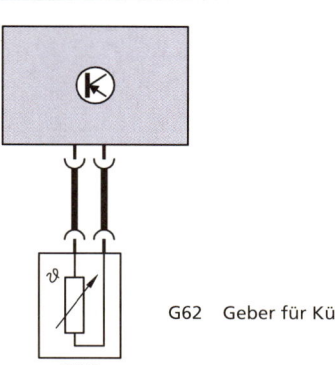

G62 Geber für Kühlmitteltemperatur

Funktion

Wesentliches Element ist ein NTC-Widerstand. Er verringert bei steigender Temperatur seinen elektrischen Widerstand. Die Widerstandsänderung dient zur Bestimmung der Temperatur. Bei Temperaturfühlern mit einem PTC-Widerstand erhöht sich der Widerstand mit steigender Temperatur.

Ausfall des Kühlmitteltemperatursensors

Bei Ausfall des Signals greift das Steuergerät auf eine in ihm abgelegte Ersatztemperatur zurück.

Störungsdiagnose

Ausfallursache	Ausfall macht sich bemerkbar durch	Diagnose
Kühlmitteltemperatursensor • Undichtigkeiten • Schwingungen • Innere Kurzschlüsse • Kontaktprobleme an den Anschlüssen	• Startprobleme • Hoher Kraftstoffverbrauch • Hohe Leerlaufdrehzahl • Abspeichern eines Fehlercodes	• Prüfen der elektrischen Verbindungen der Steckerkontakte • Widerstandsmessung • Auslesen des Fehlerspeichers
Lufttemperatursensor • Innere Kurzschlüsse • Leitungsunterbrechungen • Leitungskurzschluss • Mechanische Beschädigungen • Verschmutzte Sensorspitze	• Startprobleme • Abspeichern eines Fehlercodes • Aufleuchten der Motorkontrolllampe • Geringere Motorleistung • Erhöhter Kraftstoffverbrauch	• Auslesen des Fehlerspeichers • Elektrische Anschlüsse der Sensorleitungen, des Steckers und des Sensors auf Verbindung, Bruch und Korrosion prüfen • Widerstandsmessung

1.2 Qualitätssicherung durch Systemkenntnis: Motormanagement für Saugrohreinspritzung

Betriebsdatenverarbeitung
Eingangssignale

Die Eingangssignale werden dem Steuergerät über Kabelbaum und Anschlussstecker zugeführt. Die Eingangssignale haben unterschiedliche Formen:

- Analoge Eingangssignale sind Luftmasse, Batteriespannung, Saugrohr- und Ladedruck, Kühlwasser- und Ansauglufttemperatur. Diese Signale werden von Analog-Digital-Wandler (A/D) in digitale Signale umgewandelt.
- Digitale Eingangssignale sind Schaltsignale (EIN/AUS), Drehzahlimpulse des Hallgebers. Sie besitzen die rechen-interne Form, d. h. die beiden Zustände 1 (High) und 0 (Low) können vom Rechner direkt verarbeitet werden.
- Pulsförmige Eingangssignale von induktiven Sensoren wie Drehzahl- und Bezugsmarkengeber. Auch sie werden im Steuergerät aufbereitet und in ein Rechtecksignal umgewandelt.

Für die Berechnung der Einspritzzeit und des Zündwinkels benötigt das Steuergerät folgende Signale:

Eingangssignale zur Berechnung der Einspritzzeit

- Motorlast, Luftfüllung
- Motordrehzahl
- Signal des Hallgebers
- Ansauglufttemperatur
- Kühlmitteltemperatur
- Signal der Drosselklappensteuereinheit
- Signal des Gaspedalmoduls
- Signal der Lambda-Sonden

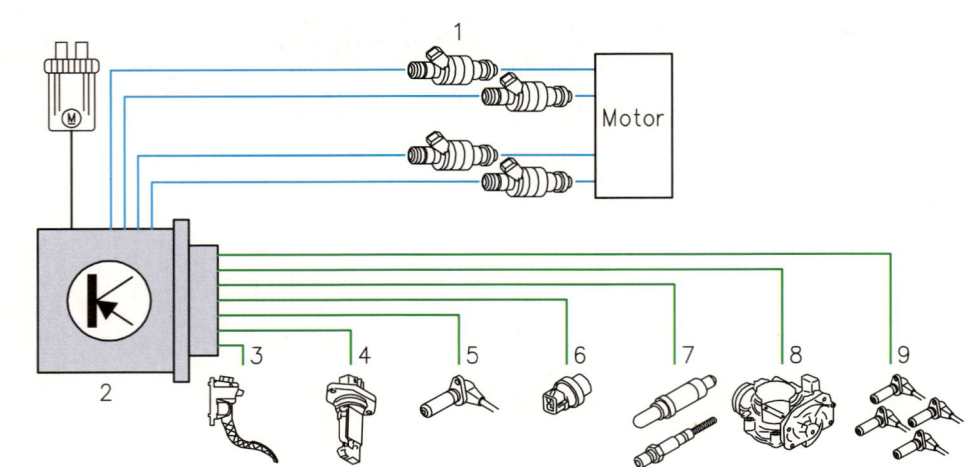

1 Einspritzventile
2 Motorsteuergerät
3 Gaspedalmodul
4 Luftmassenmesser mit Geber für Ansauglufttemperatur
5 Drehzahlgeber
6 Temperaturgeber (G62)
7 Lambda-Sonden
8 Drosselklappensteuereinheit
9 Hallgeber

Eingangssignale zur Berechnung des Zündwinkels

- Motordrehzahl
- Motorlast
- Signal der Drosselklappensteuereinheit
- Kühlmitteltemperatur
- Signal der Klopfsensoren
- Signal des Hallgebers
- Signal des Gaspedalmoduls

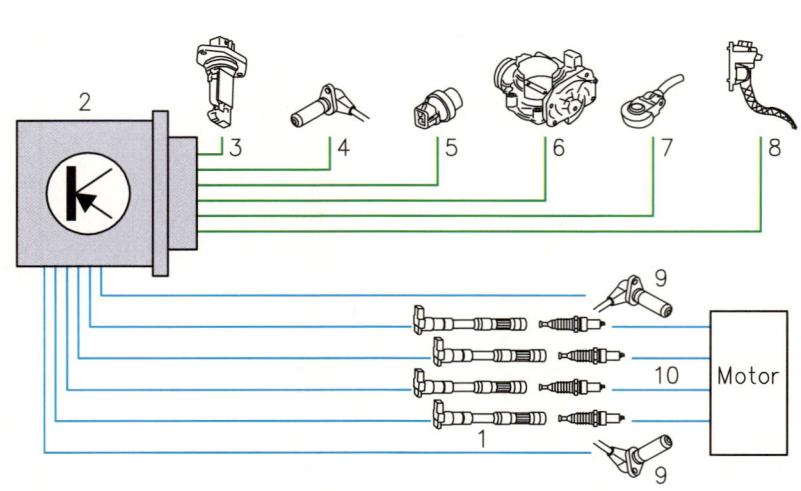

1 Einzelfunkenzündspule mit Endstufe
2 Motorsteuergerät
3 Luftmassenmesser
4 Drehzahlgeber
5 Temperaturgeber (G62)
6 Drosselklappensteuereinheit
7 Klopfsensor
8 Gaspedalmodul
9 Hallgeber
10 Zündkerze

Signalverarbeitung

Die Eingangssignale werden im Motorsteuergerät verarbeitet:

- Signalaufbereitung: Die Signale werden in eine für den Mikrocomputer verständliche Form aufbereitet.
- Mikroprozessor verarbeitet die Eingangssignale. Hierzu benötigt er ein Programm für die Signalverarbeitung, das in einem integrierten Programmspeicher (Festwertspeicher ROM) gespeichert ist. Der Inhalt des Speichers wird vom Hersteller festgelegt und kann danach nicht mehr geändert werden. Für komplexe Anwendungen ist ein zusätzlicher Speicher erforderlich.
- Flash-EPROM (FEPROM): Der Speicher enthält die motorspezifischen Kennlinien und Kennfelder für die Motorsteuerung. Das Flash-EPROM ist auf elektrischem Weg löschbar und lässt sich von der Werkstatt über eine serielle Schnittstelle umprogrammieren.
- RAM: Der Schreib-Lese-Speicher speichert alle von den Sensoren gelieferten Daten, bis sie vom Funktionsrechner abgerufen werden. Er speichert auch Adaptionswerte (erlernte Werte über Motor- und Betriebszustand) und auftretende Fehler im Gesamtsystem. Damit die Werte beim nächsten Start wieder zur Verfügung stehen, wird das RAM ständig mit Spannung versorgt. Beim Abklemmen der Batterie gehen alle Daten verloren.
- EEPROM: Wichtige Daten, die auch bei abgeklemmter Batterie nicht verloren gehen dürfen, z. B. Adaptionswerte, Codes für Wegfahrsperre, Radio usw. werden in einem nicht flüchtigen Dauerspeicher (EEPROM) abgelegt. Das EEPROM ist lösch- und programmierbar. Im Gegensatz zum Flash-EPROM kann jede Speicherzelle einzeln gelöscht werden.
- Überwachungsmodul: Damit es im Fahrbetrieb zu keiner vom Fahrer ungewollten Beschleunigung des Fahrzeugs kommt, enthält das Steuergerät zusätzlich ein Überwachungsmodul. Funktionsrechner und Überwachungsmodul überwachen sich gegenseitig. Wird ein Fehler festgestellt, so können beide Systeme unabhängig voneinander entsprechende Ersatzfunktionen einleiten.
- Datenaustausch: Der Datenaustausch zwischen dem Funktionsrechner, den Speicherbausteinen, dem Taktgeber und der Peripherie läuft über Leiterbahnen (Bus). Mit anderen elektronischen Systemen erfolgt der Datenaustausch über den CAN-Bus.

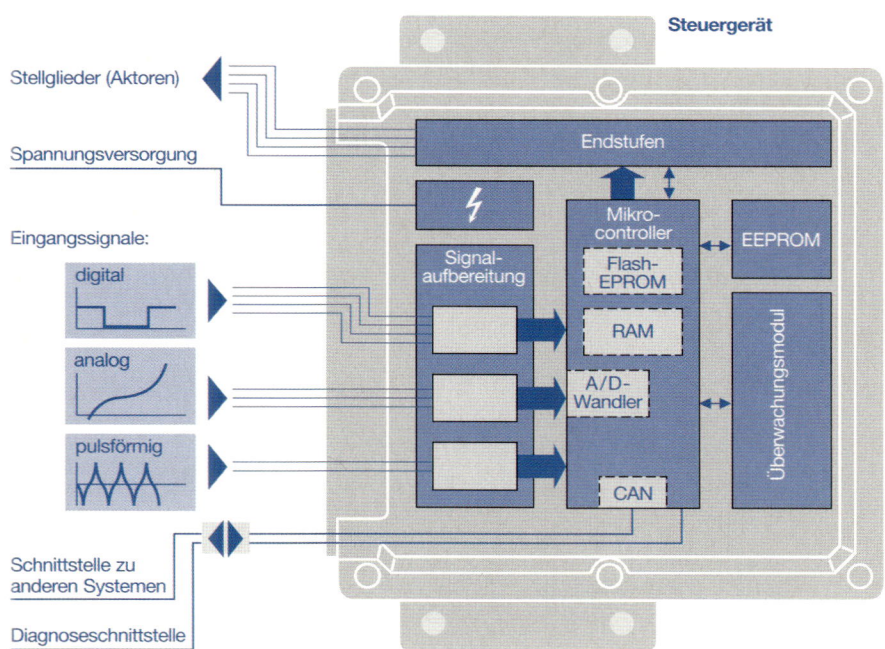

Stellglieder (Aktoren)

Ausgangssignale

Die vom Mikroprozessor ausgegebenen Signale sind für die Stellglieder zu schwach. Zum Ansteuern müssen sie in den jeweiligen Endstufen verstärkt werden.
Die Endstufen enthalten Transistoren, die in Darlington-Schaltung miteinander verbunden sind (siehe Lernfeld 3). Die Endstufen haben genügend Leistung für den direkten Anschluss an die Stellglieder. Besonders große Stromverbraucher werden über ein Relais angesteuert.

Die Ausgangssignale sind
- Schaltsignale, mit denen Stellglieder ein- und ausgeschaltet werden,
- Rechtecksignale (Puls-Weiten-Modulierte Signale PWM) mit konstanter Frequenz und variabler Einschaltzeit, um Stellglieder, z. B. das Abgasrückführungsventil (siehe Seite 45) in eine beliebige Ausgangsstellung zu bringen.

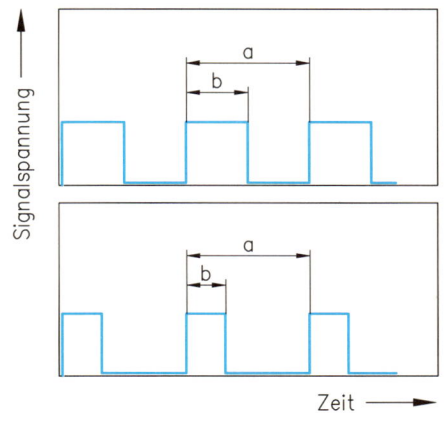

a Periodendauer
b variable Einschaltzeit

Kraftstoffeinspritzung

Die Einspritzventile werden vom Motorsteuergerät getaktet. Die Einspritzmenge wird durch die Länge der Einspritzsignale bestimmt. Die Einspritzung erfolgt entweder sequentiell oder zylinderindividuell.

Sequentielle Einspritzung | Zylinderindividuelle Einspritzung

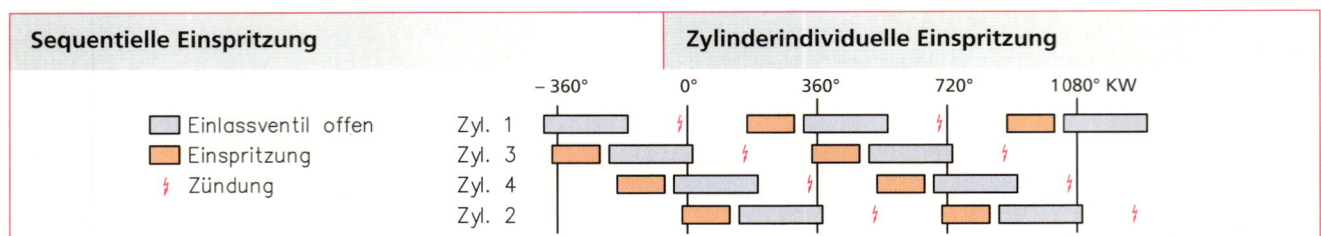

- ☐ Einlassventil offen
- ☐ Einspritzung
- ⚡ Zündung

Zyl. 1, Zyl. 3, Zyl. 4, Zyl. 2

Die Einspritzventile spritzen entsprechend der Zündfolge den Kraftstoff in jeden Zylinder einzeln ein. Im Saugrohr wird der Kraftstoff vorgelagert. Einspritzzeit und Einspritzbeginn ist für alle Zylinder gleich, wobei der Einspritzbeginn frei programmierbar ist und an den Motor angepasst werden kann.

Auch hier spritzen die Einspritzventile entsprechend der Zündfolge in jeden Zylinder einzeln ein. Vorteil der zylinderindividuellen Einspritzung ist, dass die Einspritzzeit an jeden Zylinder angepasst werden kann und damit Ungleichmäßigkeiten bei der Zylinderfüllung ausgeglichen werden können.

Zündung

Die Zündungsendstufe ist bei der Zweifunken-Zündspule im Steuergerät integriert. Bei der Einfunken-Zündspule wird Zündspule und Endstufe als kompakte Einheit zusammengebaut

Der plötzliche Spannungsabfall in der Primärspule induziert in der Sekundärspule eine hohe Spannung, die sich im Zündfunken entlädt.

Zündsystem mit Einzelfunken-Zündspule | Zündsystem mit Doppelfunken-Zündspule

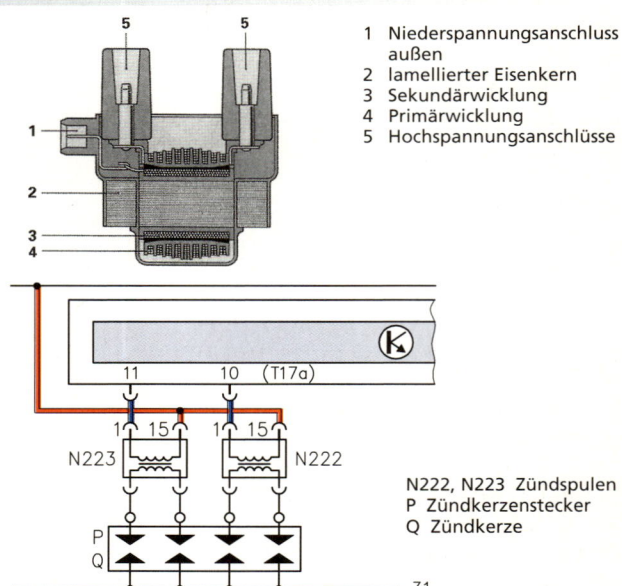

1. Niederspannungsanschluss außen
2. lamellierter Eisenkern
3. Sekundärwicklung
4. Primärwicklung
5. Hochspannungsanschluss innen über Federkontakt
6. Zündkerze

N70...N92 Zündspulen
P Zündkerzenstecker Q Zündkerze

1. Niederspannungsanschluss außen
2. lamellierter Eisenkern
3. Sekundärwicklung
4. Primärwicklung
5. Hochspannungsanschlüsse

N222, N223 Zündspulen
P Zündkerzenstecker
Q Zündkerze

Jedem Zylinder ist eine Einzelfunken-Zündspule zugeordnet. Das System eignet sich für gerade und ungerade Zylinderzahlen. Zündleitungen entfallen. Da bei Zylindern mit ungerader Zylinderzahl ein Arbeitszyklus über zwei Kurbelwellenumdrehungen geht, reicht das Signal des Positionsgebers an der Kurbelwelle nicht aus. Die Synchronisation erfolgt mithilfe eines Nockenwellensignals durch den Nockenwellensensor (Hallgeber). Pro Nockenwellenumdrehung wird ein Signal ausgelöst. Das Steuergerät berechnet den Zündwinkel. Die Spannungsverteilung zu den Zündspulen erfolgt durch ein Leistungsmodul in Verteilerlogik, die dafür sorgt, dass die richtige Primärspule angesteuert wird.

Zwei Zündspulen sind jeweils 2 Zündkerzen zugeordnet. Das System eignet sich für Motoren mit gerader Zylinderzahl. Der Zündfunke springt gleichzeitig an den Zündkerzen von 2 Zylindern über, bei einem Zylinder im Verdichtungstakt, beim anderen Zylinder im Ausstoßtakt. Bei einem Vierzylindermotor zünden jeweils die Zylinder 1 + 4 bzw. 3 + 2 gleichzeitig. Am Signalverlauf des Positionsgebers Kurbelwelle erkennt das Steuergerät, welche Zündspule angesteuert werden muss. Der im Verdichtungstakt überspringende Zündfunke benötigt eine hohe Zündspannung, der im Ausstoßtakt überspringende Zündfunke eine geringe Zündspannung. Wegen der vorgegebenen Stromrichtung springt in der einen Zündkerze der Zündfunke von der Mittelelektrode zur Masseelektrode, in der anderen Zündkerze von der Masseelektrode zur Mittelelektrode.

Normaloszillogramm Einzelfunken-Zündspule

Normal-Oszillogramm

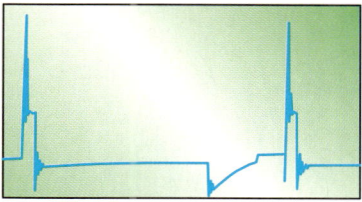

EFS mit Hochspannungsdioden

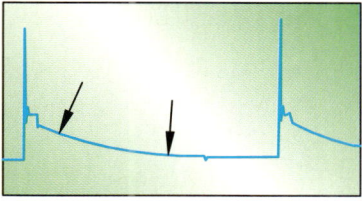

Die Oszillogramme entsprechen dem auf Seite 23 dargestellten Normaloszillogramm. Nach dem Schließen des Primärstromkreises induziert das sich in der Primärspule aufbauende Magnetfeld in der Sekundärspule eine Spannung von 3 bis 5 kV, die zusätzlich durch Schwingungen überlagert ist. Sobald der Aufbau des Magnetfeldes abgeschlossen ist, wird die induzierte Spannung Null.

Normaloszillogramm Zweifunken-Zündspule

Darstellung aller positiven Signale Haupt- und Stützfunke

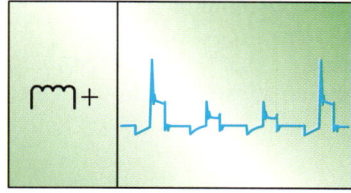

Darstellung des Summensignals

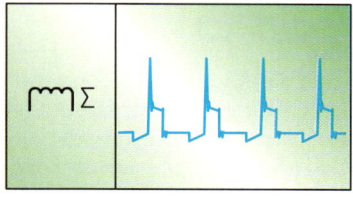

Bei jeder Zündauslösung entstehen zwei Zündfunken von unterschiedlicher Polarität. Die Addition der positiven und negativen Zündspannungen ergeben ein Summensignal, das Grundlage für die Beurteilung des Zündablaufs ist.

Die Zündungsendstufe hat eine Primärstrom- und eine Primärspannungsbegrenzung:
- Primärstrombegrenzung: Sie beschränkt den Primärstrom auf einen vorgegebenen Wert, um die thermische Belastung der Zündspule und der Endstufe zu begrenzen (siehe auch Seite 24).
- Primärspannungsbegrenzung: Sie verhindert ein zu hohes Ansteigen der angebotenen Primärspannung und damit eine Schädigung der Hochspannungsbauteile.

Aufgrund der Vorschriften zur OBD (On-Board-Diagnose, siehe Lernfeld 8) ist eine Zündaussetzererkennung erforderlich.

Die Zündaussetzererkennung soll:
- Zündaussetzer feststellen,
- Das Einspritzventil des entsprechenden Zylinders abschalten.
- Dem Fahrer das Auftreten eines abgasrelevanten Fehlers signalisieren.

Bei Zündaussetzern kommt es zu zusätzlichen Schwankungen im Laufverhalten der Kurbelwelle.
Das Verhalten der Kurbelwelle überwacht das Motormanagement mithilfe der Kurbelmarkenscheibe und des Drehzahlgebers.

1.2.2.6 Zusatzfunktionen

Leerlaufdrehzahlregelung

Der Leerlauf muss so eingestellt sein, dass die Leerlaufdrehzahl durch die im Motor entstehende Reibleistung des Kurbel- und Ventiltriebs (interne Lasten) sowie der Zusatzaggregate wie Klimaanlage, eingelegter Gang beim Automatikgetriebe, aktive Lenkhilfe (externe Lasten) usw. nicht zu weit absinkt und der Motor unruhig läuft bzw. ausgeht. Die Leerlaufdrehzahlregelung muss ein Gleichgewicht herstellen zwischen der erzeugten und der verbrauchten Leistung. Sie gibt die Momentenanforderung an die Drehmomentenkoordination, die die Füllung, das Gemisch und den Zündwinkel berechnet und ein Moment vorgibt, mit dem die erforderliche Drehzahl bei den entsprechenden Betriebsbedingungen erreicht wird.

Lambda-Regelsystem

Die Abgase des Verbrennungsmotors enthalten Schadstoffe, die durch chemische Umwandlung in der Lamda-Regelung abgebaut werden. Das System der Lambda-Regelung besteht aus
- dem Benzineinspritzsystem,
- dem Abgaskatalysator,
- der Lambda-Sonde,
- dem im Motorsteuerungsgerät integrierten Lambda-Regler.

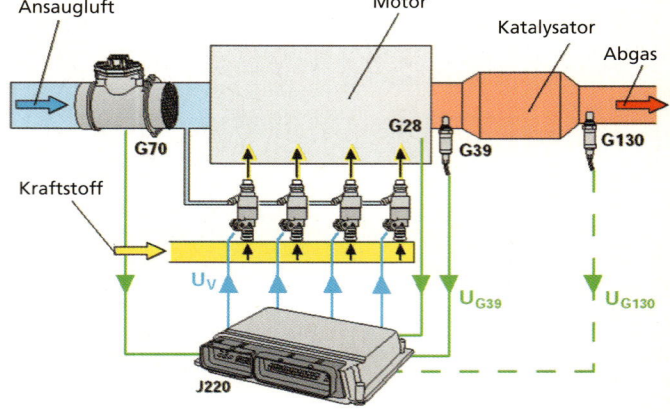

G28	Geber für Motordrehzahl
G39	Lambda-Sonde von Katalysator
G70	Luftmassenmesser
U_{G39}	Sondenspannung Lambda-Sonde vor Katalysator
U_{G130}	Sondenspannung nach Katalysator
U_V	Steuerspannung Einspritzventile

Dreiwegekatalysator

Im Katalysator werden die Abgase nachbehandelt und die Schadstoffe chemisch in ungiftige Stoffe umgewandelt. Katalysatoren bestehen aus Werkstoffen, die eine chemische Reaktion beschleunigen oder erleichtern, ohne dass sie sich selbst verbrauchen.

Der Grundkörper des Katalysators besteht aus hochtemperaturbeständigem Magnesium-Aluminium-Silikat in Form eines Zylinders von kreisförmigem oder ovalem Querschnitt. In Strömungsrichtung ist er von parallelen Kanälen durchzogen. Auf den Grundkörper werden die Edelmetalle Platin, Rhodium oder Palladium aufgebracht, die ihn erst zu einem Katalysator machen.

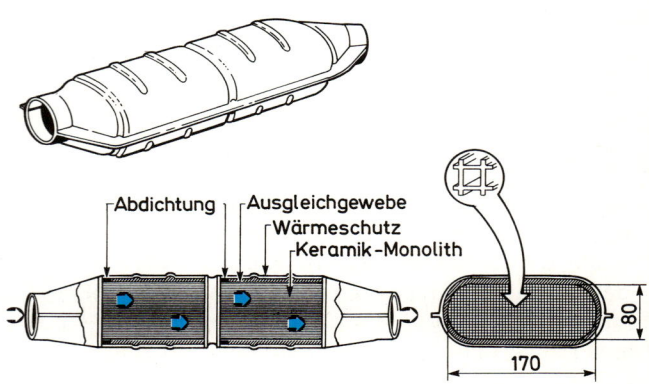

Abgase vor dem Katalysator	Katalysator	Abgase nach dem Katalysator
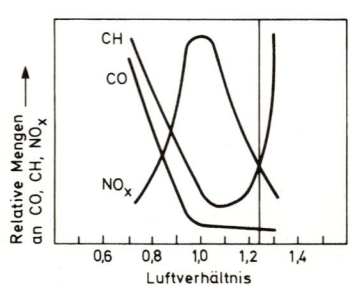	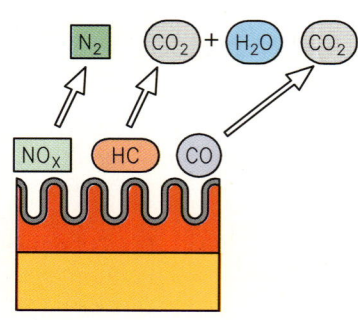	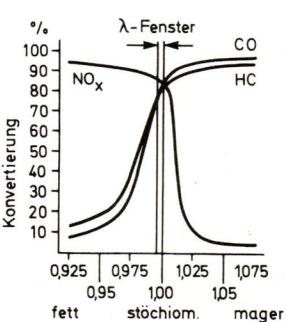
Die Konzentration der Schadstoffe ist im Abgas vom Luftverhältnis λ abhängig. CO und HC nehmen mit steigendem Luftverhältnis ab. Bei λ = 1 ist der Anteil dieser Schadstoffe gering. Die Stickoxide sind im fetten Bereich (λ < 1) gut, steigen mit zunehmenden Luftverhältnis an. Bei λ = 1 ist die Stickoxidkonzentration auf niedrigem Niveau.	• Platin beschleunigt die Oxidation von Kohlenwasserstoffen (CH) in Wasser (H_2O) und in Kohlendioxyd (CO_2), von Kohlenmonoxid (CO) zu Kohlendioxid • Rhodium reduziert die Stickoxide (NO_2) zu Stickstoff (N_2) und Kohlendioxid (CO_2)	Der Katalysator baut die Schadstoffe bis 90 % ab, wenn das Kraftstoff-Luftverhältnis in einem Lambda-Regelkreis ständig innerhalb des λ-Fensters gehalten wird. Eine Umwandlung der Schadstoffe setzt erst bei einer Betriebstemperatur von 250 °C ein. Ideale Betriebsbedingungen für hohe Umsetzungsraten und lange Lebensdauer sind Temperaturen von 400° bis 800 °C.

Lambda-Sonde

Funktionsprinzip

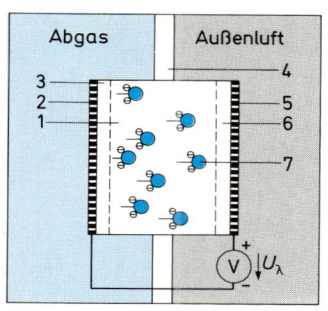

1 Festelektrolyt
2 Elektrode, abgasseitig
3 Grenzzone, abgasseitig
4 Trennwand (Abgasrohr)
5 Elektrode, luftseitig
6 Grenzzone, luftseitig
7 Sauerstoffion mit zweifach negativer Ladung

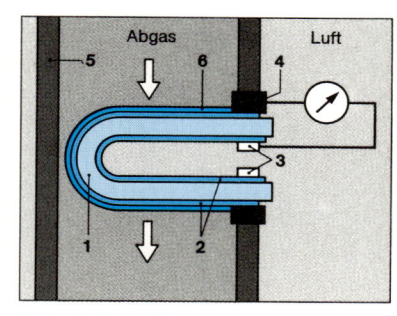

1 Sondenkeramik
2 Elektroden
3 Kontakt
4 Gehäusekontaktierung
5 Abgasrohr
6 Keramische Schutzschicht (porös)

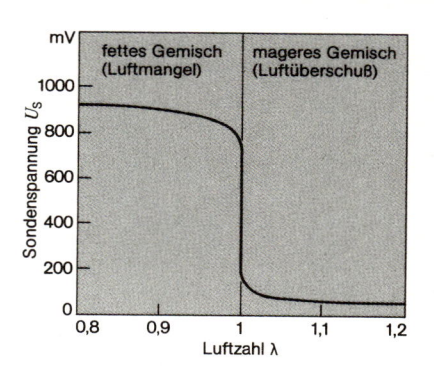

Die Lambda-Sonde besteht im Prinzip aus folgenden Teilen:
- poröse Elektrode aus Platin im Abgasstrom,
- poröse Elektrode aus Platin in der Außenluft,
- Elektrolyt aus fester Keramikmasse (Zirkonoxid).

Das Keramikmaterial wird ab 300 °C für Sauerstoffionen leitend. Ist der Sauerstoffanteil an beiden Elektroden verschieden, entsteht eine elektrische Spannung. Die optimale Betriebstemperatur liegt bei 600 °C.
Exakt bei dem stöchiometrischen Gemisch ($\lambda = 1$) weist die Lambda-Sonde einen Spannungssprung auf. Sie liefert so ein Signal, das anzeigt, ob das Gemisch fetter oder magerer als $\lambda = 1$ ist.

Je nach Restsauerstoffgehalt im Abgas beträgt die abgegebene Spannung:
- fettes Gemisch ($\lambda < 1$) 800 bis 1 000 mA,
- mageres Gemisch ($\lambda > 1$) ca. 100 mA.

Diese Werte gelten für eine Arbeitstemperatur von 600 °C. Bei tieferen Temperaturen sind die Ansprechzeiten höher. Nach dem Start eines Motors wird die Lambda-Sonde bei einer Keramiktemperatur unter 350 °C von der Lamda-Regelung ausgeschaltet.
In der praktischen Ausführung ragt die Sonde in den Abgasstrom, sodass eine Elektrodenseite vom Abgas umströmt, die andere Elektrodenseite mit der Außenluft in Verbindung steht.

Beheizte Lambda-Sonde

1 Sondengehäuse
2 keramisches Stützrohr
3 Anschlusskabel
4 Schutzrohr mit Schlitzen
5 aktive Sondenkeramik
6 Kontaktteil
7 Schutzhülse
8 Heizelement
9 Klemmanschlüsse für Heizelement

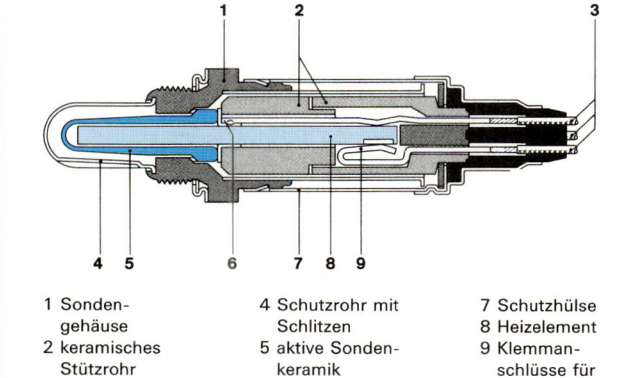

Durch ein eingebautes Heizelement wird die Sonde schnell aufgeheizt, sodass sie innerhalb von 20 bis 30 s nach dem Start die Betriebstemperatur erreicht und die Lambda-Regelung einsetzt. Das Heizelement wird vom Steuergerät mit Spannung versorgt.

Planar-Lambda-Sonde

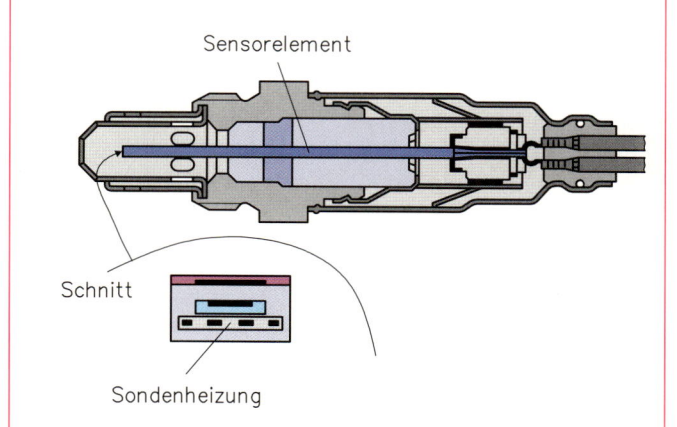

Die Planar-Lambda-Sonde besitzt ein Sensorelement, in das die Sondenheizung integriert ist. Die Betriebstemperatur wird trotz geringer Heizleistung schneller erzielt. Bei einer Abgastemperatur von 150 °C erzeugt die Sondenheizung die erforderliche Mindesttemperatur von 350 °C.

Lambda-Sonde

Prinzipbild

Planar Lambda-Sonde

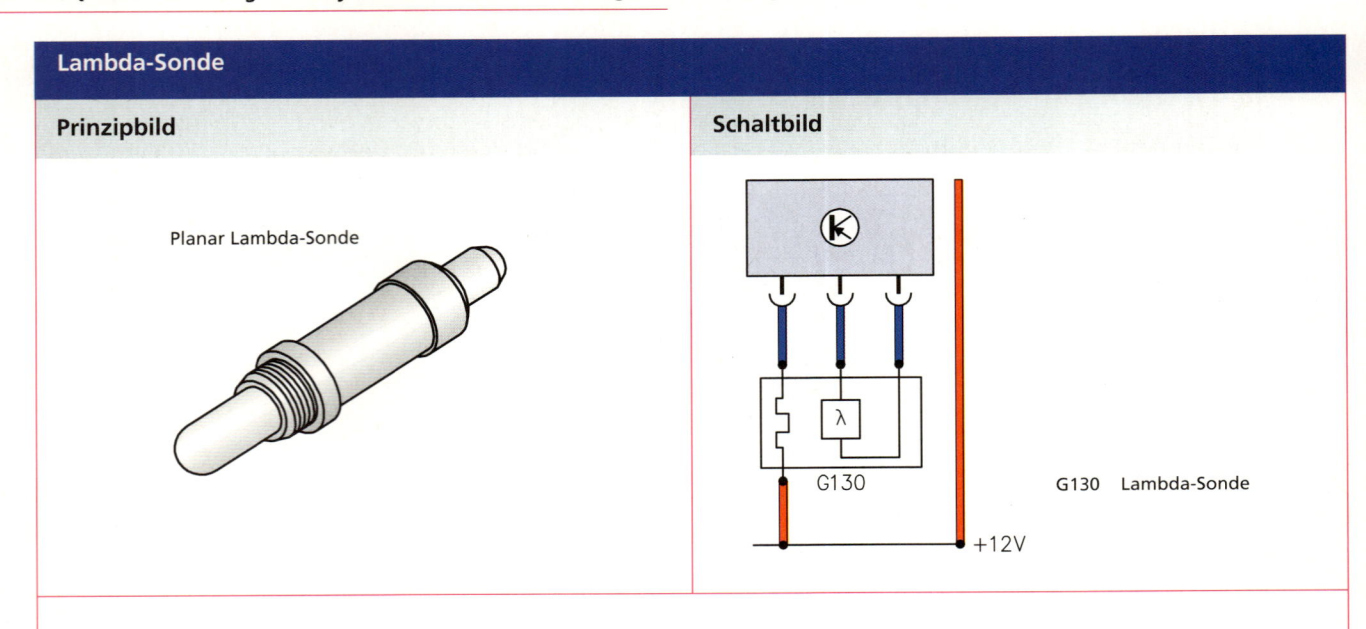

Schaltbild

G130   Lambda-Sonde

+12V

Ausfall der Lambda-Sonde
Bei Ausfall der Lambda-Sonde (Vor-Kat-Sonde) erfolgt keine Lambda-Regelung. Es wird ein Notlauf über eine Kennfeldsteuerung benutzt. Bei Ausfall der Nach-Kat-Sonde erfolgt weiterhin die Lambda-Regelung durch die Breitband-Lambda-Sonde. Die Funktion des Katalysators kann nicht überprüft werden.

Arbeitsweise der Lambda-Regelungen
Zwei-Punkt-Lambda-Regelung
Das Motorsteuergerät bestimmt aus den Eingangssignalen
- Motorlast,
- Signal des Motordrehzahlgebers,
- Kühlmitteltemperatur

die Einspritzzeit. Aus dem Signal der Lambda-Sonde errechnet das Steuergerät für die Lambda-Regelung den zusätzlichen Korrekturfaktor zur Einspritzzeit (vergrößern/verkleinern). Im Steuergerät ist weiterhin das Lambda-Kennfeld gespeichert, in dem die verschiedenen Betriebszustände des Motors festgeschrieben sind.

Bei der Zwei-Punkt-Regelung wird das Lambda-Sonden-Signal in ein Zweipunktsignal umgewandelt:
- Die Sonde stellt ein fettes Gemisch fest (Sondensignal ca. 0,8 V): Das Gemisch wird abgemagert.
- Die Sonde stellt ein mageres Gemisch fest (Sondensignal 0,1 V): Das Gemisch wird angereichert.

Die Regelung wird durch ständiges Pendeln um den Bereich $\lambda = 1$ erreicht, was einer Sondenspannung von 0,45 V entspricht.
Voraussetzung für eine Lambdaregelung ist:
- Sondentemperatur größer als 300 °C,
- Motortemperatur größer als 50 °C,
- Motor im Leerlauf- und Teillastbereich.

Adaptive Lambda-Regelung
Bei einer dauerhaften Abmagerung des Gemischs muss der Lambda-Regelkreis das Gemisch ständig anfetten. Wenn dieser Zustand längere Zeit andauert, erhöht das Steuergerät die Grundeinspritzmenge für diesen Lastbereich und speichert den Wert ab. Es entsteht wieder ein Gemisch mit dem Luftverhältnis $\lambda = 1$. Das λ-Sonden-Signal pendelt nun um diesen Mittelwert. Wir sprechen von einer adaptiven Lambda-Regelung, da diese Regelung lernfähig und anpassungsfähig ist.

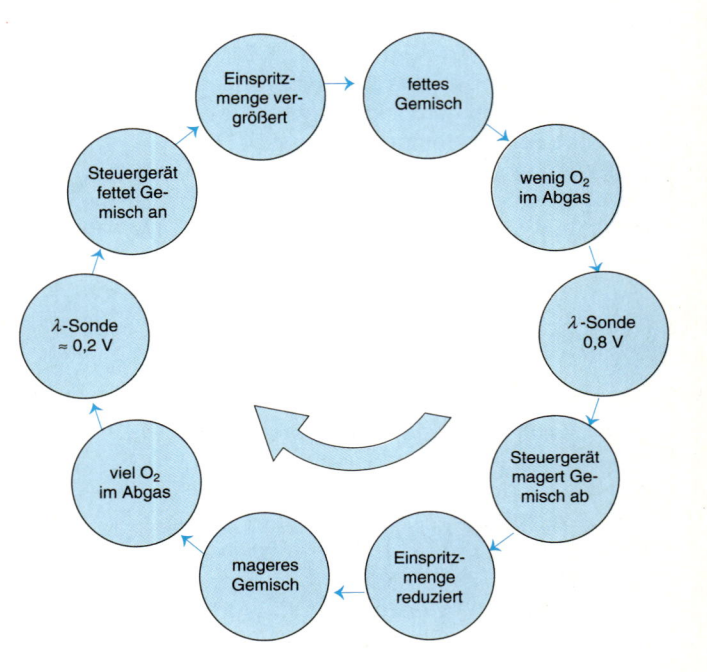

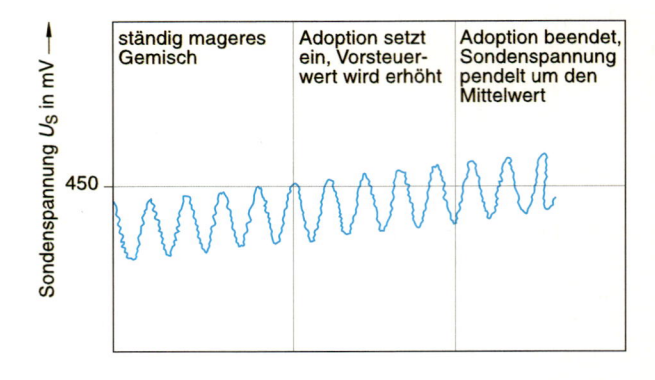

1.2 Qualitätssicherung durch Systemkenntnis: Motormanagement für Saugrohreinspritzung

Stetige Regelung
Eine stetige Lambda-Regelung ist mit einer Breitband-Lambda-Sonde möglich. Mit der Breitband-Lambda-Sonde können von λ = 1 abweichende Gemischzusammensetzungen gemessen werden. Mit ihr lassen sich im Gegensatz zur Zweipunkt-Regelung auch Gemischzusammensetzungen im Bereich von λ = 0,7 bis 0,3 regeln. Sie liefert ein stetiges Spannungssignal. Die stetige Lambda-Regelung eignet sich für den mageren Betrieb von Motoren mit Benzin-Direkteinspritzung (siehe Seite 49).

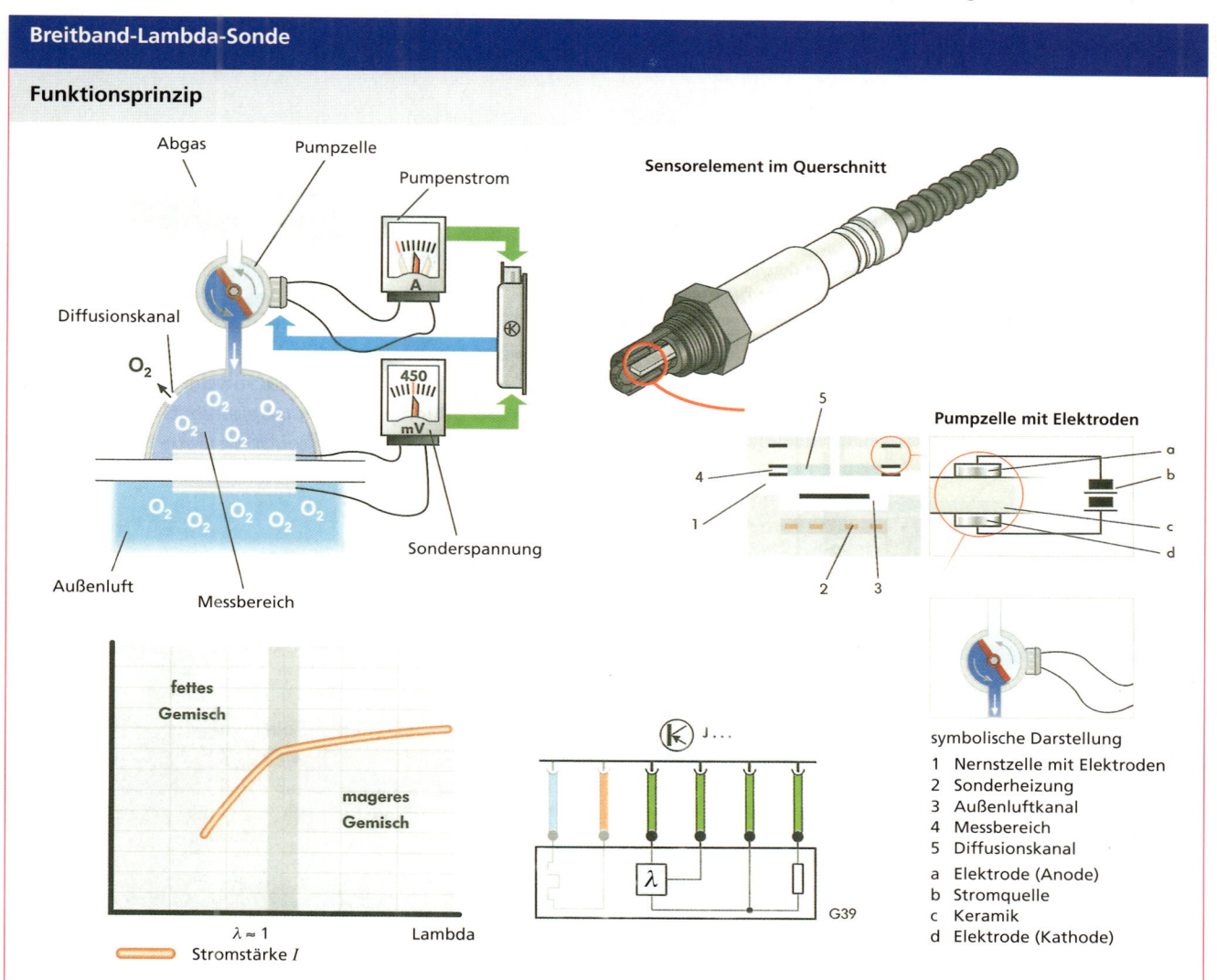

Breitband-Lambda-Sonde

Funktionsprinzip

Bezeichnungen im Bild:
- Abgas, Pumpzelle, Pumpenstrom
- Diffusionskanal, O_2
- Außenluft, Messbereich, Sonderspannung
- Sensorelement im Querschnitt
- Pumpzelle mit Elektroden

Diagramm: Stromstärke I über Lambda; fettes Gemisch / mageres Gemisch; λ ≈ 1

symbolische Darstellung
1. Nernstzelle mit Elektroden
2. Sonderheizung
3. Außenluftkanal
4. Messbereich
5. Diffusionskanal
a. Elektrode (Anode)
b. Stromquelle
c. Keramik
d. Elektrode (Kathode)

G39

Während die Lambda-Sonde anzeigt, ob im Abgas ein fettes oder mageres Gemisch vorliegt, liefert die Breitband-Lambda-Sonde eine Information über den aktuellen Wert der Luftzahl. Die Ausgabe des Lambdawertes erfolgt nicht mehr durch eine sprunghaft ansteigende Spannungskurve wie bei der normalen Lambda-Sonde, (daher auch Sprung-Lambda-Sonde genannt), sondern durch eine nahezu lineare Steigerung der Stromstärke. Mit dieser Sonde lassen sich fette oder magere Gemische regeln.
Die Breitband-Lambda-Sonde besitzt zusätzlich eine elektrochemische Zelle, die sogenannte Pumpzelle, die die Elektrode auf der Abgasseite mit soviel Sauerstoff versorgt, dass die Spannung zwischen den beiden Elektroden konstant 450 mV beträgt.
Die Pumpzelle fördert je nach Sauerstoffgehalt im Kraftstoff-Luft-Gemisch mehr oder weniger Sauerstoff in den Messbereich. Dadurch wird das Sauerstoffverhältnis zur Außenluft und die Spannung zwischen den Elektroden verändert:
- Mageres Gemisch = höherer Sauerstoffgehalt auf der Abgasseite = Spannung zwischen den Elektroden sinkt,
- Fettes Gemisch = geringerer Sauerstoffgehalt = Spannung zwischen den Elektroden steigt.

Damit die Spannung von 450 mV zwischen den Elektroden konstant bleibt, muss die Pumpzelle
- bei magerem Gemisch weniger Sauerstoff in den Messbereich (geringere Pumpleistung),
- bei fettem Gemisch mehr Sauerstoff in den Messbereich (größere Pumpleistung) pumpen.

Der Stromverbrauch der Pumpe wird vom Motorsteuergerät in einen Lambdawert umgerechnet.

Ausfall der Vor-Kat-Sonde
Bei Ausfall der Vor-Kat-Sonde erfolgt keine Lambda-Regelung und die Lambda-Adaption ist gesperrt. Das Tankentlüftungssystem geht in Notlauf, die Sekundärluft- und Kat-Diagnosen werden gesperrt. Das Motorsteuergerät benutzt als Notfunktion eine Kennfeldsteuerung.

Zwei-Sonden-Regelung

Aufgrund der verschärften Abgasbestimmungen wird zusätzlich zur Lambda-Sonde vor dem Katalysator eine zweite Lambda-Sonde nach dem Katalysator eingebaut. Die erste Lambda-Sonde liefert das Signal für die Gemischaufbereitung. Die zweite Sonde überlagert die Regelung der ersten Sonde und überwacht die Funktion des Katalysators und des Lambda-Regelkreises.
Die Breitband-Lambda-Sonde wird als Vor-Kat-Sonde eingesetzt, die Planar-Lambda-Sonde als Nach-Kat-Sonde verwendet.
Vom Motorsteuergerät werden die beiden Sondenspannungen verglichen. Weicht die Größe vom Sollwert ab, wird das als Fehlfunktion des Katalysators erkannt und als Fehler gespeichert.

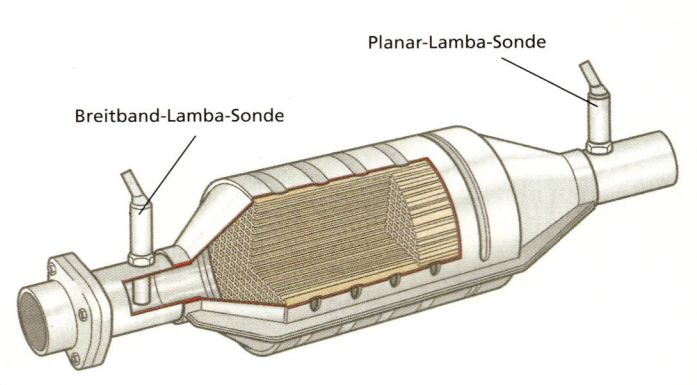

Klopfregelung

Ungünstige Betriebsbedingungen können zur klopfenden oder klingelnden Verbrennung führen. Klopfen entsteht, wenn sich das Kraftstoff-Luft-Gemisch neben der durch den Zündfunken ausgelösten Verbrennung selbst entzündet und die beiden Flammenfronten aufeinander treffen. Die Klopfneigung wird begünstigt durch Kraftstoff mit niedriger Oktanzahl, durch ein hohes Verdichtungsverhältnis, Ablagerungen im Brennraum, bei Volllast und bei mangelnder Kühlung. Hierdurch wird der Motor schnell heiß, die Motorleistung geringer, der Kraftstoffverbrauch höher. Die Nachteile der klopfenden Verbrennung lassen sich durch eine Klopfregelung vermeiden.
Zur Klopferkennung sind am Motorblock Klopfsensoren befestigt:
- ein Klopfsensor zwischen dem zweiten und dritten Zylinder oder
- zwei Klopfsensoren zwischen zwei Zylindergruppen.

Eingangssignale sind
- Signal der Klopfsensoren,
- Signal der Hallgeber,
- Motortemperatur.

Die durch das Klopfen bedingten Schwingungen werden im Klopfsensor in elektrische Spannungssignale umgewandelt und dem Motormanagement übermittelt. Dort wird die Klopferkennung für jeden Zylinder ausgewertet. Klopfende Verbrennungen führen am betreffenden Zylinder zu einer Verstellung des Zündzeitpunktes nach „spät". Tritt kein Klopfen mehr auf, erfolgt eine stufenweise Verstellung des Zündzeitpunktes nach „früh" bis zum Zündwinkel des gespeicherten Kennfeldes.
Die zylinderselektive Zuordnung der Klopfsignale geschieht mit Hilfe des Hallgebers.
Die Klopfregelung für jeden Zylinder wird als zylinderselektive Klopfregelung bezeichnet.
Sie ermöglicht, dass jeder einzelne Zylinder, unabhängig von Kraftstoffqualität, Verdichtung, Motoralterung, während seiner gesamten Nutzungsdauer in nahezu allen Betriebsbereichen an seiner Klopfgrenze betrieben werden kann.

Die sich für die einzelnen Zylinder ergebenden unterschiedlichen Klopfgrenzen bzw. neuen Zündzeitpunkte und die vom Betriebspunkt abhängigen Spätverstellungen werden im Zündkennfeld des RAM gespeichert und damit den veränderten Bedingungen des Motors angepasst (adaptive Klopfregelung).

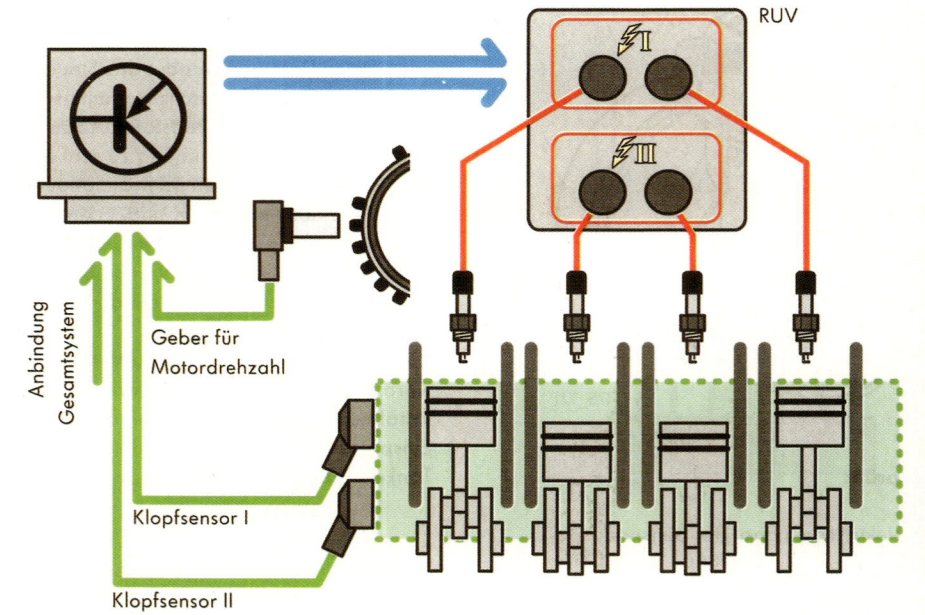

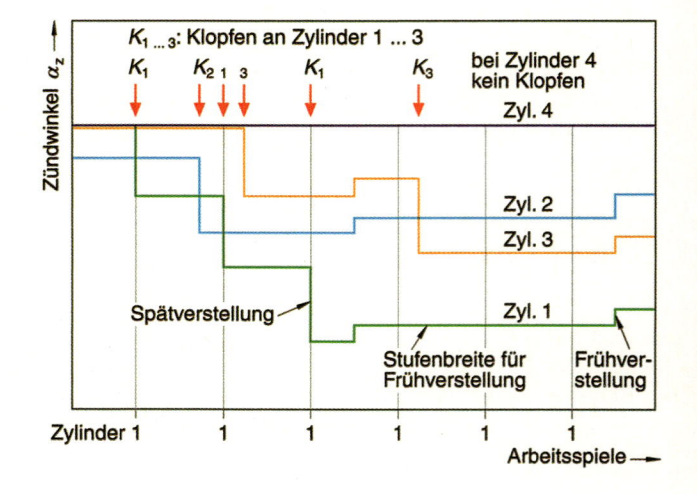

Klopfsensor

Prinzipbild

1 Seismische Masse
2 Vergussmasse
3 Piezokeramik
4 Kontaktierung
5 elektrischer Anschluss

Schaltbild

G66/G61: Klopfsensoren

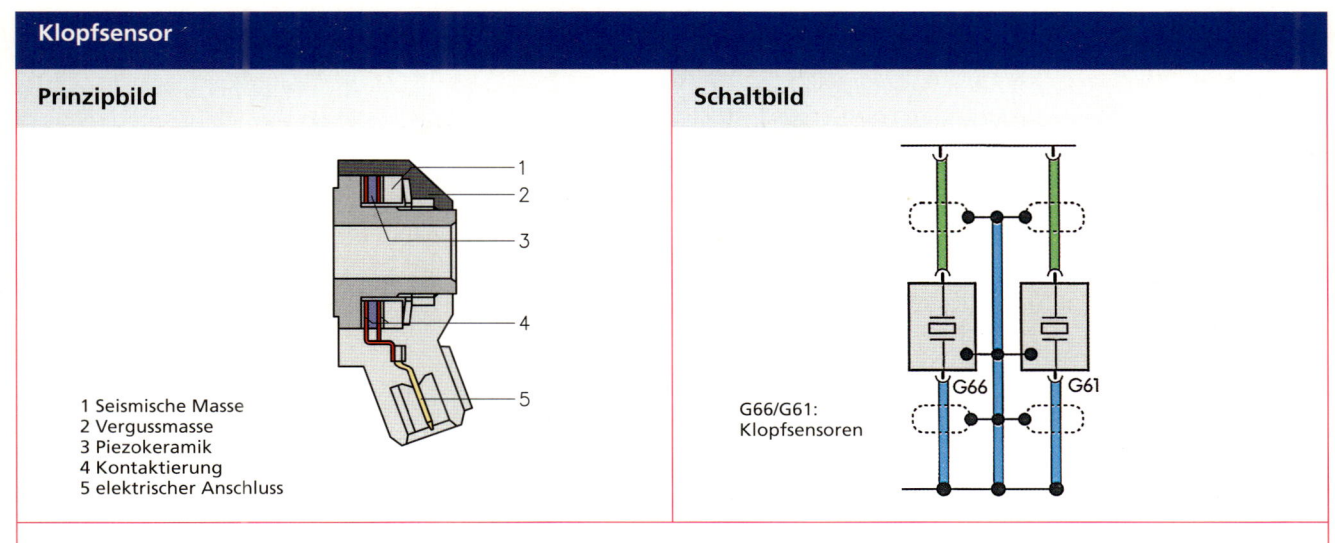

Funktionsweise
Die bei klopfender Verbrennung entstehenden Schwingungen werden von den druckempfindlichen Piezoelementen (Quarzkristalle) des Klopfsensors gemessen und in Wechselspannungen umgewandelt.

Ausfall des Klopfsensors:
Bei Ausfall eines Klopfsensors werden die Zündwinkel der entsprechenden Zylinder zurückgenommen. Bei Ausfall aller Klopfsensoren geht das Motormanagement in den Klopfregelnotlauf, bei dem die Zündwinkel generell zurückgenommen werden. Die gesamte Motorleistung steht nicht mehr zur Verfügung.

Kraftstoffverdunstungs-Rückhaltesystem

Der Kraftstoff im Kraftstoffbehälter dampft Kohlenwasserstoffverbindungen (HC-Emissionen) aus. Dies wird unterstützt bei Erwärmung des Kraftstoffs durch
- Wärmezufuhr von außen, z. B. Sonneneinstrahlung,
- Motorwärme, die den überschüssigen Kraftstoff im Kraftstoffkreislauf erwärmt.

Gesetzliche Bestimmungen legen Grenzwerte für Verdunstungsemissionen fest. Um die Emission der schädlichen Kohlenwasserstoffverbindungen zu verringern, werden die Kfz mit einem Kraftstoffverdunstungs-Rückhaltesystem ausgestattet.

Das Kraftstoffverdunstungs-Rückhaltesystem besteht aus folgenden Funktionselementen:
- Aktivkohlebehälter
  Vom Aktivkohlebehälter führt jeweils eine Entlüftungsleitung in den Kraftstoffbehälter, eine weitere Leitung zum Saugrohr und eine weitere über ein Absperrventil ins Freie. Der Behälter enthält Aktivkohle, die den Kraftstoff speichert.
- Regenerierventil
  Das Regenerierventil wird vom Motorsteuergerät angesteuert. Es dosiert den Kraftstoffdampfstrom zum Saugrohr.

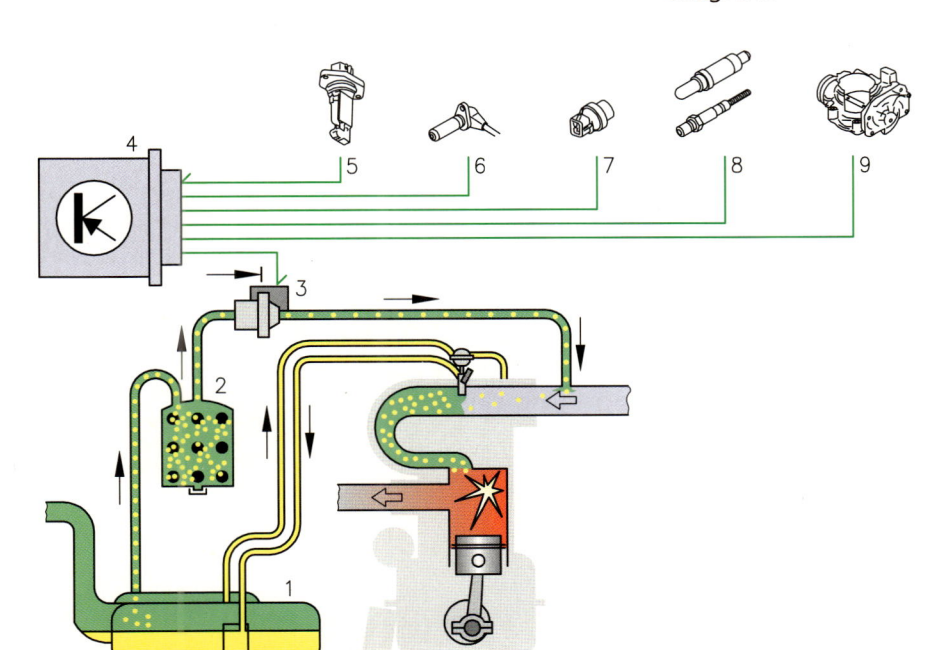

1 Kraftstofftank
2 Aktivkohlebehälter
3 Magnetventil für Aktivkohlebehälter (Regenerierventil)
4 Motorsteuergerät
5 Luftmassenmesser
6 Drehzahlgeber
7 Temperaturgeber Motoraustritt
8 Lambda-Sonden
9 Drosselklappensteuereinheit

Die Kraftstoffdämpfe strömen vom Tank zum Aktivkohlebehälter. Hier werden sie in der Aktivkohle gespeichert. Um die Aktivkohle zu regenerieren, wird das Regenerierventil vom Motorsteuergerät angesteuert. Der Unterdruck, der bei laufendem Motor im Saugrohr entsteht, bewirkt, dass Luft von außen über das Absperrventil durch die Aktivkohle strömt. Sie reißt die gespeicherten Benzindämpfe mit und führt sie über das Saugrohr der Verbrennung zu.

Das Regenerierventil wird in regelmäßigen Abständen geschlossen. Bei aktiver Regenerierung ist der Regenerierstrom eine Störgröße für die Lambda-Regelung. Die ME-Motronic berechnet daher den Spülstrom exakt aus dem letzten Regenerierzyklus und steuert das Regenerierventil arbeitspunktabhängig so an, dass die Lambda-Abweichungen gering sind. Bei inaktiver Lambda-Regelung werden nur kleine Regeneriermengen zugelassen, beim Schubabschalten im Schiebebetrieb wird das Regenerierventil schlagartig geschlossen.

Sekundärluftsystem

Während der Warmlaufphase tritt im Abgas ein erhöhter Anteil an unverbrannten Kohlenwasserstoffen auf. Diesen Anteil kann der Katalysator nicht verarbeiten, da seine Betriebstemperatur noch nicht erreicht ist und ein Gemisch von $\lambda = 1$ vorhanden sein muss. Durch Lufteinblasung hinter die Auslassventile erfolgt eine Sauerstoffanreicherung der Abgase. Es findet eine Nachverbrennung statt. Durch die Wärme der Nachverbrennung erreicht der Katalysator schneller seine Betriebstemperatur. Das Sekundärluftsystem ist nur in zwei Betriebszuständen aktiv:
- Kaltstart,
- im Leerlauf nach Warmstart.

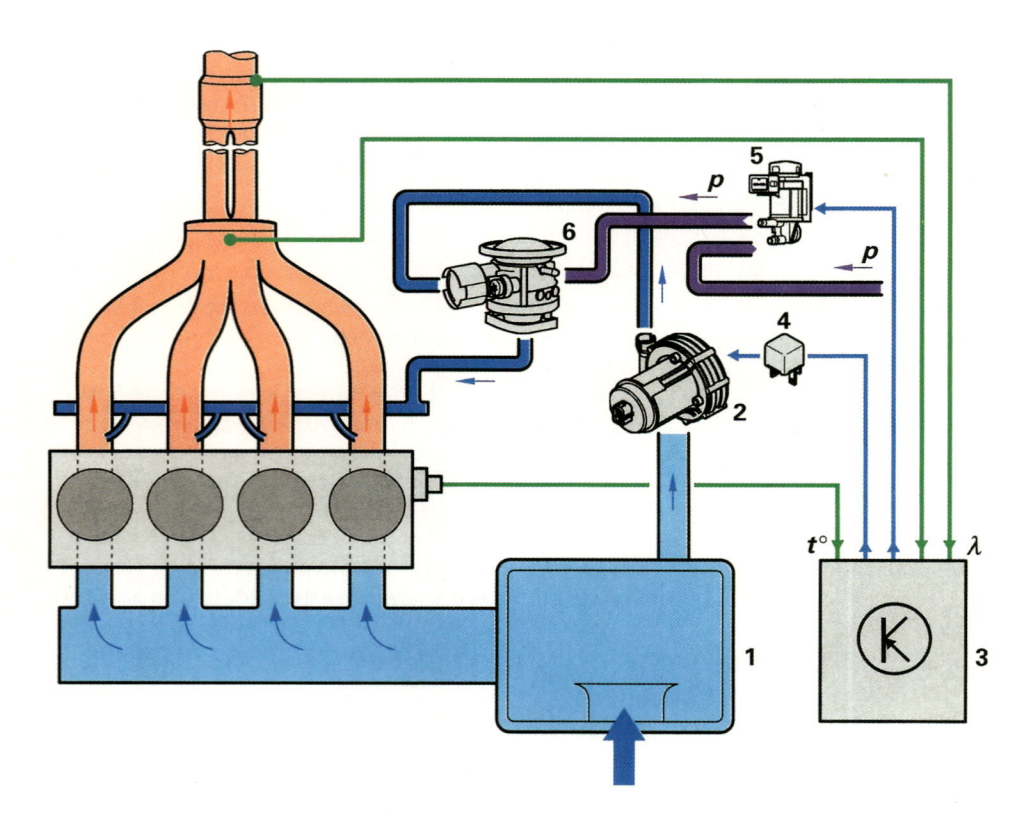

1 Luftfilter
2 Sekundär-Luftpumpe
3 Motorsteuergerät
4 Relais für sekundär Luftpumpe
5 Sekundär-Luftsteuerventil
6 Kombiventil

Das Motorsteuergerät verarbeitet folgende Eingangssignale:
- der Lambda-Sonden,
- die Kühlmitteltemperatur,
- die Motorlast,
- die Motordrehzahl,

und steuert über das Relais für Sekundärluft die Sekundärluftpumpe und parallel das Sekundärlufteinblasventil an.

Das Sekundärventil betätigt mittels Unterdruck das Kombiventil. Die Sekundärluftpumpe fördert kurzzeitig gefilterte Luft hinter die Auslassventile.
Das Kombiventil verhindert im nicht aktivierten Zustand das Eindringen von heißen Abgasen in die Sekundärluftpumpe. Ab der Teillastphase wird das Sekundärluftsystem abgeschaltet.

Schaltsaugrohre

Die Ladewechselvorgänge werden auch durch die Länge der Saugleitung beeinflusst. Durch die Abwärtsbewegung des Kolbens beim Ansaugtakt entstehen periodische Druckschwingungen in der Saugleitung, d.h. die Luftsäule im Ansaugsystem schwingt hin und her. Diese Druckschwingungen werden in der sogenannten Schwingrohraufladung durch Schaltsaugrohre genutzt, um die Frischgasfüllung zu erhöhen. Man spricht von einer Selbstaufladung.

Schaltsaugrohre ermöglichen
- im unteren Drehzahlbereich mit Hilfe eines langen Saugrohres ein großes Drehmoment,
- im oberen Drehzahlbereich mit Hilfe eines kurzen Saugrohres eine hohe Leistung.

Wesentliche Bestandteile eines Schaltsaugrohres sind der Hauptsammler, der Leistungssammler und die Schaltwelle oder Schaltklappe, die vom langen auf das kurze Saugrohr umschaltet.

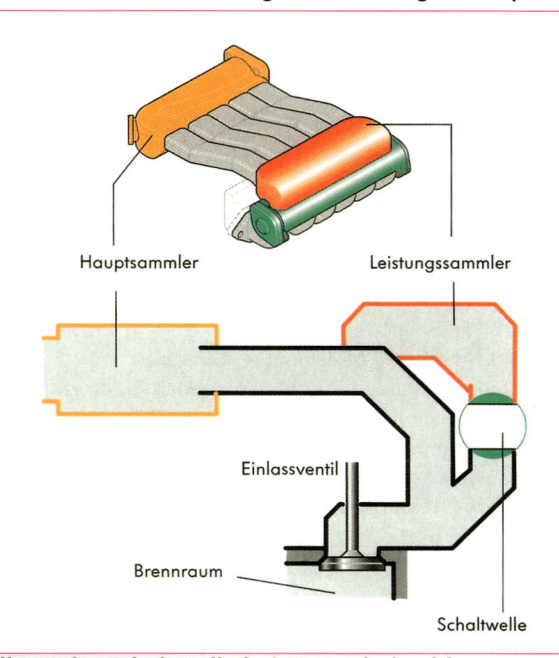

Stellung der Schaltwelle bei Motordrehzahlen bis 4000 1/min

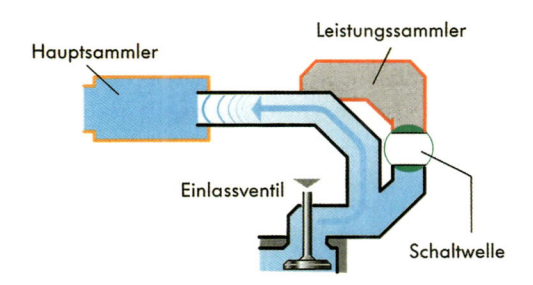

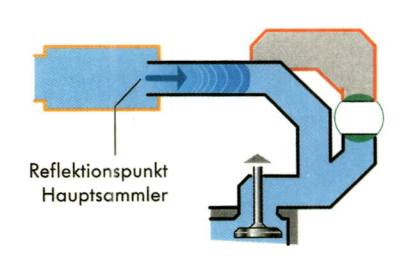

Stellung der Schaltwelle bei Motordrehzahlen über 4000 1/min

Nach dem Öffnen des Einlassventils bildet sich im Saugrohr eine Unterdruckwelle, die mit hoher Geschwindigkeit (Schallgeschwindigkeit) vom Einlassventil in den Hauptsammler läuft. Im Sammler hat das Luftvolumen einen höheren Druck als der Unterdruck am offenen Rohrende des Schwingrohres. Die Unterdruckwelle wird reflektiert, reißt die im Sammler befindlichen Luftmassen mit und wandert als Druckwelle zum Einlassventil zurück. Bei einer gut auf den Motor abgestimmten Saugrohrlänge erreicht das Druckmaximum die Einlassöffnung des Einlassventils kurz vor dem Schließen.
Durch die Druckwelle gelangt mehr Luft in den Zylinder, d.h. die Zylinderfüllung wird verbessert.

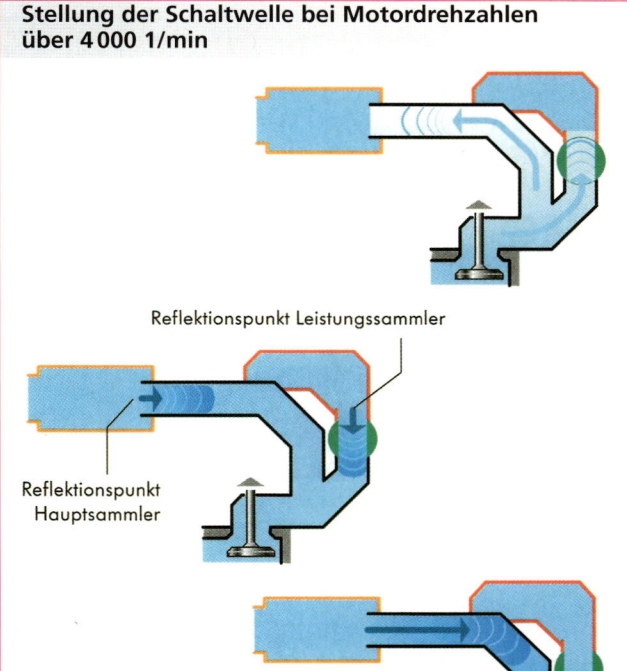

Bei steigender Drehzahl wird die Zeitspanne, in der durch das geöffnete Einlassventil Luft strömen kann, immer kürzer. Bei Drehzahlen über 4000 1/min gibt die Schaltwelle den Weg zum Leistungssammler frei. Der Weg der Saug- und Druckwelle zum Einlassventil ist kürzer. Der Leistungssammler wird bei geschlossenen Einlassventilen mit Luft befüllt. Nach dem Öffnen des Einlassventils breitet sich die Unterdruckwelle im Saugrohr aus. Sie erreicht das Rohrende im Leistungssammler früher als das Rohrende im Hauptsammler. Sie wird im Leistungssammler reflektiert und läuft zum Einlassventil und gelangt noch rechtzeitig vor dem Schließen des Einlassventils zur Einlassöffnung. Die zu spät kommende Welle vom Hauptsammler wird von dem geschlossenen Einlassventil reflektiert und befüllt den Leistungssammler.

Geschwindigkeits-Regelanlage (GRA)

Mit der Geschwindigkeits-Regelanlage kann vom Fahrer eine Fahrgeschwindigkeit ab 30 km/h festgelegt werden. Die Geschwindigkeit wird ohne Einflussnahme des Fahrers gehalten.
Mit dem Bedienhebel lassen sich folgende Funktionen auslösen:
- Setzen: Übernahme der Geschwindigkeit mit anschließendem Halten der Geschwindigkeit.
- Beschleunigen: Beschleunigen und anschließendes Halten der Geschwindigkeit.
- Verzögern: Verzögern und anschließendes Halten der Geschwindigkeit.
- Wiederaufnahme: Anfahren einer gespeicherten Zielgeschwindigkeit.
- Tip-Up: Schrittweises Erhöhen der Sollgeschwindigkeit
- Tip-Down: Schrittweises Verringern der Sollgeschwindigkeit.
- Abschalten der Regelung durch Hauptschalter oder Aus-Tip-Schalter.

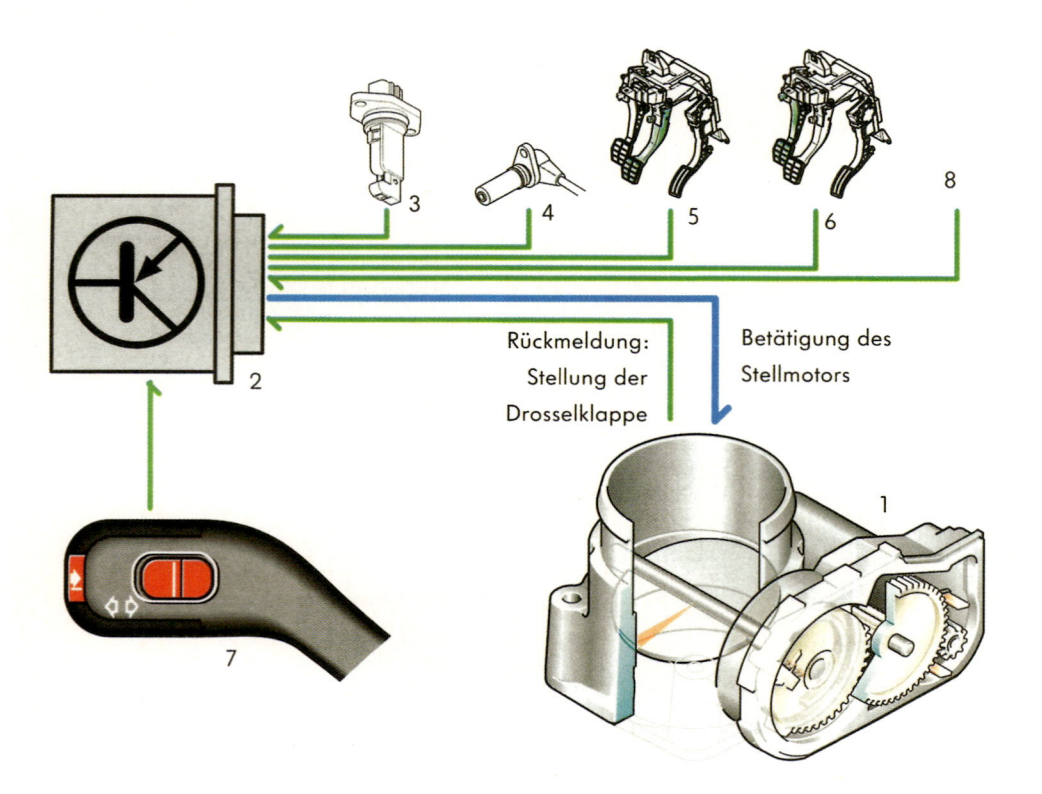

1 Drosselklappensteuereinheit
2 Motorsteuergerät
3 Luftmassenmesser
4 Drehzahlgeber
5 Bremspedalschalter
6 Kupplungspedalschalter
7 Schalter GRA
8 Fahrgeschwindigkeit

Das Motorsteuergerät verarbeitet die Eingangsinformationen
- Motordrehzahl,
- Motorlast,
- Fahrgeschwindigkeit,
- Signal „Bremse betätigt",
- Signal „Kupplung betätigt",
- Ein- und Ausschaltsignal vom Schalter GRA,

und steuert die Drosselklappensteuereinheit an. Je nach eingestellter Fahrgeschwindigkeit öffnet oder schließt die Drosselklappensteuereinheit die Drosselklappe.
Das Signal der Fahrgeschwindigkeit ist ein vom Schalttafeleinsatz aufbereitetes Rechtecksignal, dessen Frequenz sich analog zur Geschwindigkeit ändert. Es werden z. B. 4 Impulse pro Radumdrehung vom Schalttafeleinsatz gesendet.

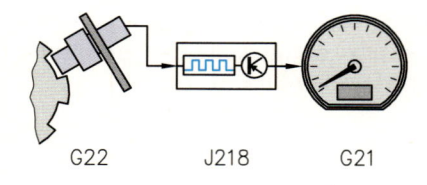

D+15 Zündanlassschalter, Klemme 15
G21 Geschwindigkeitsmesser
G22 Geber für Geschwindigkeitsmesser
J218 Kombiprozessor für Schalttafeleinsatz

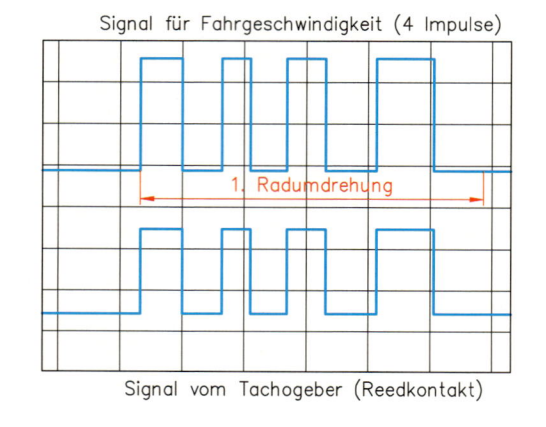

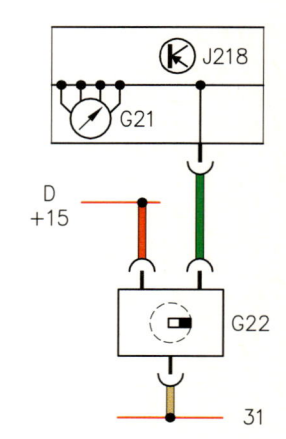

1.2.2.7 Ergänzende Funktionen

Abgasrückführung

Die in den Verbrennungsraum angesaugte Luft enthält Sauerstoff und einen hohen Anteil von Stickstoff. Bei hohen Temperaturen und unter hohem Druck bilden sich Stickoxide, die durch den Auspuff ins Freie gelangen. Durch Abgasrückführung und Beimischen von Abgas in das Kraftstoff-Luft-Gemisch erhält der Zylinder eine geringere Füllung mit Frischgas. Da das Abgas nicht an der Verbrennung teilnimmt, wird die Verbrennungstemperatur reduziert, wodurch weniger Stickoxide entstehen.

Das Motorsteuergerät steuert in Abhängigkeit von
- Motorlast,
- Motordrehzahl,
- Motortemperatur

das Abgasrückführungsventil an und legt damit den Öffnungsquerschnitt fest. Ein Teilstrom Abgas wird über das Ventil der Frischluft zugeführt.
Zur Steuerung des Abgasrückführungsventils werden verwendet:

Pneumatische Systeme

Das Ventil für Abgasrückführung (AGR) wird vom Steuergerät angesteuert. Es leitet den Unterdruck vom Saugrohr an das AGR-Ventil, das öffnet und Abgas in das Saugrohr gelangen lässt. Die Dosierung ist nicht so genau, was bei größeren Abgasrückführungsmengen zu einem schlechten Fahrverhalten und erhöhten HC-Emissionen führen kann.

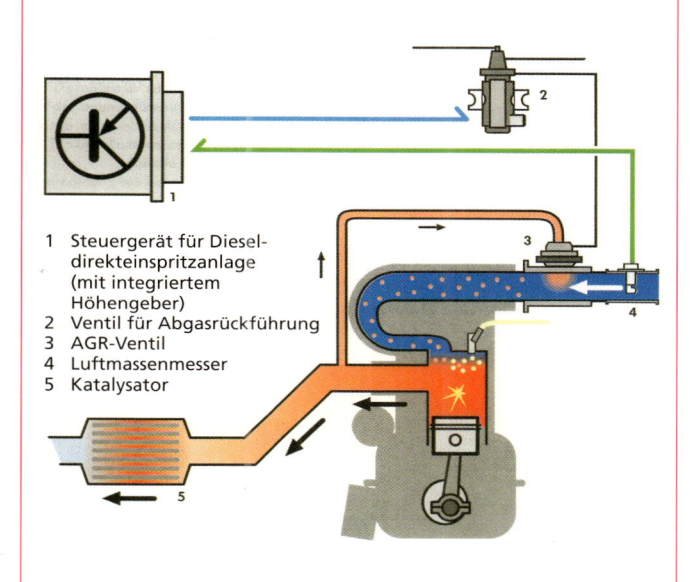

1 Steuergerät für Dieseldirekteinspritzanlage (mit integriertem Höhengeber)
2 Ventil für Abgasrückführung
3 AGR-Ventil
4 Luftmassenmesser
5 Katalysator

Elektronische Systeme

Elektrische Abgasrückführungsventile (AGR-E) arbeiten schneller und präziser. Ein Klappenventil wird von einem Elektromotor betätigt. Ein berührungsloser Sensor meldet die Stellung des Ventils an das Steuergerät. Der Einbau des AGR-E erfolgt auf der kalten Seite des Motors, dicht vor dem Luftsammler, da ein Versotten des Ventils durch Ruß und Öldämpfe durch eine entsprechende Konstruktion vermieden wird.

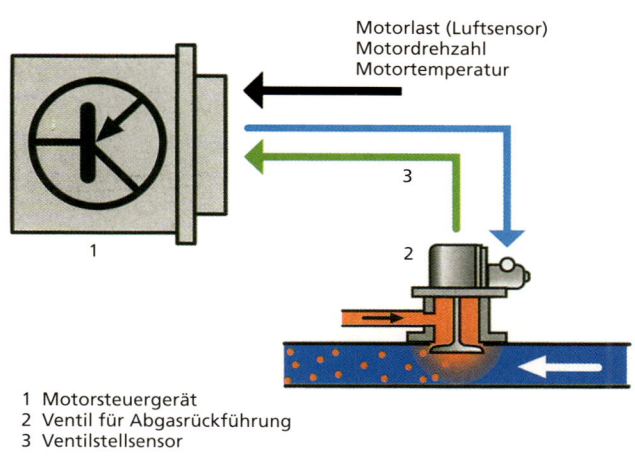

Motorlast (Luftsensor)
Motordrehzahl
Motortemperatur

1 Motorsteuergerät
2 Ventil für Abgasrückführung
3 Ventilstellsensor

Durch das Rückführen von etwa 10 % der Abgase bei Ottomotoren (bis zu 40 % bei Dieselmotoren) in den Ansaugkrümmer können die im Verbrennungsraum auftretenden Temperaturen und Drücke gesenkt werden. Diese Maßnahme reduziert die temperaturabhängigen Stickoxidemissionen. Eine Erhöhung der Abgasrückführungsrate führt zu erhöhten HC-Emissionen.

Die Abgasrückführung erfolgt bei betriebswarmem Motor im Teillastbereich. Bei Kaltstart, Warmlauf, Volllast und Beschleunigung arbeitet das AGR-System nicht, da bei fetten Kraftstoff-Luft-Gemischen weniger Stickoxid entsteht. Auch im Leerlauf wird das System abgeschaltet, um die Laufruhe des Motors zu gewährleisten.

Nockenwellenverstellung

Die Nockenwellenverstellung hat die Aufgabe, die günstigsten Ventilsteuerzeiten für die Betriebszustände Leerlauf, maximale Leistung und Drehmoment einzustellen. Flügelzellenversteller verstellen die Einlass- und Auslassnockenwelle. Der Verstellwinkel der Einlassnockenwelle beträgt z. B. 52° KW, der der Auslassnockenwelle z. B. 22° KW. Die Flügelzellenversteller arbeiten hydraulisch und sind über das Steuergehäuse an den Motorölkreislauf angeschlossen (siehe auch Lernfeld 6).

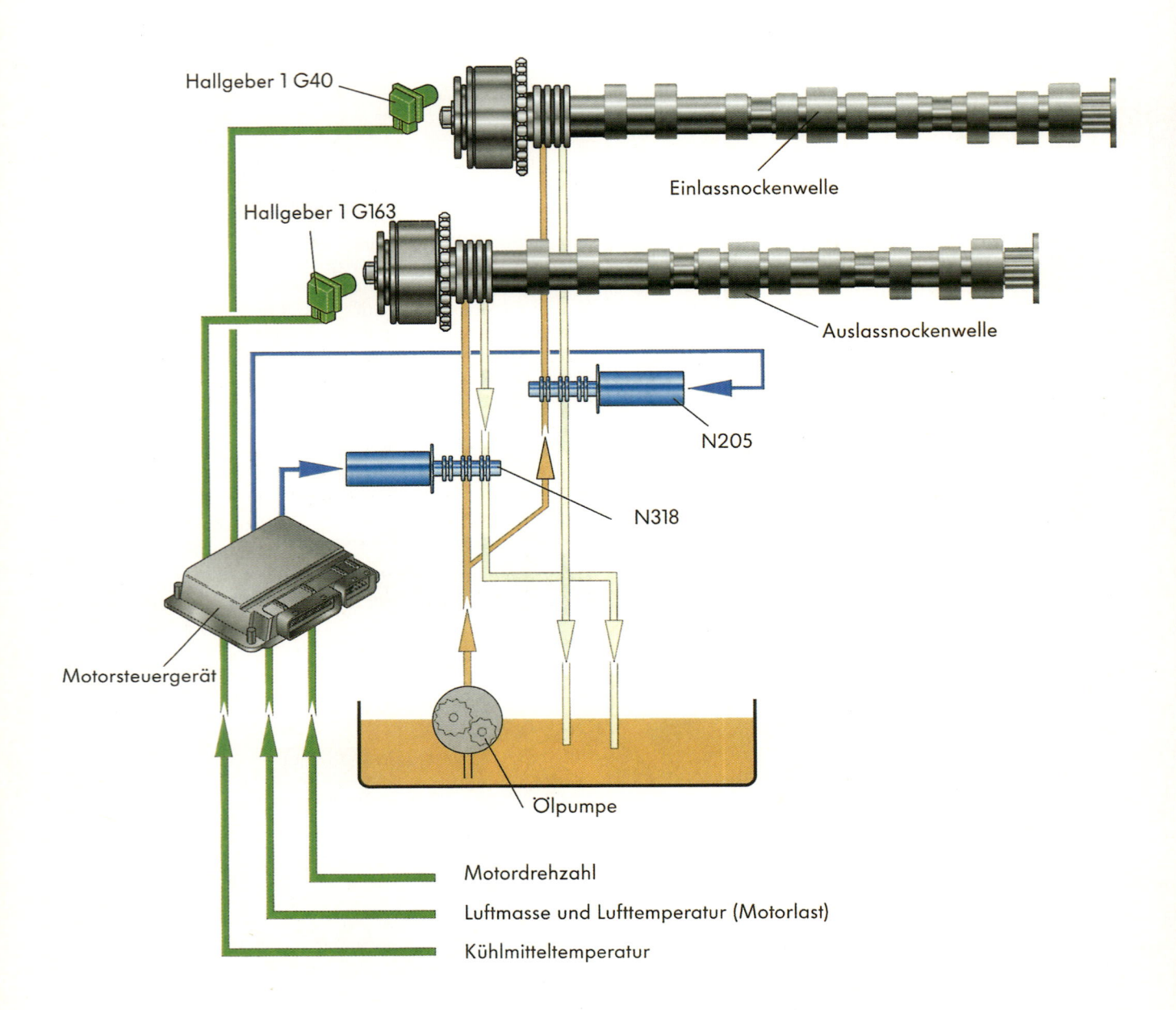

Zur Nockenwellenverstellung benötigt das Motorsteuergerät Informationen über die
- Stellung der Nockenwellen und der Kurbelwelle,
- Motordrehzahl,
- Motorlast,
- Motortemperatur.

Hieraus berechnet es in Abhängigkeit von einem im Steuergerät gespeicherten Kennfeld die Nockenwellenverstellung.

Das System der Nockenwellenverstellung ist lernfähig. Damit werden Toleranzen in der Motormechanik und Verschleiß ausgeglichen. Das Motorsteuergerät prüft anhand der Signale von Drehzahl- und Hallgeber die Leerlaufstellung der Einlass- und Auslassnockenwelle. Wenn der Istwert mit dem gespeicherten Sollwert nicht übereinstimmt, wird bei der nächsten Verstellung der Nockenwellen auf den Sollwert nachgeregelt.

Nockenwellenverstellung

Leerlauf

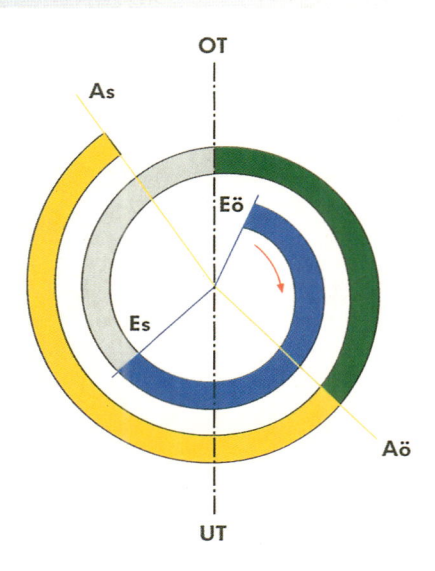

Die Nockenwellen werden so gestellt, dass
- die Einlassventile spät öffnen und dadurch auch spät schließen,
- die Auslassventile weit vor OT schließen.

Aufgrund des geringen Restgasanteils ergibt sich bei der Verbrennung ein stabiler Leerlauf.

Leistung

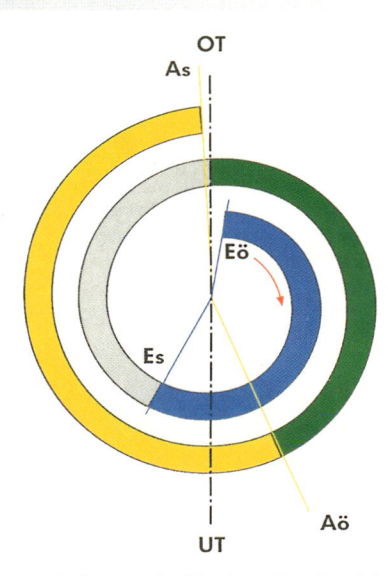

Um eine gute Leistung bei hohen Drehzahlen zu erreichen, werden die Nockenwellen wie folgt verstellt:
- Die Auslassventile werden spät geöffnet. Damit kann der bei der Verbrennung entstehende Gasdruck lange auf den Kolben wirken.
- Die Einlassventile öffnen nach OT und schließen spät nach UT. Damit wird der Nachladeeffekt der in den Zylinder strömenden Luft zur Leistungssteigerung genutzt.

Drehmoment

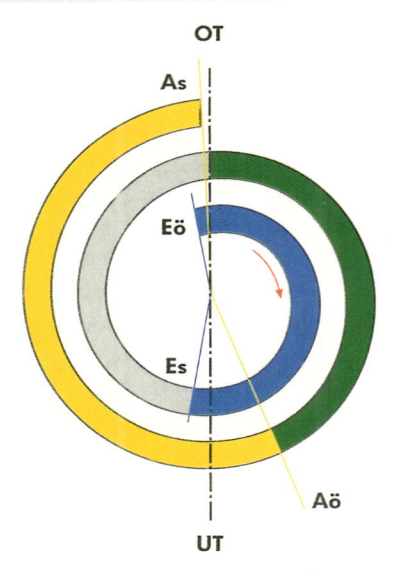

Ein maximales Drehmoment erfordert eine hohe Füllung des Zylinders. Daher werden
- die Einlassventile früh geöffnet und schließen damit früh, wodurch ein Ausschieben der Frischgase vermieden wird.
- die Auslassventile kurz vor OT geschlossen.

Abgasrückführung

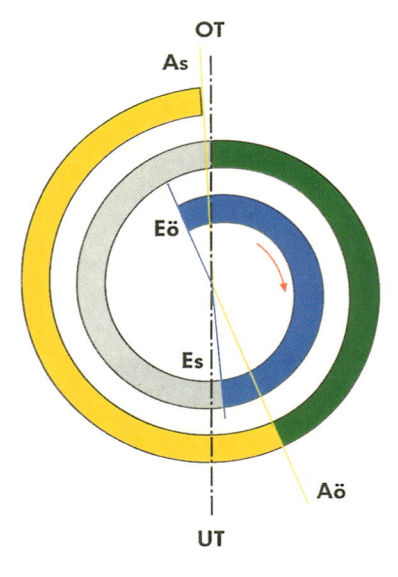

Um eine Ventilüberschneidung, d. h. Ein- und Auslassventil sind geöffnet, zu erreichen, werden die Nockenwellen so gestellt, dass
- die Einlassventile weit vor OT öffnen,
- die Auslassventile erst kurz vor OT schließen.

Durch die Ventilüberschneidung kommt es zu einer internen Abgasrückführung.
Die Steuerzeiten sind auf den Motor und das Motormanagement abgestimmt.

1.3 Qualitätssicherung durch Kundenorientierung
• Kundenauftrag: Kraftstoffverbrauch zu hoch

Anschrift Kunde:

Herrn
Horst Schäfer
Dachsbergstr. 5

65201 Wiesbaden

Auftrags-Nr.: 0013

Kunden-Nr.: 15123

Auftragsdatum: 23. 11. 2004

Typ	Amtl.-Kennzeichen	Fzg.-Ident-Nr.	KBA-Schlüssel	km-Stand
VW-Lupo	VVI-HK 111		0603 632	25000

Erstzulassung	Motor-Nr.	angenommen durch	Telefon-Nr.
04/2003	ARR	Schmidt	0611/32134

Pos.	Arb.wert	Zeit	Arbeitstext	Preis
01			Kraftstoffverbrauch zu hoch	

Termin: 24. 11. 2004, 16.00 Uhr

Der Auftrag wird unter ausdrücklicher Anerkennung der „Bedingungen für die Ausführung von Arbeiten an Kraftfahrzeugen, Aggregaten und deren Teile und für Kostenvoranschläge" erteilt, die mir ausgehändigt wurden.

Endabnahme Fahrzeug

Tag	Uhrzeit	Abnehmer	km-Stand

Horst Schäfer
Unterschrift Kunde

1.4 Qualitätssicherung durch Systemkenntnis

1.4.1 Drehmomentorientiertes Motormanagementsystem für Benzindirekteinspritzung (MED-Motronic)

Systemübersicht

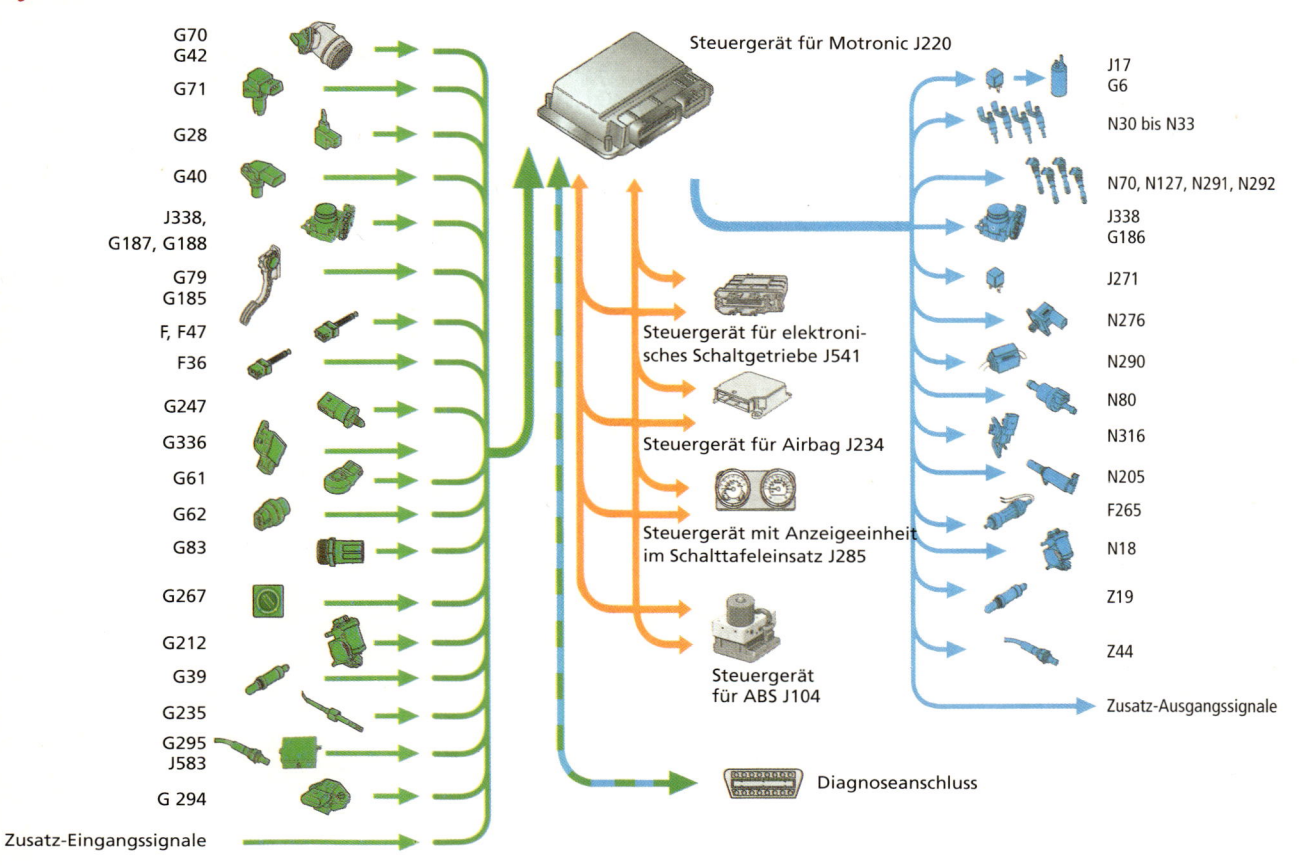

Eingangssignale (links, grün):
- G70, G42
- G71
- G28
- G40
- J338, G187, G188
- G79, G185
- F, F47
- F36
- G247
- G336
- G61
- G62
- G83
- G267
- G212
- G39
- G235
- G295, J583
- G 294

Zusatz-Eingangssignale

Steuergerät für Motronic J220

Verbundene Steuergeräte (orange):
- Steuergerät für elektronisches Schaltgetriebe J541
- Steuergerät für Airbag J234
- Steuergerät mit Anzeigeeinheit im Schalttafeleinsatz J285
- Steuergerät für ABS J104

Diagnoseanschluss

Ausgangssignale (rechts, blau):
- J17, G6
- N30 bis N33
- N70, N127, N291, N292
- J338, G186
- J271
- N276
- N290
- N80
- N316
- N205
- F265
- N18
- Z19
- Z44
- Zusatz-Ausgangssignale

Sensoren

Luftmassenmesser G70
Geber für Ansauglufttemperatur G42
Geber für Saugrohrdruck G71
Geber für Motordrehzahl G28
Hallgeber G40
Drosselklappensteuereinheit J338 und 2 Winkelgeber G187, G188
Geber für Gaspedalstellung G79
Geber 2 für Gaspedalstellung G185
Bremslichtschalter F
Bremspedalschalter F47
Kupplungspedalschalter F36
Geber für Kraftstoffdruck G247
Potenziometer für Saugrohrklappe G336
Klopfsensor G61
Geber für Kühlmitteltemperatur G62
Geber für Kühlmitteltemperatur – Kühlerausgang G83
Potenziometer, Drehknopf-Temperaturauswahl G267
Potenziometer für Abgasrückführung G212
Lambda-Sonde G39
Geber für Abgastemperatur G235
Geber für NO_x G295
Steuergerät für NO_x-Sensor J583
Drucksensor für Bremskraftverstärkung G 294
Zusatz-Eingangssignale

Aktoren

Kraftpumpenrelais J17
Kraftstoffpumpe G6
Einspritzventile N30 bis N33
Zündspule 1–4 N70, N127, N291, N292
Drosselklappensteuereinheit J338
Drosselklappenantrieb G186
Stromversorgungsrelais für Motronic J271
Regelventil für Kraftstoffdruck N276
Ventil für Kraftstoffdosierung N290
Magnetventil für Aktivkohlebehälter-Anlage N80
Ventil für Saugrohrklappe Luftsteuerung N316
Ventil für Nockenwellenverstellung N205
Thermostat für kennfeldgesteuerte Motorkühlung F265
Ventil für Abgasrückführung N18
Heizung für Lambda-Sonde Z19
Heizung für Geber für NO_x Z44
Zusatz-Ausgangssignale

Technische Beschreibung

- Motormanagement: Bosch Motronic MED 7.5.10
- Der Unterschied zur Motronic ME 7.5.10 ist, dass als zusätzliche Funktion die Benzin-Direkteinspritzung integriert ist und einen schnelleren Rechner besitzt.
- Die On-Board-Diagnose wurde um weitere abgasrelevante Komponenten erweitert.
- Im Folgenden werden nur die Unterschiede zur Saugrohreinspritzung dargestellt.

1.4.2 Vergleich: Saugrohreinspritzung (ME-Motronic) – Direkteinspritzung (MED-Motronic)

Die Direkteinspritzung mit MED-Motronic unterscheidet sich von der Saugrohreinspritzung mit ME-Motronic im Folgenden:

▶ **Direkteinspritzung**
Beim Ansaugtakt strömt reine Luft durch das geöffnette Einlassventil in den Brennraum. Der Kraftstoff wird direkt in den Brennraum eingespritzt. Die Gemischbildung erfolgt im Brennraum. Vorteil der Direkteinspritzung ist der geringere Kraftstoffverbrauch: bis zu 15 % weniger. Grenzen werden durch die Abgasemissionen gesetzt.

▶ **Das Ansaugsystem besitzt für jeden Zylinder eine Saugrohrklappe**
Die Saugrohrklappen steuern je nach Betriebsart die Luftströmung im Zylinder.

▶ **Zur Erfassung der Füllungs- bzw. der Motorlast werden zwei Füllungssensoren benötigt**
Um den Massestrom (Luft und Abgas) exakt zu erfassen und zu steuern, haben Direkteinspritzsysteme zwei Füllungssensoren. Die Erfassung erfolgt auf unterschiedliche Arten:

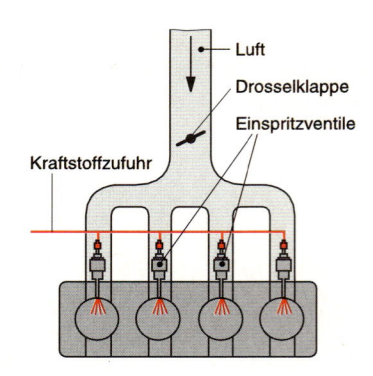

- Umgebungsdrucksensor im Motorsteuergerät
- Ansauglufttemperatursensor

oder

- Heißfilm-Luftmassenmesser mit dem Geber für Ansauglufttemperatur zur Erfassung der Motorlast
- Saugrohrdruckmesser zur Bestimmung des Abgasmassestromes in Verbindung mit den Daten des Luftmassenmessers.

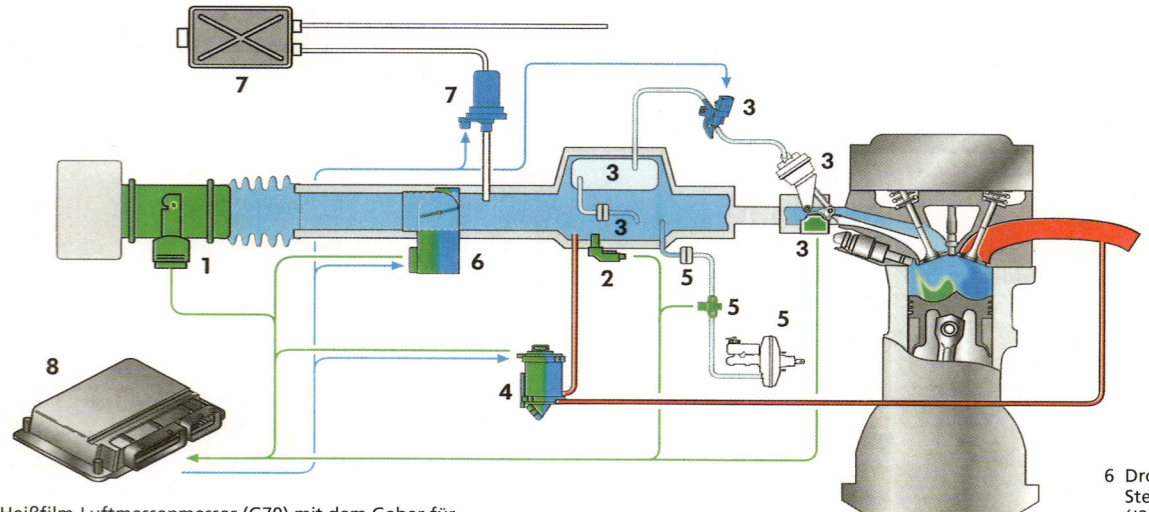

1 ein Heißfilm-Luftmassenmesser (G70) mit dem Geber für Ansauglufttemperatur (G42) zur genaueren Lasterfassung
2 ein Geber für Saugrohrdruck (G71) zur Berechnung der Abgasrückführungsmenge
3 eine Saugrohrklappen-Schaltung (N316, G336) für eine gezielte Luftströmung im Zylinder
4 ein elektrisches Abgasrückführungsventil (G212, N18) mit großem Querschnitt für hohe Abgasrückführungsraten
5 ein Drucksensor für Bremskraftverstärkung (G294) für die Bremsunterdruckregelung
6 Drosselklappen-Steuereinheit (J338)
7 Aktivkohlebehälter-Anlage (N80)
8 Steuergerät für Motronic (J220)

Saugrohrklappe betätigt

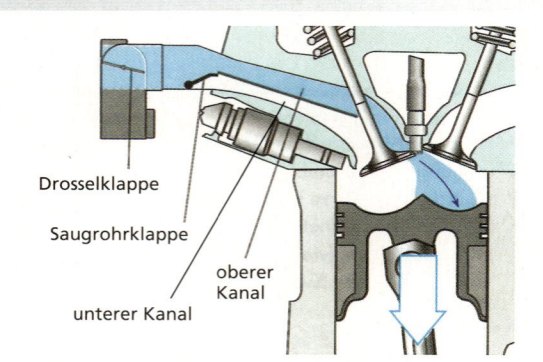

Die Ansaugluft strömt durch den oberen engen Kanal. Die Strömungsgeschwindigkeit steigt. Durch die besondere Gestaltung des Ansaugkanals strömt die Ansaugluft walzenförmig (tumble) in den Zylinder.

Saugrohrklappe nicht betätigt

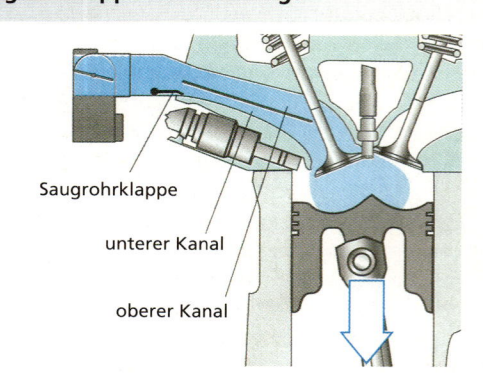

Beide Kanäle sind offen. Durch den größeren Querschnitt des Ansaugkanals kann der Motor die erforderliche Luftmasse für ein hohes Motordrehmoment ansaugen.

1.4 Qualitätssicherung durch Systemkenntnis: Motormanagement für Benzindirekteinspritzung

▶ Die Direkteinspritzung arbeitet bei Teillast im Schichtladungsbetrieb, bei Volllast im Homogenbetrieb.

Betriebsarten

Schichtladungsbetrieb bei Teillast

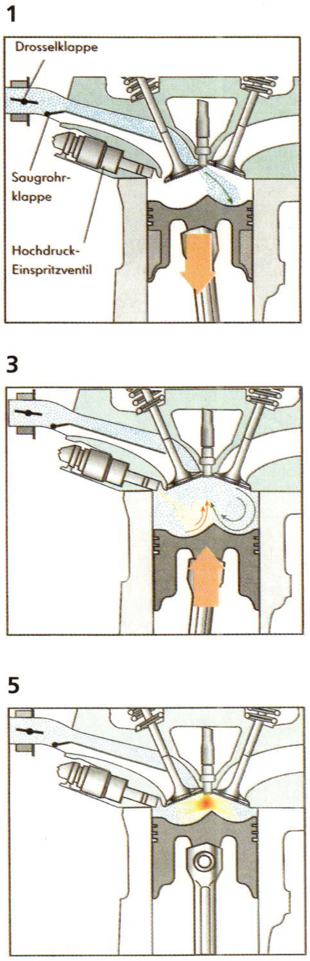

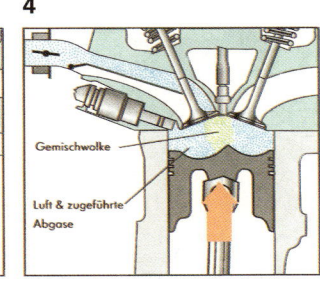

1 (Drosselklappe, Saugrohrklappe, Hochdruck-Einspritzventil) **2**

3 **4** (Gemischwolke, Luft & zugeführte Abgase)

5

Homogener Betrieb bei Volllast

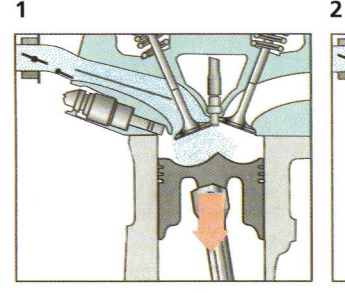

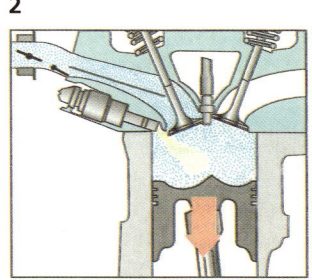

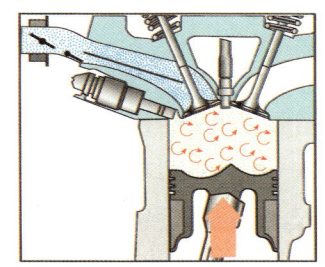

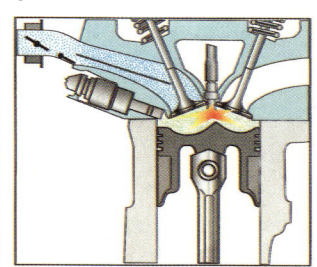

1 **2**

3 **4**

Im unteren Drehzahlbereich bei Drehzahlen bis 3000 1/min wird der Motor im Schichtbetrieb gefahren.
Die Drosselklappe ist weit geöffnet, die Saugrohrklappe verschließt den unteren Kanal zum Zylinder (1). Die Ansaugluft wird beschleunigt und strömt walzenförmig (tumble) in den Zylinder (2). Die Kraftstoffeinspritzung (3) erfolgt erst spät während der Verdichtungsphase kurz vor dem Zündzeitpunkt. Es bildet sich eine Gemischwolke (4), die durch die walzenförmige Luftströmung im Brennraum und vom aufwärtsbewegten Kolben im Bereich der Zündkerze konzentriert wird. Eine Verteilung des Gemischs im ganzen Brennraum findet wegen des späten Einspritzzeitpunktes nicht statt. Das Gemisch ist sehr mager. Es besteht ein Luft-Kraftstoff-Verhältnis im gesamten Brennraum zwischen $\lambda = 1{,}6$ und 3. Danach wird die Gemischwolke entzündet (5). Der Rest nimmt an der Verbrennung nicht teil und wirkt als isolierende Hülle. Die Leistung des Motors wird über die eingespritzte Kraftstoffmenge bestimmt.
Durch den hohen Luftüberschuss ist die NO_x-Emission sehr hoch. Abhilfe wird durch eine hohe Abgasrückführungsrate geschaffen.

Bei hohen Drehmomentanforderungen wird der Motor im Homogenbetrieb gefahren. Der Homogenbetrieb entspricht in etwa der Verbrennung bei Saugrohreinspritzung. Die Drosselklappe ist entsprechend der Gaspedalstellung geöffnet, die Saugrohrklappe ist geöffnet (1). Der Kraftstoff wird im Ansaugtakt eingespritzt (2). Der gesamte Querschnitt des Einlasskanals ist offen, die volle Luftmenge wird angesaugt und die fette Gemischwolke verteilt sich gleichmäßig im Brennraum. Es bildet sich ein homogenes Gemisch ($\lambda = 1$), d.h. es ist gleichmäßig im Brennraum verteilt (3). Die Verbrennung findet im gesamten Brennraum statt (4). Der Gemischbildungs- und damit der Verbrennungsablauf ist dem eines Motors mit Saugrohreinspritzung ähnlich. Da der Kraftstoff erst im Zylinder verdampft, wird die Zylinderladung durch die Verdampfungswärme gekühlt. Die Füllung steigt bis zu 10 %, das Klopfverhalten verbessert sich, so dass das Verdichtungsverhältnis angehoben werden kann. Das Motordrehmoment, der Verbrauch und das Emissionsverhalten werden maßgeblich durch den Zündzeitpunkt bestimmt.

52 1.4 Qualitätssicherung durch Systemkenntnis: Motormanagement für Benzindirekteinspritzung

Homogen-Mager-/Homogen-Schicht-Betrieb

Im Übergangsbereich zwischen Schicht- und Homogenbetrieb kann der Motor mit homogenem mageren Gemisch (ca. $\lambda = 1{,}55$) betrieben werden.
Die Drosselklappe ist wie beim Schichtladungsbetrieb weit geöffnet, die Saugrohrklappe geschlossen (1). Dadurch werden einmal die Drosselverluste verringert, zum Anderen wird eine intensive Luftströmung im Zylinder erreicht. Die Kraftstoffeinspritzung erfolgt während des Ansaugtaktes ca. 300° vor Zünd-OT (2). Durch den frühen Einspritzzeitpunkt steht für die Gemischbildung bis zur Zündung mehr Zeit zur Verfügung.
Im Brennraum bildet sich ein homogenes Gemisch (3). Wie beim Homogenbetrieb kann der Zündzeitpunkt frei gewählt werden. Die Verbrennung findet im gesamten Brennraum statt (4).
Der Homogen-Mager-Betrieb wird beim Umschalten zwischen Schicht- und Homogenbetrieb aktiviert.

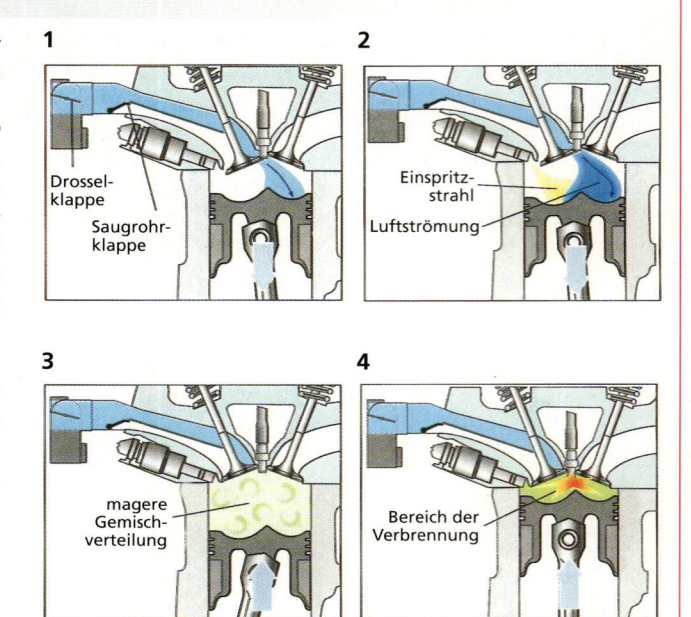

▶ **Das Kraftstoffsystem besteht aus einem Niederdruck- und einem Hochdruckkreis**

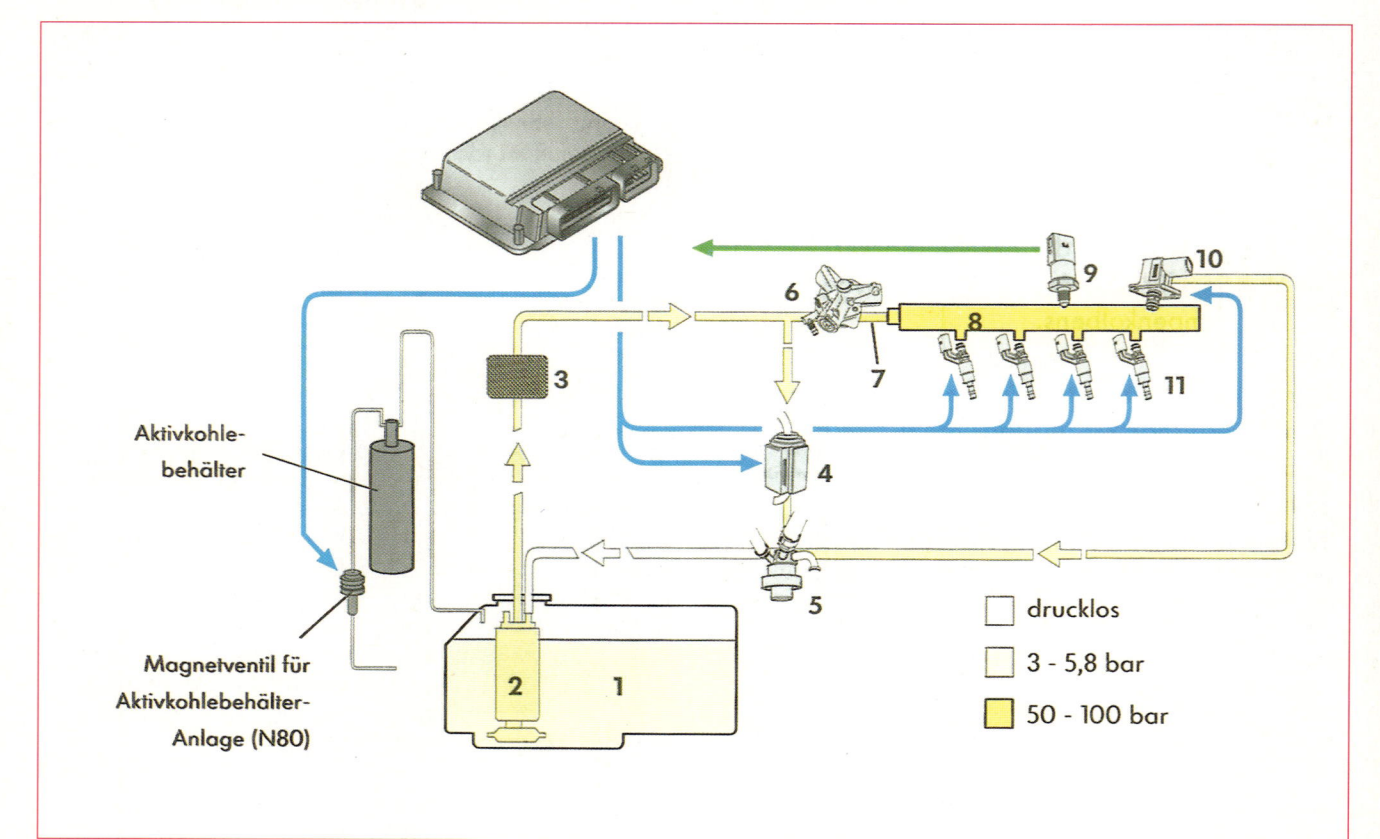

drucklos
3 - 5,8 bar
50 - 100 bar

Niederdruck-Kraftstoffsystem
1 Kraftstoffbehälter
2 elektrische Kraftstoffpumpe (G6)
3 Kraftstofffilter
4 Ventil für Kraftstoffdosierung (N290)
5 Kraftstoff-Druckregler

Hochdruckkraftstoffsystem
6 Hochdruck-Kraftstoffpumpe
7 Hochdruck-Kraftstoffleitung
8 Kraftstoffverteilerrohr
9 Geber für Kraftstoffdruck (G247)
10 Regelventil für Kraftstoffdruck (N276)
11 Hochdruck-Einspritzventile (N30–N33)

1.4 Qualitätssicherung durch Systemkenntnis: Motormanagement für Benzindirekteinspritzung

Niederdruckkreis

Eine Elektrokraftstoffpumpe fördert den Kraftstoff über einen Filter zur Hochdruckpumpe.
Bei hoher Kraftstofftemperatur besteht die Gefahr der Dampfblasenbildung in der Hochdruckpumpe.
Um dies zu verhindern, wird beim Start und im anschließenden Leerlauf der Vordruck auf maximal 5,8 bar erhöht. Hierzu wird das Ventil für Kraftstoffdosierung und damit der Weg zum Kraftstoffdruckregler geschlossen. Dadurch steigt der Druck im Niederdruck-Kraftstoffsystem an. Die Druckerhöhung verhindert die Dampfblasenbildung auf der Saugseite. Nach kurzer Zeit öffnet das Ventil für Kraftstoffdosierung und der Niederdruck-Kraftstoffregler übernimmt die Aufgabe der Druckregelung.

Hochdruckkreis

Die Hochdruckpumpe ist eine Radialkolbenpumpe mit drei Pumpenzylindern oder einem Pumpenzylinder.
Die Hochdruckpumpe verdichtet den mit einem Vorförderdruck von 3 bis 5 bar gelieferten Kraftstoff auf den Hochdruck von 50 bis 120 bar.
Der unter Hochdruck stehende Kraftstoff wird zum Hochdruckspeicher, dem sogenannten Rail gefördert. Das Rail speichert den Kraftstoff und verteilt ihn auf die Hochdruck-Einspritzventile. Es gleicht weiterhin Druckpulsationen im Kraftstoffsystem aus. Ein Raildrucksensor (siehe auch Common Rail auf Seite 95) misst den Kraftstoffdruck, da seine genaue Einhaltung den Schadstoffausstoß und die Geräuschentwicklung beeinflusst. Bei Abweichungen vom Solldruck steuert das Motorsteuergerät mit einem pulsweitenmodulierten Signal das Regelventil für Kraftstoffdruck an. Es verändert den Durchflussquerschnitt zur Rücklaufleitung und regelt damit den Kraftstoffdruck.
Die Hochdruck-Einspritzventile spritzen den Kraftstoff in Abhängigkeit vom gewünschten Betriebszustand konzentriert (geschichtet) um den Bereich der Zündkerze oder gleichmäßig (homogen) verteilt im gesamten Brennraum ein.

Hochdruck-Einspritzventil

Darstellung

Ansteuerung

Das Motorsteuergerät steuert über eine Leistungsendstufe das Hochdruck-Einspritzventil an. Durch die Spule fließt ein Strom. Es entsteht ein Magnetfeld, das die Düsennadel gegen die Federkraft anhebt:
- Ein hoher Strom zu Beginn des Einspritzvorgangs öffnet das Einspritzventils schnell.
- Ein geringerer Ansteuerstrom hält den Ventilnadelhub konstant. Bei konstantem Ventilnadelhub gilt: Je größer die Einspritzdauer, desto größer die Einspritzmenge.

Beim Abschalten des Stromes drückt die Feder die Düsennadel auf den Ventilsitz und unterbricht den Kraftstofffluss.

1.4 Qualitätssicherung durch Systemkenntnis: Motormanagement für Benzindirekteinspritzung

▶ **Das Direkteinspritzsystem benötigt zusätzlich einen NO_x-Katalysator**

Ein Dreiwegekatalysator erfordert ein Gemisch mit stöchiometrischem Kraftstoff-Luft-Verhältnis. Er kann daher die bei Magerbetrieb enstehenden Stickoxide nicht vollständig umwandeln. Die Stickoxidemissionen werden in einem NO_x-Speicherkatalysator abgebaut.
Der NO_x-Speicherkatalysator ist ähnlich wie ein Dreiwegekatalysator aufgebaut:
- Beschichtungen mit Platin, Palladium und Rhodium,
- Speichermaterial wie z. B. Bariumoxid, das Stickoxide speichert.

Bei Betrieb mit $\lambda = 1$ arbeitet der NO_x-Speicherkatalysator wie ein Dreiwegekatalysator. Bei Magerbetrieb mit Luftüberschuss werden die Stickoxide im Speicherkatalysator gespeichert. Seine Betriebstemperatur liegt bei 300 bis 400 °C. Eine Lambda-Sonde mit integriertem NO_x-Sensor misst hinter dem NO_x-Speicherkatalysator die Stickoxidkonzentration im Abgas.
Ist die Speicherkapazität des Katalysators erschöpft, müssen die eingelagerten Stickoxide entfernt (ausgespeichert) und konvertiert werden.
Hierzu wird, vom Fahrer unbemerkt, auf fetten, also sauerstoffarmen Betrieb (fetter Homogenbetrieb $\lambda < 0,8$) umgeschaltet.

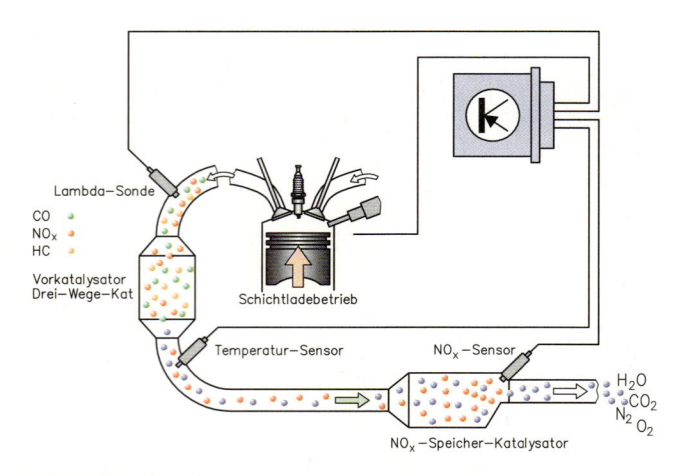

Die Stickoxide werden bei kurzzeitigem Betrieb mit Kraftstoffüberschuss zu Stickstoff, Kohlendioxid und Wasser reduziert und verschwinden durch den Auspuff. Das Ende der Ausspeicherphase erkennt die Lambda-Sonde hinter dem Katalysator, die die Sauerstoffkonzentration im Abgas misst. Durch den Spannungssprung von „mager" und „fett" wird dem Steuergerät mitgeteilt, wenn die Ausspeicherung beendet ist.
Voraussetzung für die einwandfreie Funktion des NO_x-Katalysators ist der Einsatz von schwefelarmen Kraftstoffsorten, da der im mageren Abgas enthaltene Schwefel mit dem Speichermaterial Bariumoxid reagiert.

▶ **Das Motormanagement arbeitet mit einem Betriebsartenkoordinator**

Die Rechenleistung ist stark angestiegen und erfordert eine neue Konzeption. Wie die ME-Motronic besitzt z. B. MED-Motronic ein drehmomentbasiertes Motormanagement.
Der Betriebsartenkoordinator ermöglicht den Wechsel auf eine andere Betriebsart entsprechend den Anforderungen des Motors. Grundlage für die Wahl der Betriebsart ist ein Betriebsartenkennfeld (Betriebsart in Abhängigkeit von Drehzahl und Drehmoment).
Die Umschaltung der Betriebsart im Fahrbetrieb erfolgt ohne Drehmomentensprünge und wird vom Fahrer nicht bemerkt.

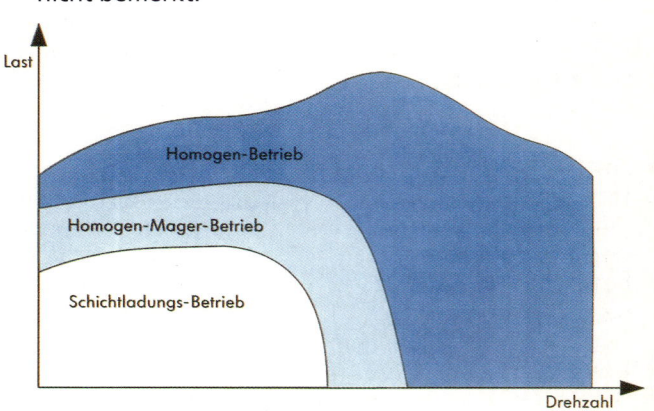

Schichtladungsbetrieb

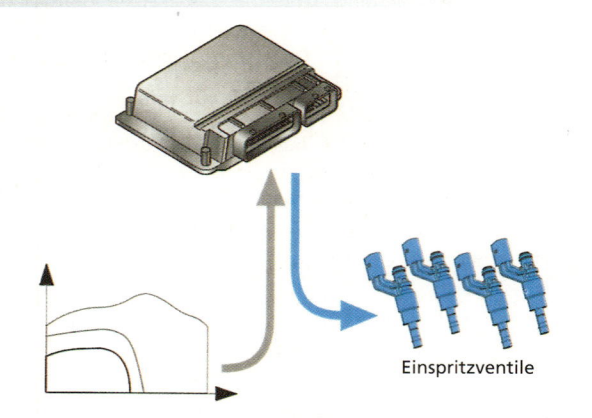

Das Soll-Drehmoment wird über die Einspritzmenge umgesetzt. Luftmasse (da Drosselklappe weit geöffnet) und Zündzeitpunkt (da später Einspritzzeitpunkt) spielen eine untergeordnete Rolle.

Homogen-Mager- und Homogenbetrieb

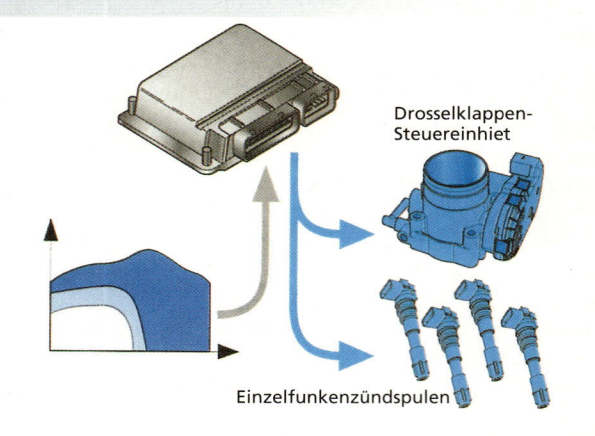

Die Drehmomentanforderungen werden kurzfristig über den Zündzeitpunkt und langfristig über die Luftmasse umgesetzt. Da bei beiden Betriebsarten das Kraftstoff-Luft-Gemisch ein $\lambda = 1,55$ bzw. $\lambda = 1$ hat, ist die Einspritzmenge durch die Luftmasse vorgegeben. Daher erfolgt mit ihr keine Regelung des Drehmomentes.

1.5 Qualitätssicherung durch Prüfen und Messen

1.5.1 Systematische Fehlerdiagnose

Eine systematische Vorgehensweise bei der Fehlerdiagnose an modernen Kraftfahrzeugen ist unbedingt erforderlich um
- Irrwege während der Fehlersuche zu vermeiden,
- eine Zeitersparnis herbeizuführen und
- eine Kostenersparnis umzusetzen.

Durch diese Maßnahmen ist eine hohe Kundenzufriedenheit gewährleistet.

Irrwege vermeiden
Für eine gezielte Fehlerdiagnose ist erforderlich, viele Informationen über die Kundenbeanstandung zu bekommen. Hierfür bietet sich die Kundenbefragung an.
Eine typische Kundenbefragung sollte enthalten:
- Wann tritt der Fehler auf bzw. wann ist der Fehler das erste Mal aufgetreten?
- Wie oft tritt der Fehler auf?
- In welcher Situation tritt der Fehler auf?
- Welche Randbedingungen herrschen bei Fehlerauftritt?

Aufgrund dieser Fragestellung kann man sich zu diesem Zeitpunkt bereits ein Urteil darüber bilden, ob wirklich ein Fehler im System vorliegt, oder ob es sich um eine Fehlerbedienung handelt.
Weiterhin ist die Probefahrt zur Fehlersuche unerlässlich.

Zeitersparnis
Eine Zeitersparnis kann herbeigeführt werden durch Systemkenntnisse. Der Mechaniker in der Kraftfahrzeugwerkstatt muss Kenntnisse haben über die Funktion der betroffenen Systeme sowie über die Vernetzung mit anderen Systemen, z. B. über CAN-Bus-System.

Kostenersparnisse
Die Kostenersparnis wird durch die Zeitersparnis umgesetzt. Das einfache kaufmännische Prinzip „Zeit ist Geld" muss auch in der Kraftfahrzeugwerkstatt angewandt werden. Durch eine systematische Fehlersuche lässt sich also Zeit und damit auch Kosten einsparen. Dies kommt nicht nur dem Kunden entgegen, sondern durch eine hohe Kundenzufriedenheit gewinnt der Betrieb auch Neukunden durch „Weitersagen".

Allgemeine Vorhergehensweise
Eine Fehlerdiagnose beginnt in der Regel mit der Abfrage des Fehlerspeichers. Hierbei sollte das Fahrzeuggesamtsystem abgefragt werden. Ein Fehler kann sich durchaus auch in mehreren Fahrzeugsystemen bemerkbar machen, erste Hinweise liefert daher die Gesamtabfrage. Sinnvoll ist ebenfalls ein Ausdruck des Fehlerprotokolls, da anschließend der Fehlerspeicher gelöscht wird, um den eigentlichen Fehler zu reproduzieren.
Wenn der Fehlerspeicher auf einen Sensor hinweist, sind bei Motorlauf die entsprechenden Messwerte darzustellen (bei den Herstellern existieren verschiedene Bezeichnungen, wie z. B. Datenliste, Messwerteblock, etc).
Wenn der Fehlerspeicher auf einen Aktor hinweist, können diese Aktoren über die Funktion „Stellgliedtest" bei stehendem Motor geprüft werden.

Sensoren und Aktoren können auch mit geeigneter Messtechnik geprüft werden (Multimeter, Oszilloskop). Hierzu ist aber erforderlich, Schaltpläne zu beschaffen und zu lesen, um die geeigneten Messpunkte zu finden und die geeigneten Messgeräte einsetzen zu können. Anhand von Werkstatthandbüchern können dann auch die gemessenen Werte ausgewertet werden.

1.5.2 Eigendiagnose

Eigendiagnosesysteme werden von den Systementwicklern als zusätzliches Programm in die Steuergeräte der Fahrzeugsysteme integriert. Sie besitzen daher die Möglichkeit, Sensoren, Aktoren und deren Regelkreise bei Einschalten der Spannungsversorgung sowie während des Betriebs des Systems ständig auf ihre Normalfunktion hin zu prüfen.

Beim Einschalten der Spannungsversorgung der Steuergeräte führen die Eigendiagnosesysteme meist einen sogenannten Systemcheck durch. Dabei werden die Sensoren und Aktoren auf ihre Betriebsbereitschaft, soweit dies möglich ist, überprüft. Dies wird in aller Regel mit Hilfe einfacher Spannungsmessungen und Widerstandsmessungen vom Systemsteuergerät aus durchgeführt. Dabei können Leitungsunterbrechungen und ggf. Leitungskurzschlüsse erkannt werden. Diese Prüfungen werden im Allgemeinen als „Statischer Systemcheck" bezeichnet.

Wenn das System sich im Betrieb befindet, z. B. Motorlauf, werden die eingehenden Signale von den Sensoren und die ausgehenden Signale zu den Aktoren auf ihre Plausibilität bzw. auf deren Logik verglichen. Diese Form der Eigendiagnose wird als „Dynamischer Systemcheck" bezeichnet.

Grundsätzlich ist bei Eigendiagnosesystemen eine Kontrolllampe verbaut, die dem Fahrer einen Systemfehler signalisieren soll. Eigendiagnosesysteme können erkannte Fehler in einen Fehlerspeicher ablegen, die dort gespeichert und mit einem Diagnosegerät abgefragt und auch wieder gelöscht werden können.
Dennoch sind bei älteren Fahrzeugen Systeme verbaut, die nicht immer mit einem Diagnosegerät ausgelesen werden können. Dies bedeutet, dass diese Fahrzeugsysteme zwar einen Diagnosemodus besitzen, aber keine Schnittstelle und somit auch keine Möglichkeit haben, diese mit einem Diagnosegerät abzufragen.

Viele Hersteller gehen dazu über, innerhalb der Programmierung einen Fehlerverlernzähler einzubeziehen. Hier wird die Häufigkeit eines aufgetretenen Fehlers festgehalten. Weiterhin bedeutet dies auch, nachdem ein Fehler einmalig aufgetreten ist, wird dieser nach einer festgelegten Anzahl von Systemstarts gelöscht.
Zusätzlich zu dem abgelegten Fehlercode im Fehlerspeicher können auch die Umgebungsdaten hinterlegt sein, bei denen der Fehler aufgetreten ist und gegebenenfalls der Hinweis, ob der aufgetretene Fehler sporadisch bzw. aktuell vorhanden ist.

Möglichkeiten der Eigendiagnose

Grundsätzlich kann die Eigendiagnose nur die Fehler anzeigen, die vom Systementwickler dazu als Fehlertext einprogrammiert worden sind. Für das Verständnis der Funktion der Eigendiagnose ist auch Systemkenntnis über die Signalarten der Sensoren und Aktoren erforderlich.

Die Eigendiagnose arbeitet mit verschiedenen Verfahren zur Überwachung der einzelnen Sensoren und Aktoren:
- Plausibilitätsüberwachung,
- Logikvergleich,
- Widerstandsmessung,
- Regelkreisüberwachung.

Plausibilitätsüberwachung

Die Sensoren werden durch ein vorgegebenes Sollwertefenster überwacht. Am Beispiel eines NTC II soll die Plausibilitätsüberwachung verständlich gemacht werden.

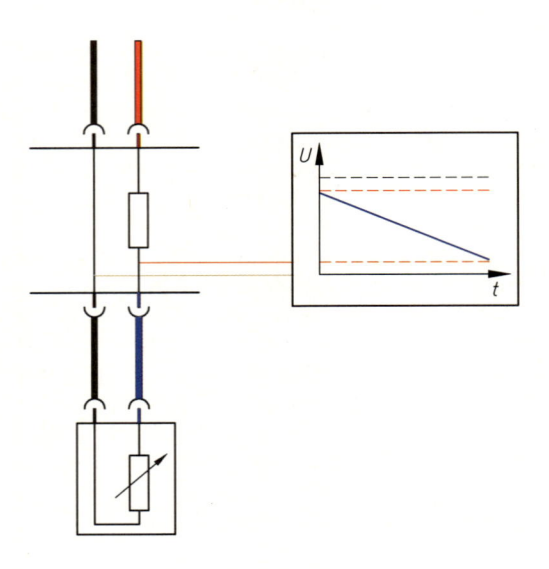

Kühlmitteltemperartursensor NTC II (VAG)

Der NTC II verändert eine angelegte Spannung vom Steuergerät in Abhängigkeit seiner Temperatur. Somit muss die gemessene Signalspannung in einem bestimmten Sollwertebereich liegen. Liegt die gemessene Spannung außerhalb dieses Bereiches, im Fehlerbereich, führt dies zu einem Fehlerspeichereintrag und zum Aufleuchten der Kontrolllampe.
Zusätzlich kann die Eigendiagnose einen dynamischen Plausibilitätsvergleich durchführen, dies bedeutet, dass ein Fehlerspeichereintrag erfolgt, wenn sich die Signalwerte schneller ändern, als dies physikalisch möglich wäre.

Logikvergleich

Bei einem Logikvergleich führt die Eigendiagnose einen Soll-Ist-Vergleich der Sensoren und Aktoren durch. Als Beispiel wird hier eine Drosselklappenstelleinheit dargestellt.

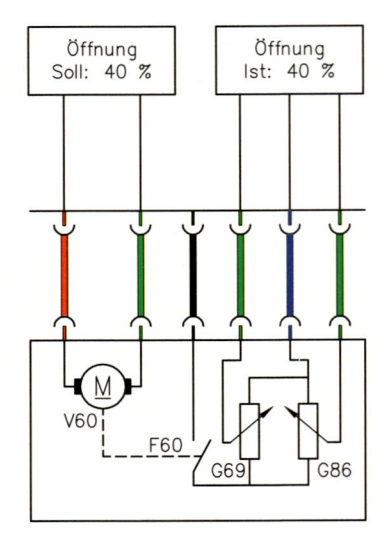

Drosselklappenstelleinheit (VAG)

Bei einer Ansteuerungsrate von 40 % Öffnung muss die zugehörige Rückmeldung über den Drosselklappenöffnungswinkel ebenfalls bei 40 % Öffnung liegen. Einige Hersteller verbauen aufgrund einer höheren Übertragungssicherheit zwei Rückmeldungspotentiometer ein. Diese können parallel oder gegenläufig ihr Rückmeldesignal an das Steuergerät senden.

Widerstandsmessung

Beim Einschalten der Spannungsversorgung für das Steuergerät beginnt die Eigendiagnose mit der Widerstandsmessung an den Sensoren bzw. Aktoren, an denen solch eine Messung möglich ist.

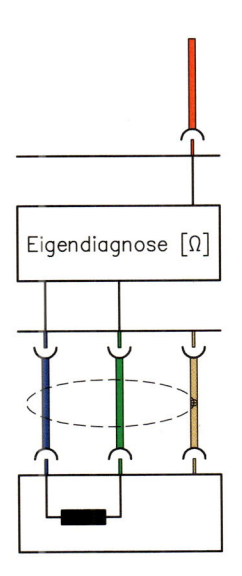

Widerstandsprüfung durch Eigendiagnose (VAG)

Regelkreisüberwachung

Ein Regelkreis wird bestimmt durch ein vorgegebenes Sollfenster, in dem sich der Sensor mit seinem Sollsignal und der Aktor mit seiner Sollstellung befindet. Anhand des Regelsensors kann das Steuergerät den Aktor so steuern, dass er in diesem Sollfenster bleibt.

Aufgrund äußerer Störeinflüsse kann jedoch dieses Sollfenster verlassen werden, dies führt zu einem Ausregeln durch das Steuergerät. Können die Störeinflüsse durch das Nachregeln innerhalb des Regelkreises nicht ausgeglichen werden, führt dies zu einem Fehlerspeichereintrag und zum Aufleuchten der Kontrolllampe. Der Fehler liegt in diesem Fall aber nicht an den Sensoren bzw. Aktoren, obwohl diese im Fehlertext beschrieben werden können.

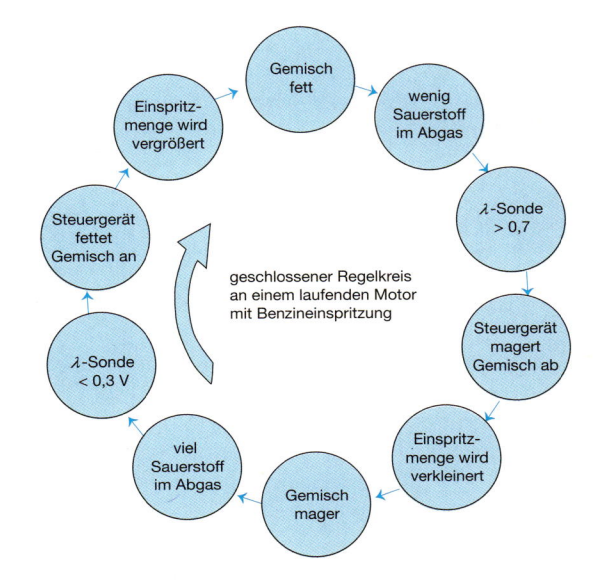

Regelkreis der Lambdaregelung

Eine Störgröße auf den Lambda-Regelkreis führt zum Nachregeln bis zu einem Überschreiten der Adaptionsgrenzen. Dies kann dann zu einem Fehlerspeichereintrag sowie zum Aufleuchten der Kontrolllampe führen.

Grenzen der Eigendiagnose

Dem Teilsystem Eigendiagnose sind jedoch auch Grenzen gesetzt. So kann ein System grundsätzlich nur die Fehlermeldungen als Fehlercode an die jeweiligen Auslesegeräte weitergeben, zu denen der Systementwickler sie auch programmiert hat.

Um dennoch eine möglichst große Diagnosefähigkeit des zu überwachenden Systems zu gewährleisten, gehen die meisten Hersteller dazu über, die einzelnen Diagnosemöglichkeiten miteinander zu verknüpfen. So wird als Beispiel eine Plausibilitätsüberwachung derzeit mit Hilfe des Logikvergleichs verglichen, um die Diagnosefähigkeit zu erweitern.

Grenzen der Plausibilitätsüberwachung

Wenn im Rahmen der Plausibilitätsüberwachung an einem Sensoreingang bzw. Aktorausgang ein sich nicht änderndes Potential anliegt, wird dies von dem System Eigendiagnose erkannt und ein entsprechender Fehlercode produziert. Dieser wird dem Fahrer durch ein Aufleuchten einer ggf. verbauten Kontrollleuchte signalisiert.
Durch Auslesen des Fehlerspeichers mit einem geeigneten Diagnosetool kann der genaue Fehlertext generiert werden.

Dabei gilt jedoch zu beachten, dass das System nur zwischen zwei Potentialen unterscheiden kann:
- Pluspotential,
- Minus- bzw. Massepotential.

Dementsprechend werden durch die Eigendiagnose folgende Fehlertexte zugewiesen:
- Kurzschluss nach Masse,
- Kurzschluss nach Plus/Unterbrechung.

Einige Hersteller verwenden für diese Fehlerarten andere Fehlertexte, wie z.B.:
- Signal zu klein/0 Volt,
- Signal zu groß/5 bzw. 12 Volt.

Das Eigendiagnosesystem kann also lediglich die Aussage treffen, dass der gemessene Wert zu klein bzw. zu groß gegenüber dem eingespeicherten Sollwert ist. Es kann keine Aussage darüber treffen, ob der Fehler durch
- den jeweiligen Sensor bzw. Aktor,
- an der Spannungsversorgung für den Sensor/Aktor,
- an den Kabelverbindungen bzw. Störeinflüsse
- oder am Steuergerät selbst

verursacht worden ist.

Sie kann nur feststellen, dass die jeweilige Spannungsauswertung nicht den Sollwerten entspricht, nicht aber den Grund dafür.

Grenzen des Logikvergleichs

Ein Sensor kann zwar einen normalen Betriebszustand anzeigen (das Signal liegt im vorgegebenen Sollfenster), der aber trotzdem nicht dem realen Wert entspricht!

Beispiele:
- Ein Klopfsensor zeigt ein Klopfen an, obwohl dieses nicht aufgetreten ist.
(Zzp.[1]) wird in Richtung spät verlegt, Leistungsverlust > FS: keine Anzeige)
- Der LMM[2] signalisiert eine kleinere Luftmasse, als dies wirklich der Fall ist.
(Gemisch zu mager, absterben in der Nachstartphase > FS[3]: keine Anzeige)
- Durch ein gebrochenes Geberrad am Motordrehzahlfühler wird ein falsches OT- Signal angenommen.
(Zzp. wird falsch berechnet > FS: keine Anzeige)

Defekte Sensoren, deren Signale aber noch normalen Betriebszuständen entsprechen, können von der Eigendiagnose bei einer reinen Plausibilitätsüberwachung **nicht erkannt** werden. Eine erweiterte Eigendiagnose stellt daher der Logikvergleich dar.
Unter bestimmten Umständen kann es zu einem verkehrten Logikvergleich der Eigendiagnose kommen. Die im Fehlerspeicher angegebenen Sensoren/Aktoren entsprechen dann nicht dem realen Fehler!

Beispiele:
- Ein undichtes Einspritzventil sorgt für ein fettes Gemisch, das durch die Lambda-Sonde auch dem Steuergerät angezeigt wird. Die darauf erfolgte Reduzierung der Einspritzzeit führt aber durch den mechanischen Defekt zu keiner Abmagerung.
  – Mögliche Fehlermeldung: Lambda-Sonde defekt/unplausibles Signal
- Ein gebrochenes Geberrad am Motordrehzahlfühler simuliert ein falsches OT-Signal. Damit steht dieses Signal im falschen Verhältnis zum Zünd-OT-Signal.
  – Mögliche Fehlermeldung: Nockenwellenverstellung mechanischer Fehler

[1] Zzp.   Zündzeitpunkt
[2] LMM   Luftmassenmesser
[3] FS   Fehlerspeicher

Deshalb ist jede Aussage der Eigendiagnose nur ein zu prüfender Fehlerhinweis!

Überwachung der wichtigsten Eingangssignale

Signalpfad	Überwachung
Fahrpedalsensor	Überprüfung der Versorgungsspannung und des Signalbereichs
	Plausibilität mit redundantem Signal
	Plausibilität mit Bremse
Kurbelwellendrehzahlsensor	Überprüfung des Signalbereichs
	Plausibilität mit Nockenwellendrehzahlsensor
	Überprüfung der zeitlichen Änderungen (dynamische Plausibilität)
Motortemperatursensor	Überprüfung des Signalbereichs
	Logische Plausibilität in Abhängigkeit von Drehzahl und Einspritzmenge bzw. Motorlast
Bremspedalschalter	Plausibilität mit redundantem Bremskontakt
Geschwindigkeitssignal	Überprüfung des Signalbereichs
	Plausibilität mit Drehzahl und Einspritzmenge bzw. Motorlast
Abgasrückführsteller	Überprüfung auf Kurzschlüsse und Leitungsunterbrechung
	Abgasrückführregelung
	Überprüfung der Systemreaktion auf die Ventilansteuerung
Batteriespannung	Überprüfung des Signalbereichs
	Plausibilität mit Motordrehzahl (derzeit nur beim Ottomotor)
Kraftstofftemperatursensor	Überprüfung des Signalbereichs (derzeit nur beim Dieselmotor)
Ladedrucksensor	Überprüfung der Versorgungsspannung und des Signalbereichs
	Plausibilität mit Umgebungsdrucksensor und/oder weiterer Signale
Ladedrucksteller	Überprüfung auf Kurzschlüsse und Leitungsunterbrechung
	Regelabweichung Ladedruckregelung
Luftmassenmesser	Überprüfung der Versorgungsspannung und des Signalbereichs
	Logische Plausibilität
Lufttemperatursensor	Überprüfung des Signalbereichs
	Logische Plausibilität mit z. B. Motortemperatur
Kupplungssignalsensor	Plausibilität mit Fahrgeschwindigkeit
Umgebungsdrucksensor	Überprüfung des Signalbereichs
	Logische Plausibilität Saugrohrdrucksensor

1.5.3 Prüf- und Messgeräte

Steuergeräte-Diagnose-Tester (KTS)
Das Testsystem besteht aus KTS-Modulen, die an Laptop oder PC über die serielle oder eine USB-Schnittstelle angeschlossen werden. Über eine serielle Schnittstelle wird das Modul direkt über ein Adapterkabel mit dem Diagnosestecker verbunden. Automatisch erkennt das System das Steuergerät und liest die Ist-Werte, Fehlerspeicher und weitere steuergerätespezifische Daten aus. In das System sind Multimeter und Oszilloskop je nach Ausstattung integriert.

Das System wird durch das Werkstatt-Informationssystem ESItronic unterstützt, das den Anwender durch alle Prüfschritte führt und Informationen für das zu prüfende System oder die jeweiligen Arbeitsschritte liefert. Die Steuergeräte-Diagnose-Daten werden mit den Daten des „Service-Informations-Sytems" (SIS) durch den „Computer-Aided-Service" (CAS) verknüpft.

Das Testsystem unterstützt bei der Fehlersuche durch die Standardfunktionen:
- Fahrzeugidentifizierung,
- Fehlerspeicher auslesen,
- Fehlersuche mit Hilfe der ESItronic,
- Fehlerbehebung,
- Fehlerspeicher löschen,
- Probefahrt,
- Kontrolle des Fehlerspeichers.

Darüber hinaus bietet das System eine Stellglied-Diagnose.
Viele Steuergerätefunktionen z. B. das Kraftstoffverdunstungs-Rückhaltesystem arbeiten nur unter bestimmten Betriebsbedingungen. In der Werkstatt bei stehendem Fahrzeug kann mit dem Testsystem eine Stellglieddiagnose durchgeführt werden. Mit der Stellglieddiagnose wird der gesamte elektrische Pfad vom Motorsteuergerät über den Kabelbaum zum Stellglied getestet und zusätzlich die Funktionsfähigkeit der Komponenten geprüft. Die Stellglieddiagnose ist zeitlich begrenzt, um Schäden an Aktoren und Motor zu verhindern, die Einspritzventile werden mit einer minimalen Einspritzzeit angesteuert, um Schäden durch den Kraftstoff im Katalysator zu vermeiden.

Eine Weiterentwicklung ist ein multimedialer, mobiler Tester, der über einen Touchscreen zu bedienen ist und über einen Farbdisplay und Lautsprecher verfügt. Das Gerät kann sowohl mobil als auch in Computer-Netzwerken eingebunden genutzt werden und verfügt über alle gängigen PC-Schnittstellen wie USB, PC-Card, VGA analog, externe Tastatur und Maus.

Genauere Informationen finden Sie im ESItronic-Trainer zur „KTS-Fahrzeugdiagnose" auf der beiliegenden CD-ROM.

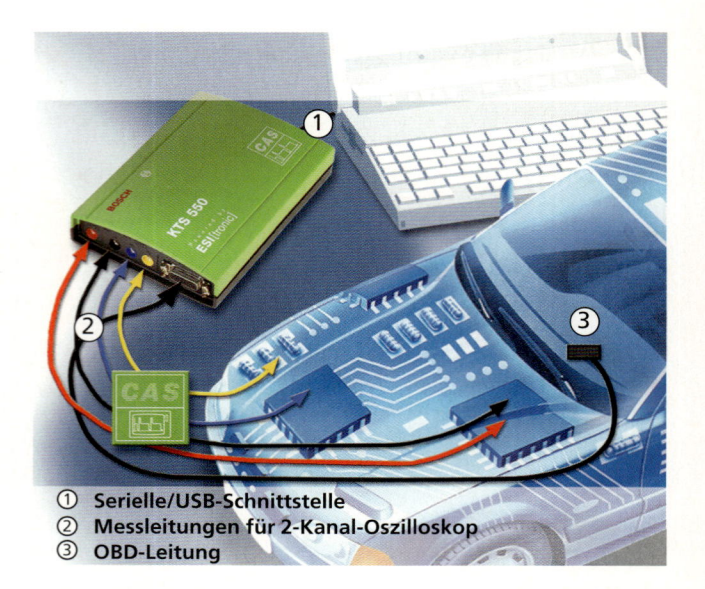

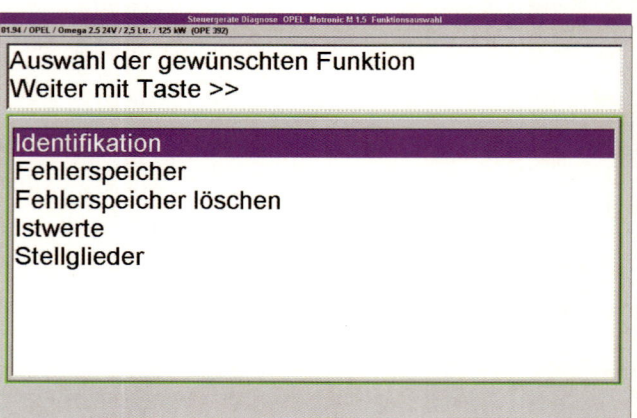

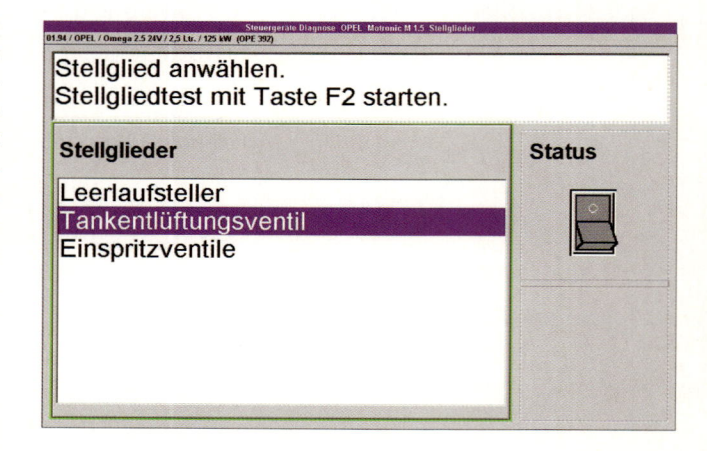

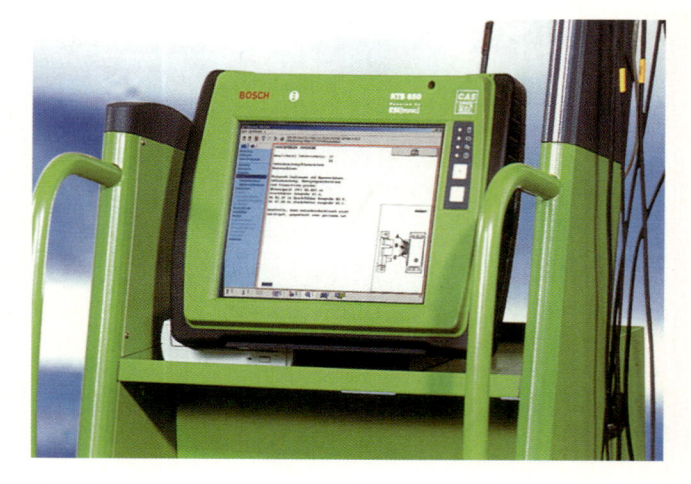

① Serielle/USB-Schnittstelle
② Messleitungen für 2-Kanal-Oszilloskop
③ OBD-Leitung

1.5.4 Systematische Fehlerdiagnose am Beispiel VW Lupo, 1,0, AUC-Motor
1.5.4.1 Ablaufschema der Fehlerdiagnose

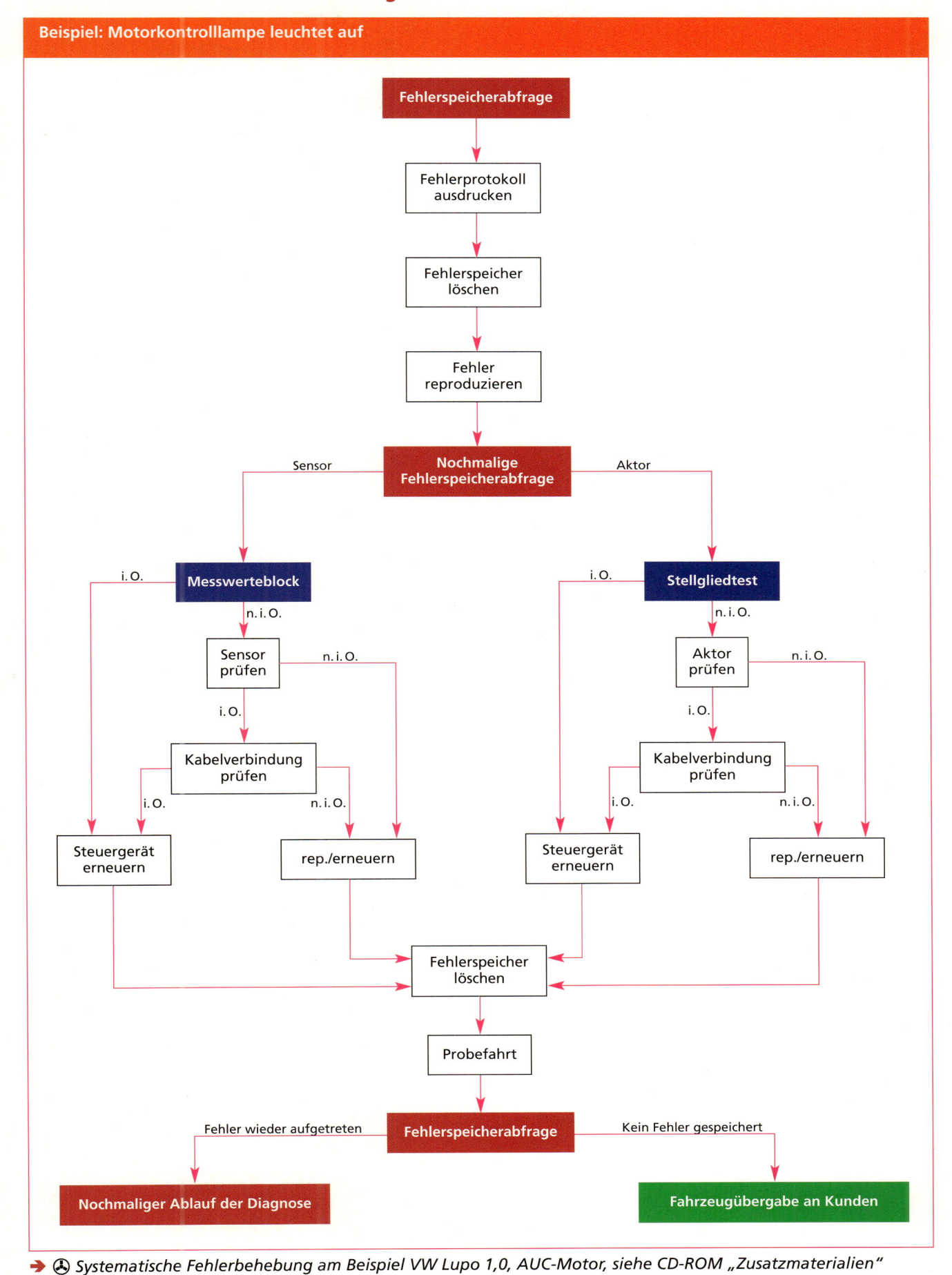

Beispiel: Motorkontrolllampe leuchtet auf

```
Fehlerspeicherabfrage
         ↓
Fehlerprotokoll ausdrucken
         ↓
Fehlerspeicher löschen
         ↓
Fehler reproduzieren
         ↓
Nochmalige Fehlerspeicherabfrage
   Sensor ←→ Aktor
```

Sensor-Zweig:
- Messwerteblock
  - i.O. → Steuergerät erneuern
  - n.i.O. → Sensor prüfen
    - i.O. → Kabelverbindung prüfen
      - i.O. → Steuergerät erneuern
      - n.i.O. → rep./erneuern
    - n.i.O. → rep./erneuern

Aktor-Zweig:
- Stellgliedtest
  - i.O. → Steuergerät erneuern
  - n.i.O. → Aktor prüfen
    - i.O. → Kabelverbindung prüfen
      - i.O. → Steuergerät erneuern
      - n.i.O. → rep./erneuern
    - n.i.O. → rep./erneuern

→ Fehlerspeicher löschen → Probefahrt → Fehlerspeicherabfrage
- Fehler wieder aufgetreten → **Nochmaliger Ablauf der Diagnose**
- Kein Fehler gespeichert → **Fahrzeugübergabe an Kunden**

→ *Systematische Fehlerbehebung am Beispiel VW Lupo 1,0, AUC-Motor, siehe CD-ROM „Zusatzmaterialien"*

1.5.4.2 Fehlerdiagnose: ESItronic und KTS-Steuergeräte-Tester

Beispiel: EPC-Kontrolllampe leuchtet (VW Lupo 1,0 AUC-Motor)

Kundenbeanstandung:

- Die EPC-Kontrolllampe leuchtet auf.

EPC steht für ElectronicPowerControl. Sie ist die Kontrollleuchte für Fehlermeldungen im Motormanagement.

Fahrzeugidentifizierung (mit ESI[tronic]):

Benötigte Daten:

- Schlüsselnummer zu Ziffer 2 (0603)
- Schlüsselnummer zu Ziffer 3 (450)
- Baujahr/Tag der ersten Zulassung (2002)

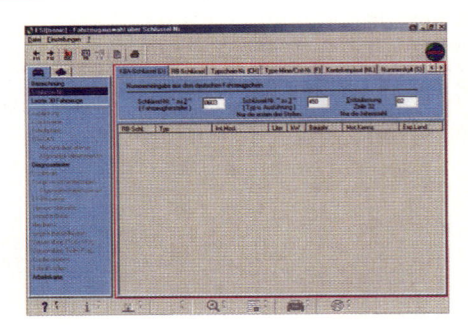

Fehlerspeicherabfrage (mit KTS 520):

Das Fehlerspeicherprotokoll muss ausgedruckt werden, da der Fehlerspeicher nach der Abfrage wieder gelöscht wird, um den Fehler zu reproduzieren. Dieser Vorgang ist notwendig, um den tatsächlichen Fehlerstatus im System zu erkennen.

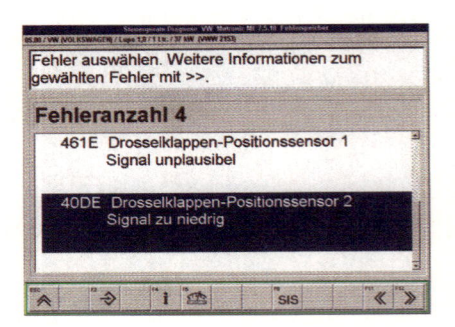

Erneute Fehlerspeicherabfrage (mit KTS 520):

Anhand der aktuellen Fehlermeldungen kann jetzt der eigentliche Diagnoseweg eingeschlagen werden.
Das Beispiel zeigt einen Fehler im Bereich der Drosselklappensteuerung. Der Drosselklappen-Positionssensor 1 liefert ein unplausibles Signal, währenddessen der Drosselklappen-Positionssensor 2 ein zu niedriges Spannungssignal aussendet.

Istwerte-Abfrage (Messwerteblock):

Da der gespeicherte Fehler auf einen Sensor hinweist, werden nun die dazugehörigen Messwerte (Istwerte) mit dem Diagnosetester ausgelesen. Hier zeigt sich, dass der Drosselklappen-Positionssensor 2 keinen Messwert liefert.

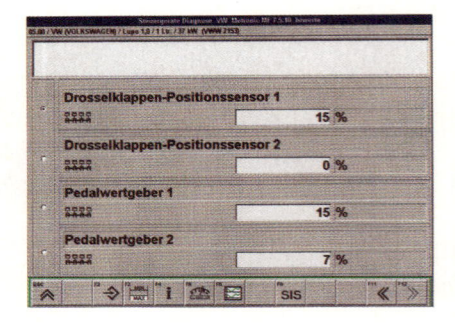

1.5 Qualitätssicherung durch Prüfen und Messen

Sensorprüfung (Messung am Sensor):

Da der Drosselklappenpositionssensor scheinbar keinen Messwert an das Steuergerät übermittelt, muss der Sensor selbst geprüft werden. Hierzu ist entsprechend dem Schaltplan ein Oszilloskop erforderlich, um eine Rauschprüfung am Potentiometer durchzuführen. Anhand dieser Prüfung kann die Aussage getroffen werden:

Sensor ist in Ordnung!

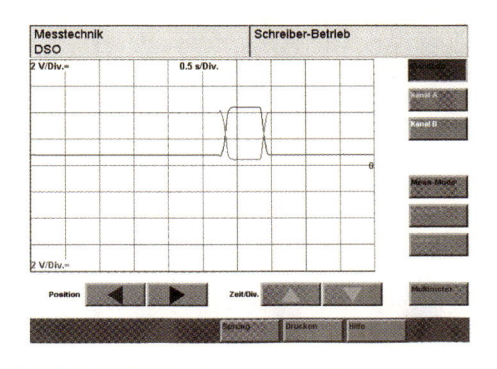

Sensorprüfung (Messung am Steuergerät):

Zur Sicherheit müssen am Steuergerät auch die Eingangssignale des Sensors geprüft werden, um einen Defekt innerhalb der Kabelverbindung auszuschließen. Hier zeigt sich, dass das Sensorsignal nicht, bzw. nur fehlerhaft, am Steuergerät ankommt. Daher kann die weitere Vorgehensweise bestimmt werden:

Kabelverbindung prüfen!

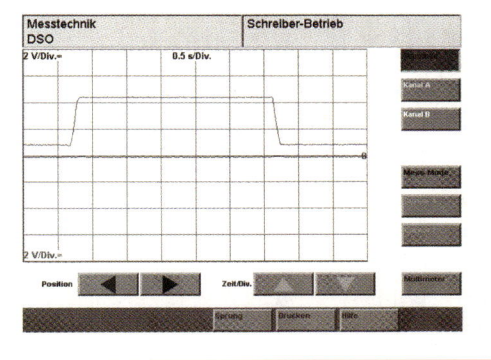

Prüfen der Kabelverbindung:

Entsprechend dem Schaltplan werden die Kabelverbindungen zwischen dem Sensor und dem Steuergerät geprüft. Hierzu kann ein einfaches Digitalmultimeter verwendet werden.

Das Ergebnis zeigt eine Unterbrechung der Kabelverbindung auf.

Sensor Kl. 4

SG Pin 75

Instandsetzung der Kabelverbindung/Erneuern des Motorkabelstranges

Nach erfolgter Instandsetzung und Löschen des Fehlerspeichers erfolgt nun die Probefahrt. Danach muss der Fehlerspeicher nochmalig abgefragt werden, um die Qualität der durchgeführten Arbeit zu prüfen.

Wenn kein Fehlereintrag vorhanden ist, kann nun die Endkontrolle durchgeführt werden und dem Kunden das Fahrzeug übergeben werden.

1.5.4.3 Prüfen der Sensoren und Aktoren (VW Lupo, Motronic 7.5.10)

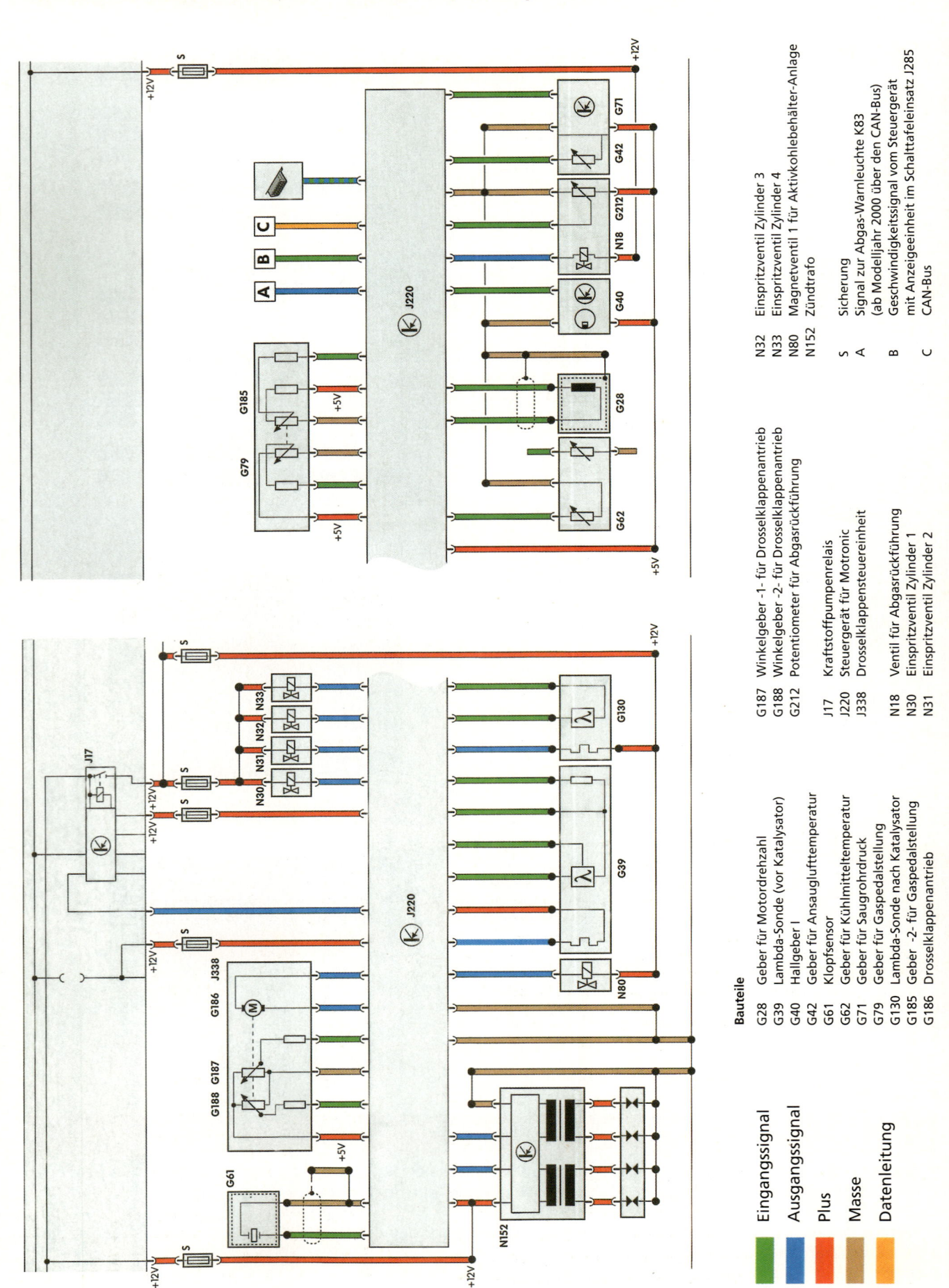

Bauteile

G28	Geber für Motordrehzahl
G39	Lambda-Sonde (vor Katalysator)
G40	Hallgeber I
G42	Geber für Ansauglufttemperatur
G61	Klopfsensor
G62	Geber für Kühlmitteltemperatur
G71	Geber für Saugrohrdruck
G79	Geber für Gaspedalstellung
G130	Lambda-Sonde nach Katalysator
G185	Geber -2- für Gaspedalstellung
G186	Drosselklappenantrieb
G187	Winkelgeber -1- für Drosselklappenantrieb
G188	Winkelgeber -2- für Drosselklappenantrieb
G212	Potentiometer für Abgasrückführung
J17	Kraftstoffpumpenrelais
J220	Steuergerät für Motronic
J338	Drosselklappensteuereinheit
N18	Ventil für Abgasrückführung
N30	Einspritzventil Zylinder 1
N31	Einspritzventil Zylinder 2
N32	Einspritzventil Zylinder 3
N33	Einspritzventil Zylinder 4
N80	Magnetventil 1 für Aktivkohlebehälter-Anlage
N152	Zündtrafo
S	Sicherung
A	Signal zur Abgas-Warnleuchte K83 (ab Modelljahr 2000 über den CAN-Bus)
B	Geschwindigkeitssignal vom Steuergerät mit Anzeigeeinheit im Schalttafeleinsatz J285
C	CAN-Bus

- Eingangssignal (grün)
- Ausgangssignal (blau)
- Plus (rot)
- Masse (braun)
- Datenleitung (orange)

1.5 Qualitätssicherung durch Prüfen und Messen

Prüfen von Sensoren und Aktoren

Drehzahlgeber G28

Schaltbild/Funktion	Prüfungen	Ergebnis/Signalbild
(Schaltbild G28, J220 mit Anschlüssen 48, 58, T3e/1, T3e/3, T3e/2, 0,5 sw, 0,5 gn/li, 0,5 ge, 0,5 sw, 0,5 ws, T80/62, T80/67, T80/53, 41)	**Spannungsmessung:** Versorgungsspannung am Sensor Kl. 1 gegen Kl. 3 mit Multimeter: → min. 4,5 V Versorgungsspannung am SG Pin 62 gegen Pin 67 mit Multimeter: → min. 4,5 V **Oszilloskopmessung:** Signalbild am Sensor Kl. 2 gegen Kl. 3 Signalbild am SG Pin 53 gegen Pin 67	(Rechtecksignal, ---/min)
Der Drehzahlgeber ist bei diesem System ein Hallgeber, der die Drehzahlinformation anhand des 60-2-Geberrades abgreift und an das Motorsteuergerät sendet.		

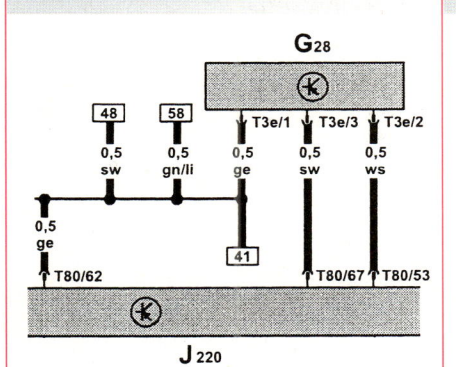

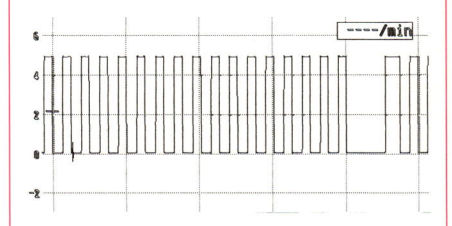

Saugrohrdrucksensor G71

Schaltbild/Funktion	Prüfungen	Ergebnis/Signalbild
(Schaltbild J220 mit T80/56, T80/70, 0,5 ws/br, 0,5 ge/sw, 26, 0,5 gn/li, T14/12, T14/9, T14/10, G42, G71, T14/4, 0,5 br/ws, 220)	**Oszilloskopmessung:** Messung am Sensor Kl. 3 gegen Kl. 4 Messung am SG Pin 62 gegen Pin 70 Motor laufen lassen und Gasstoß geben!	(Signalverlauf, 4.13 V, ---/min)
Der Saugrohrdrucksensor erfasst den aktuellen Saugrohrdruck und leitet ihn als Spannungssignal an das Steuergerät zur Berechnung der Grundeinspritzzeit weiter.		

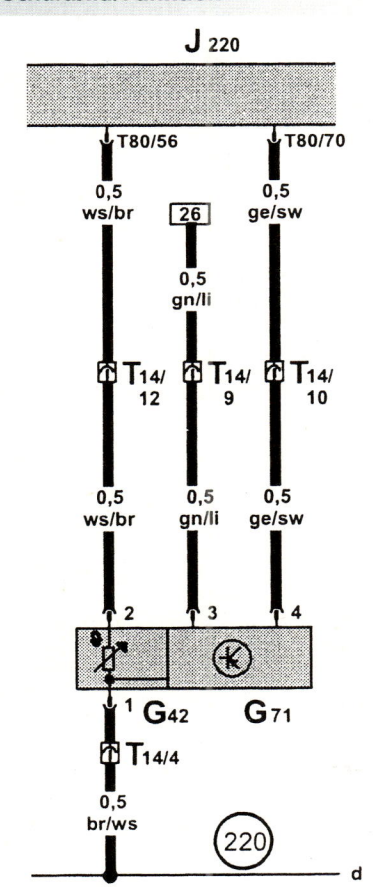

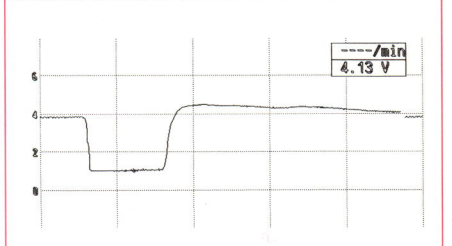

1.5 Qualitätssicherung durch Prüfen und Messen

Prüfen von Sensoren und Aktoren

Kühlmitteltemperatursensor G62

Schaltbild/Funktion	Prüfungen	Ergebnis/Signalbild
(Schaltbild mit J220, G62, G2, Pins T80/74, 108, 91)	**Widerstandsmessung:** Messung an SG-Stecker (SG abgeklemmt!): Pin 74 gegen Pin 54 Messung am Sensor Kl. 3 gegen Kl. 4 **Spannungsmessung:** Messung am Sensor: Kl. 3 gegen Kl. 4 Messung am SG (Zündung ein): Pin 74 gegen Pin 54	(In Abhängigkeit von der Temperatur des Kühlmittels) (Diagramm: Ω vs. °C, 0–100 °C) Messwert: ca. 0,5 V bis 4,5 V (temperaturabhängig)

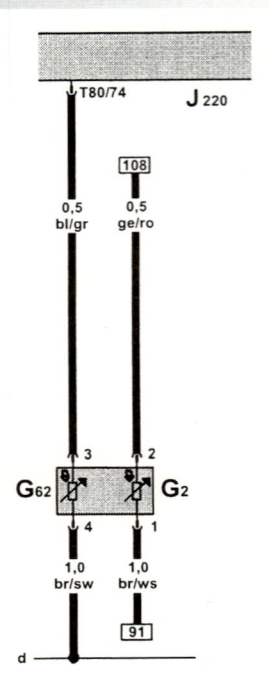

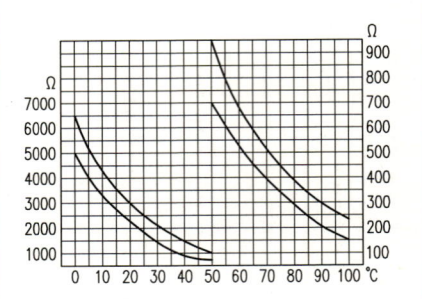

Der Kühlmitteltemperatursensor liefert ein Spannungssignal abhängig der Kühlmitteltemperatur zur Korrektur der Einspritzzeit.

Ansauglufttemperatursensor G42

Schaltbild/Funktion	Prüfungen	Ergebnis/Signalbild
(Schaltbild mit J220, G42, G71, Pins T80/56, T80/70, T14/12, T14/9, T14/10, T14/4, 26, 220)	**Widerstandsmessung:** Messung an SG-Stecker (SG abgeklemmt!): Pin 56 gegen Pin 54 Messung am Sensor Kl. 2 gegen Kl. 1 **Spannungsmessung:** Messung am Sensor: Kl. 2 gegen Kl. 1 Messung am SG (Zündung ein): Pin 56 gegen Pin 54	(In Abhängigkeit von der Temperatur des Kühlmittels) (Diagramm: Ω vs. °C, 0–100 °C) Messwert: ca. 0,5 V bis 4,5 V (temperaturabhängig)

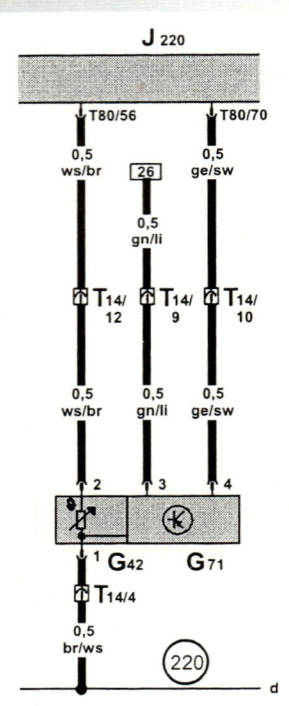

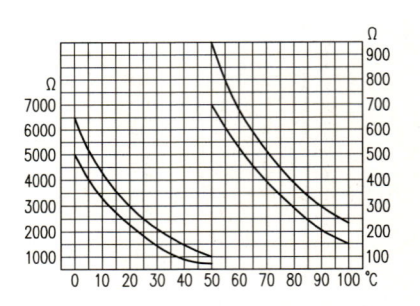

Der Ansauglufttemperatursensor liefert die aktuelle Temperatur der Ansaugluft für die Berechnung der tatsächlich angesaugten Luftmasse.

1.5 Qualitätssicherung durch Prüfen und Messen

Prüfen von Sensoren und Aktoren

Nockenwellengeber G40

Schaltbild/Funktion	Prüfungen	Ergebnis/Signalbild
Erkennung des Zünd-OTs des 1. Zylinders für die sequentielle Einspritzung und Klopfregelung	**Spannungsmessung:** Spannungsversorgung am SG Pin 62 gegen Pin 54	min. 4,5 V
	Spannungsversorgung am Sensor Kl. 1 gegen Kl. 3	min. 4,5 V
	Oszilloskopmessung: Messung am Sensor Kl. 2 gegen Kl. 3	
	Messung am SG Pin 60 gegen Pin 54	

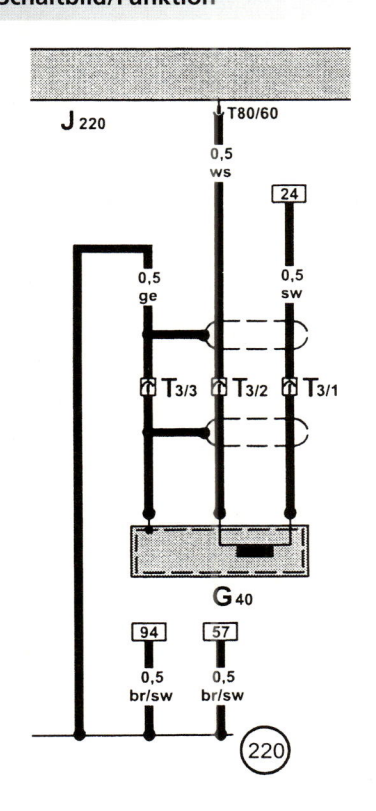

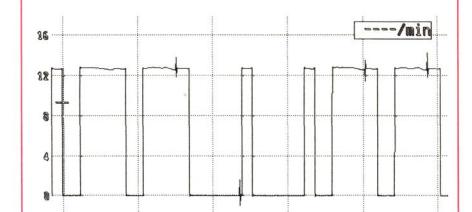

Lambdasonde (vor Kat) G39 [Breitbandsonde]

Schaltbild/Funktion	Prüfungen	Ergebnis/Signalbild
Feststellung des Restsauerstoffgehaltes im Abgas	Die Breitband-Lambda-Sonde kann aufgrund ihrer Bauart nicht mit einem herkömmlichen Multimeter auf ihre Funktion geprüft werden.	–
	Eine Auswertung ihrer Funktionsfähigkeit ist nur mit Hilfe der Istwerte-Funktion mit einem Diagnosetester möglich.	–

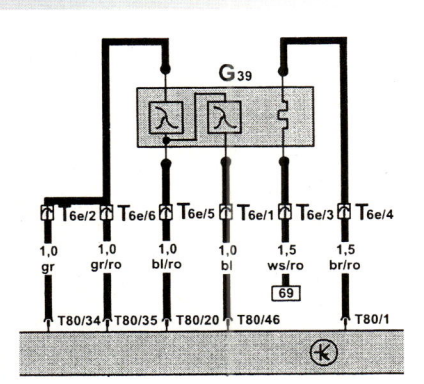

1.5 Qualitätssicherung durch Prüfen und Messen

Prüfen von Sensoren und Aktoren

Lambda-Sonde (nach Kat) G130

Schaltbild/Funktion	Prüfungen	Ergebnis/Signalbild
(Schaltbild mit J220, D101, G130, Anschlüsse T4f/1, T4f/2, T4f/3, T4f/4, T80/13, T80/21, T80/47) Feststellung des Restsauerstoffgehaltes im Abgas nach dem Katalysator, dadurch Überwachung der Katalysatorfunktion	**Oszilloskopmessung:** Messung an Lambda-Sonde Kl. 4 gegen Kl. 3 Messung am SG Pin 47 gegen Pin 21 Motor mit ca. 2 000 1/min laufen lassen!	(Signalbild: ----/min, 0,40 V)

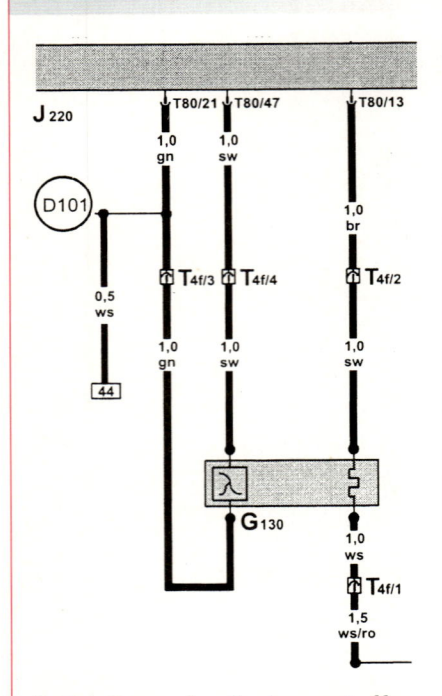

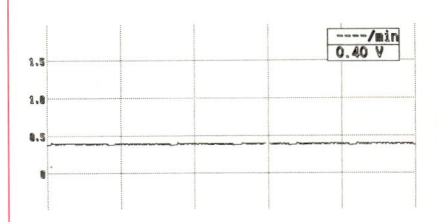

Drosselklappenpotentiometer G187/G188

Schaltbild/Funktion	Prüfungen	Ergebnis/Signalbild
(Schaltbild mit J338, G186, G187, G188, Anschlüsse T6a/1–T6a/6, T14a/4, T14a/6, T14a/7, T14a/8, T14a/10, T80/61, T80/66, T80/68, T80/75, T80/80, T80/55) Rückmeldung über die Stellung der Drosselklappe innerhalb der Drosselklappensteuereinheit. Aufgrund der erhöhten Übertragungssicherheit sind zwei Potentiometer verbaut.	**Spannungsmessung:** Spannungsversorgung am SG Pin 55 gegen 61 Spannungsversorgung am Sensor Kl. 2 gegen Kl. 6 **Oszilloskopmessung:** Messung Geber 1 am Sensor Kl. 4 gegen Kl. 6 Messung Geber 1 am SG Pin 75 gegen Pin 61 Messung Geber 2 am Sensor Kl. 1 gegen Kl. 6 Messung Geber 2 am SG Pin 68 gegen Pin 61	min. 4,5 V min. 4,5 V (Signalbild: ----/min, 4,27 V) (Signalbild: ----/min, 0,67 V)

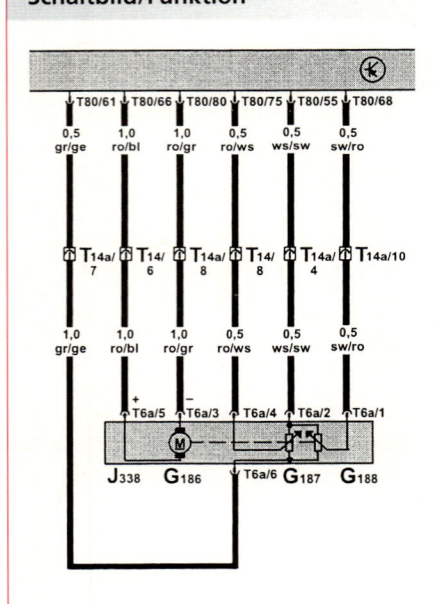

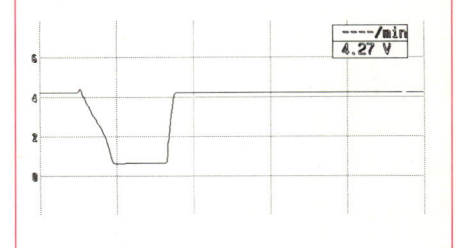

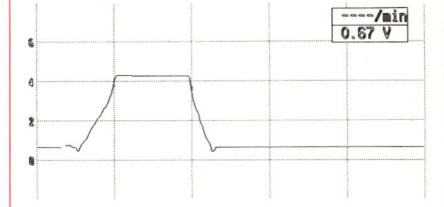

1.5 Qualitätssicherung durch Prüfen und Messen

Prüfen von Sensoren und Aktoren

Gaspedalwertgeber G185

Schaltbild/Funktion	Prüfungen	Ergebnis/Signalbild
(Schaltbild G185 mit Anschlüssen T6b/5, T6b/6, T6b/1 +5V, T6b/3, T6b/4, T6b/2 +5V; Leitungen 0,5 br/li, ge/li, gn/sw, ro/li, gn/li, sw/li; T80/19, T80/45, T80/6, T80/7, T80/33, T80/8)	**Spannungsmesung:** Spannungsversorgung am Sensor (Pedalwertgeber 1) Kl. 2 gegen Kl. 3	min. 4,5 V
	(Pedalwertgeber 2) Kl. 1 gegen Kl. 5	min. 4,5 V
	Spannungsversorgung am SG (Pedalwertgeber 1) Pin 8 gegen Pin 7	min. 4,5 V
	(Pedalwertgeber 2) Pin 6 gegen Pin 19	min. 4,5 V
Der Pedalwertgeber nimmt die Gaspedalstellung als Spannungswert auf und sendet ihn als Fahrerwunsch an das Steuergerät.	**Oszilloskopmessung:** Messung am Sensor (Pedalwertgeber 1) Kl. 4 gegen Kl. 3 Messung am SG (Pedalwertgeber 1) Pin 33 gegen Pin 7	0.72 V (Signalverlauf)
	Messung am Sensor (Pedalwertgeber 2) Kl. 6 gegen Kl. 5 Messung am SG (Pedalwertgeber 2) Pin 45 gegen Pin 19	0.35 V (Signalverlauf)

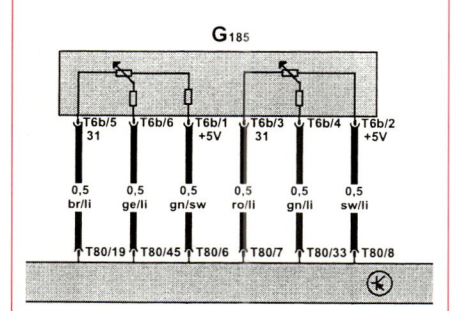

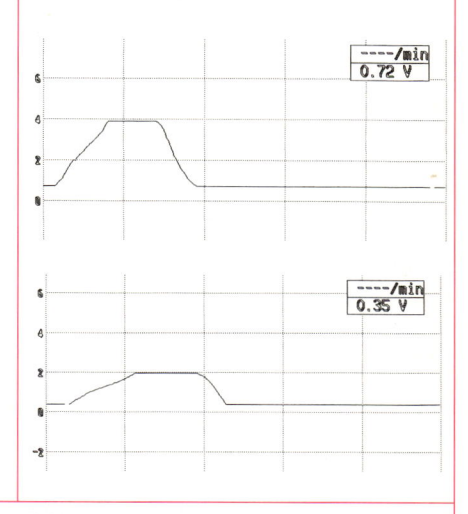

Klopfsensor G61

Schaltbild/Funktion	Prüfungen	Ergebnis/Signalbild
(Schaltbild mit J220, Anschlüssen T80/63, T80/77, 200, T14a/3, T14a/2, T14a/1, bl, gr, T2/2, T2/1, G61)	**Oszilloskopmessung:** Messung am Sensor Kl. 1 gegen Kl. 2 Messung am SG Pin 77 gegen Pin 63 Motor laufen lassen!	(Signalbild mit Klopfimpulsen) Hier handelt es sich ausschließlich um die Funktionsfähigkeit des Sensors. Es existieren keine vergleichbaren Sollwerte.
Erkennen einer klopfenden Verbrennung im Motor		

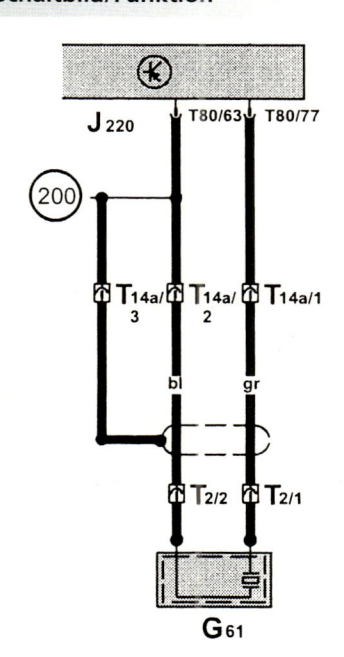

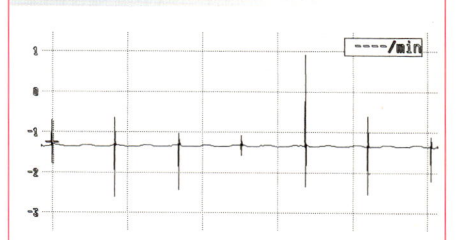

Prüfen von Sensoren und Aktoren

Potentiometer für Abgasrückführung G212

Schaltbild/Funktion	Prüfungen	Ergebnis/Signalbild
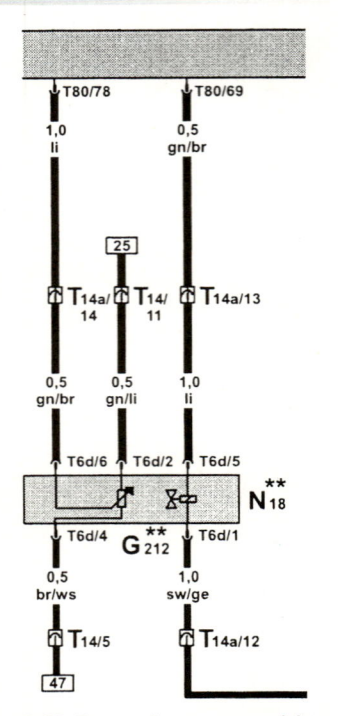 Das AGR-Potentiometer meldet die Aktivität des AGR-Ventiles an das Steuergerät.	**Spannungsmessung:** Spannungsversorgung am Sensor Kl. 2 gegen Kl. 4	min. 4,5 V
	Spannungsversorgung am SG Pin 62 gegen 54	min. 4,5 V
	Oszilloskopmessung: Messung am Sensor Kl. 6 gegen Kl. 4	
	Messung am SG Pin 78 gegen Pin 54	

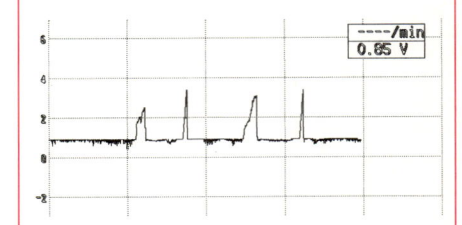

Bremslichtschalter F

Schaltbild/Funktion	Prüfungen	Ergebnis/Signalbild
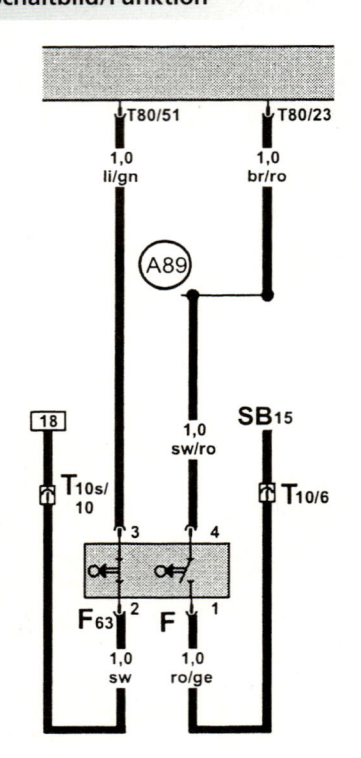 Der Bremslichtschalter gibt ein Spannungssignal an das Steuergerät. Er gehört zum E-Gas-System.	**Spannungsmessung:** Messung am Sensor Kl. 4 gegen Masse	min. 11,5 V
	Messung am SG Pin 23 gegen Pin 54	min. 11,5 V
	Bremspedal betätigen!	

1.5 Qualitätssicherung durch Prüfen und Messen

Prüfen von Sensoren und Aktoren

Bremspedalschalter F63

Schaltbild/Funktion	Prüfungen	Ergebnis/Signalbild
(Schaltbild mit T80/51, T80/23, A89, SB15, T10s/10, T10/6, F63, F) Der Bremspedalschalter gibt ein Spannungssignal an das Steuergerät. Er gehört zum E-Gas-System.	**Spannungsmessung:** Messung am Sensor Kl. 3 gegen Masse Messung am SG Pin 51 gegen Pin 54 Bremspedal betätigen!	min. 11,5 V min. 11,5 V

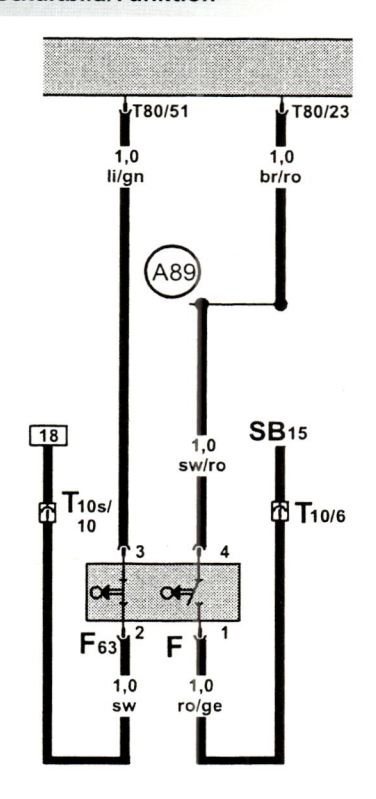

Druckschalter Servolenkung F88

Schaltbild/Funktion	Prüfungen	Ergebnis/Signalbild
(Schaltbild mit Anschluss 64, F88, T80/49, J220) Der Druckschalter Servolenkung wird für die Drehmomentregelung des Motors benötigt.	**Spannungsmessung:** Messung am Sensor Kl. 2 gegen Masse Messung am SG Pin 49 gegen Pin 54 Druckschalter muss betätigt sein oder überbrückt werden!	min. 11,5 V min. 11,5 V

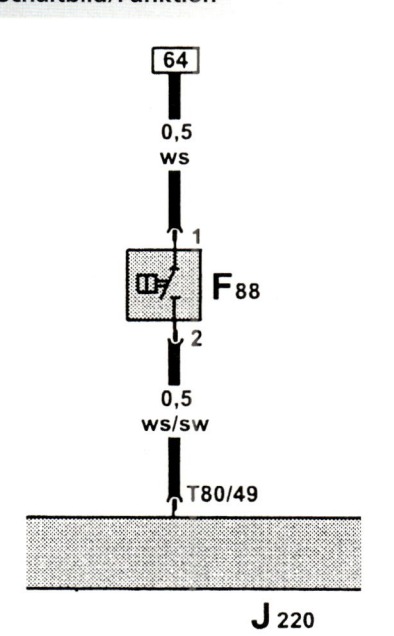

Prüfen von Sensoren und Aktoren

Einspritzventile N30, N31, N32, N33

Schaltbild/Funktion	Prüfungen	Ergebnis/Signalbild
	Widerstandsmessung: Messung am Aktor (Einspritzventil N30, N31, N32, N33) Kl. 1 gegen Kl. 2 Steckverbindungen getrennt!	12–17 Ω
	Spannungsmessung: Messung am Aktor (Einspritzventile N30, N31, N32, N33) Kl. 2 gegen Masse	min. 11,5 V
	Messung am SG (Einspritzventil N30) Pin 79 gegen Pin 2	min. 11,5 V
	(Einspritzventil N31) Pin 59 gegen Pin 2	min. 11,5 V
	(Einspritzventil N32) Pin 73 gegen Pin 2	min. 11,5 V
	(Einspritzventil N33) Pin 65 gegen Pin 2	min. 11,5 V
Die Einspritzventile werden vom Steuergerät masseseitig getaktet, um den Kraftstoff zum richtigen Zeitpunkt dem richtigen Zylinder zuzuführen.	**Oszilloskopmessung:** Messung am Aktor (Einspritzventile N30, N31, N32, N33) Kl. 2 gegen Masse Messung am SG (Einspritzventil N30) Pin 79 gegen Pin 2 (Einspritzventil N31) Pin 59 gegen Pin 2 (Einspritzventil N32) Pin 73 gegen Pin 2 (Einspritzventil N33) Pin 65 gegen Pin 2 Für die Oszilloskopmessung muss der Motor laufen!	

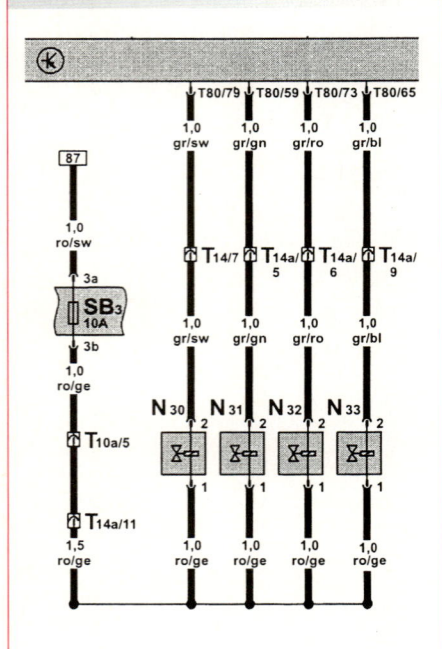

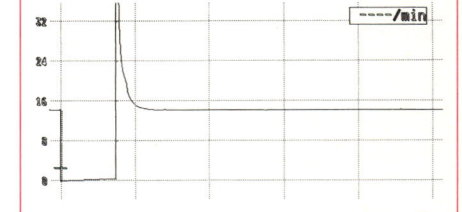

1.5 Qualitätssicherung durch Prüfen und Messen

Prüfen von Sensoren und Aktoren

Zündtrafo N152

Schaltbild/Funktion	Prüfungen	Ergebnis/Signalbild
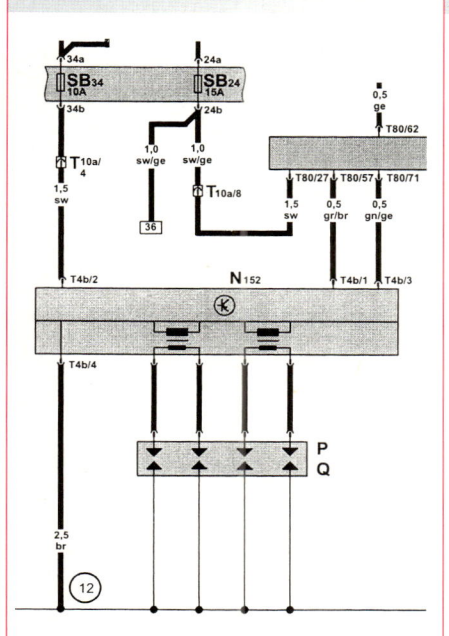 (Schaltbild N152)	**Widerstandsmessung:** Sekundärspulenwiderstand am Zündausgang Zylinder 1 gegen Zündausgang Zylinder 4	4–6 kΩ
	Sekundärspulenwiderstand am Zündausgang Zylinder 2 gegen Zündausgang Zylinder 3	4–6 kΩ
	Spannungsmessung: Spannungsversorgung am Aktor Kl. 2 gegen Kl. 4	min. 11,5 V
	Oszilloskopmessung: Messung am Aktor (Zündspule 1) Kl. 1 gegen Kl. 2 (Zündspule 2) Kl. 3 gegen Kl. 2 Messung am SG (Zündspule 1) Pin 27 gegen Pin 57 (Zündspule 2) Pin 27 gegen Pin 71 Für die Oszilloskopmessung muss der Motor laufen!	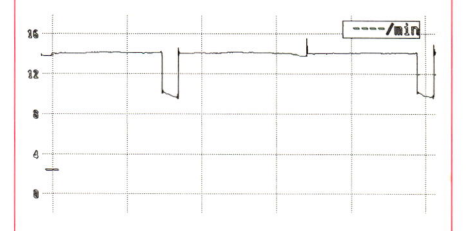 (Oszilloskop-Signalbild)
Im Zündtrafo sind zwei Doppelfunkenspulen verbaut, die vom Steuergerät entsprechend dem berechneten Zündzeitpunkt angesteuert werden.		

Lambda-Sonden-Heizung für G39

Schaltbild/Funktion	Prüfungen	Ergebnis/Signalbild
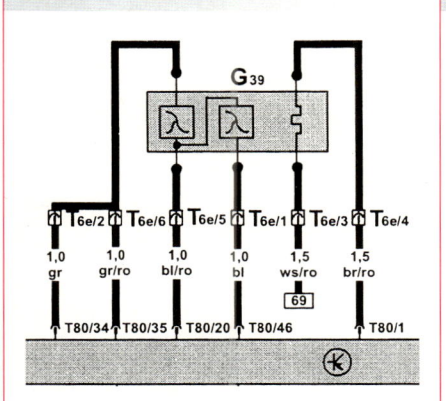 (Schaltbild G39)	**Widerstandsmessung:** Messung am Aktor Kl. 4 gegen Kl. 3	80–100 Ω (kalter Zustand)
	Messung am SG Pin 1 gegen Pin 27	80–100 Ω (kalter Zustand)
	Aktor muss vom SG getrennt werden!	
	Spannungsmessung: Messung am Aktor Kl. 4 gegen Masse	min. 11,5 V
	Messung am SG Pin 1 gegen Pin 54	min. 11,5 V
	Zündung einschalten!	
Die Lambda-Sonden-Heizung soll die Lambda-Sonde möglichst schnell auf ihre Betriebstemperatur aufheizen.		

1.5 Qualitätssicherung durch Prüfen und Messen

Prüfen von Sensoren und Aktoren

Lambda-Sonden-Heizung für G130

Schaltbild/Funktion	Prüfungen	Ergebnis/Signalbild
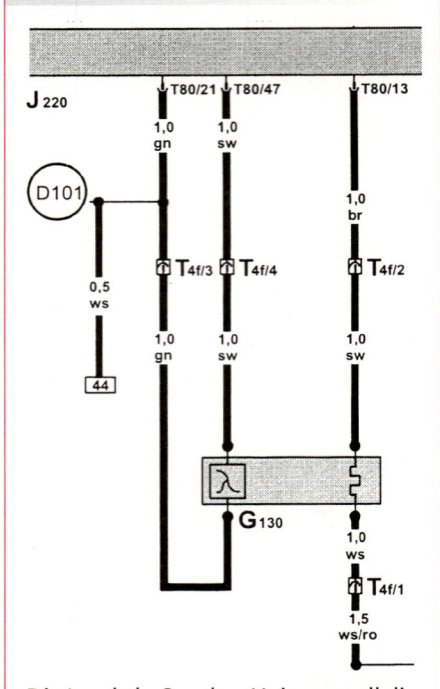 (Schaltbild mit J220, D101, T4f/3, T4f/4, T4f/2, T4f/1, G130)	**Widerstandsmessung:** Messung am Aktor Kl. 2 gegen Kl. 1	80–100 Ω (kalter Zustand)
	Messung am SG Pin 13 gegen Pin 27	80–100 Ω (kalter Zustand)
	Aktor muss vom SG getrennt werden!	
	Spannungsmessung: Messung am Aktor Kl. 2 gegen Masse	min. 11,5 V
	Messung am SG Pin 13 gegen Pin 54	min. 11,5 V
	Zündung einschalten!	
Die Lambda-Sonden-Heizung soll die Lambdasonde möglichst schnell auf ihre Betriebstemperatur aufheizen.		

Drosselklappenantrieb G186

Schaltbild/Funktion	Prüfungen	Ergebnis/Signalbild
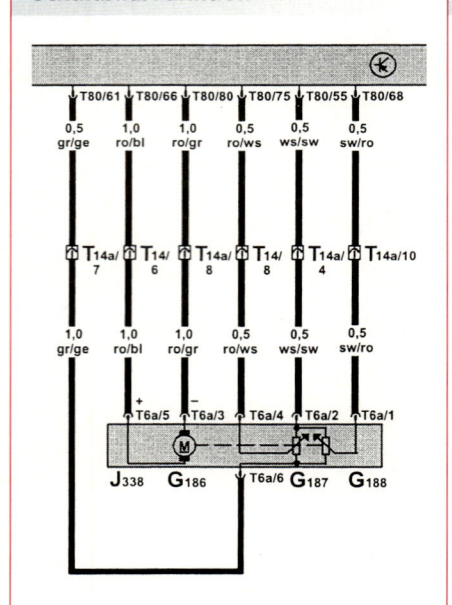 (Schaltbild mit T80/61, T80/66, T80/80, T80/75, T80/55, T80/68, T14a/7, T14a/6, T14a/8, T14a/8, T14a/4, T14a/10, T6a/5, T6a/3, T6a/4, T6a/2, T6a/1, J338, G186, T6a/6, G187, G188)	**Widerstandsmessung:** Messung am Aktor Kl. 5 gegen Kl. 3	1–3 Ω
	Messung am SG Pin 66 gegen Pin 80	1–3 Ω
	Aktor muss vom SG getrennt werden!	
	Spannungsmessung: Messung am Aktor Kl. 3 gegen Masse	min. 11,5 V
	Messung am SG Pin 80 gegen Pin 2	min. 11,5 V
	Zündung einschalten!	
	Oszilloskopmessung: Messung am Aktor Kl. 3 gegen Masse	(Rechtecksignal-Oszillogramm)
Öffnen und Schließen der Drosselklappe in der Drosselklappensteuereinheit	Messung am SG Pin 80 gegen Pin 2	
	Motor muss laufen!	

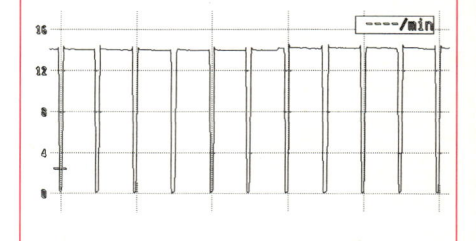

1.5 Qualitätssicherung durch Prüfen und Messen

Prüfen von Sensoren und Aktoren

Ventil für Abgasrückführung N18

Schaltbild/Funktion	Prüfungen	Ergebnis/Signalbild
(Schaltbild mit T80/78, T80/69, T14a/14, T14a/11, T14a/13, T6d/6, T6d/2, T6d/5, N18, G212, T6d/4, T6d/1, T14/5, T14a/12) Steuerung der zurückgeführten Abgasmenge in den Ansaugkrümmer.	**Widerstandsmessung:** Messung am Aktor Kl. 1 gegen Kl. 5 Messung am SG Pin 27 gegen Pin 69 Steuergerät muss abgezogen werden! **Spannungsmessung:** Messung am Aktor Kl. 5 gegen Masse Messung am SG Pin 69 gegen Pin 28 Zündung einschalten! **Oszilloskopmessung:** Messung am Aktor Kl. 5 gegen Masse Messung am SG Pin 69 gegen Pin 28 Motor laufen lassen!	38–42 kΩ 38–42 kΩ 0,5–1,5 V (Grundspannung) 0,5–1,5 V (Grundspannung) *(Rechtecksignal-Oszillogramm)*

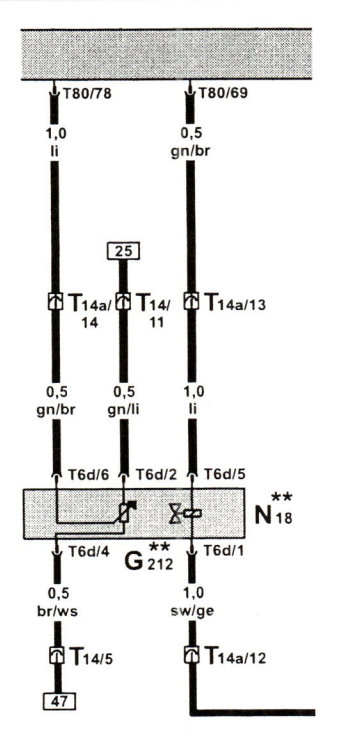

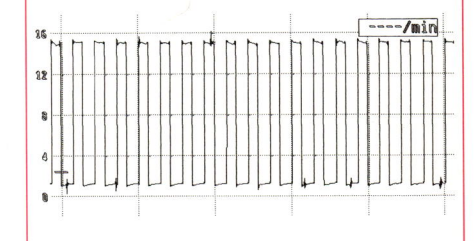

Magnetventil für Aktivkohlebehälter-Anlage N80

Schaltbild/Funktion	Prüfungen	Ergebnis/Signalbild
(Schaltbild mit T80/14, J220, N80, SB30 5A, T10/8) Steuerung der Zuführung von Kraftstoffdämpfen aus dem Kraftstoffbehälter in den Ansaugkrümmer.	**Widerstandsprüfung:** Messung am Aktor Kl. 1 gegen Kl. 2 Messung am SG Pin 27 gegen Pin 14 Steuergerät muss abgezogen werden! **Spannungsmessung:** Messung am Aktor Kl. 2 gegen Masse Messung am SG Pin 14 gegen Pin 28 Zündung einschalten! **Oszilloskopmessung:** Messung am Aktor Kl. 2 gegen Masse Messung am SG Pin 14 gegen Pin 28 Motor laufen lassen!	23–27 Ω 23–27 Ω min. 11,5 V min. 11,5 V *(Abklingendes Signal-Oszillogramm)*

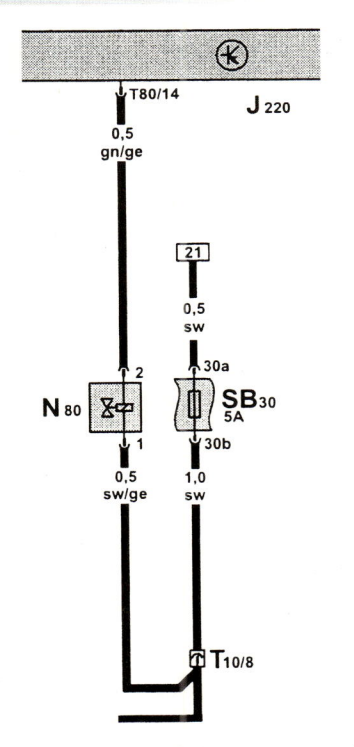

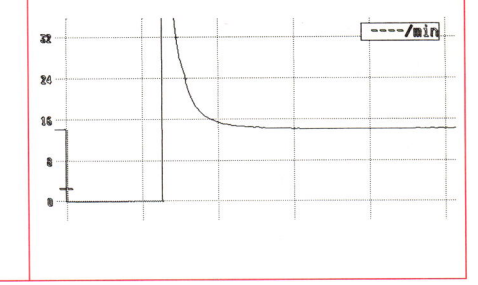

2 Dieselmotor-Management

2.1 Qualitätssicherung durch Kundenorientierung
- **Kundenauftrag: Hohe Drehzahl im Leerlauf**

Anschrift Kunde:
Herrn
Martin Müller
Jägerstr. 12

65187 Wiesbaden

Auftrags-Nr.: 0014

Kunden-Nr.: 1514

Auftragsdatum: 27. 01. 2005

Typ	Amtl.-Kennzeichen	Fzg.-Ident-Nr.	KBA-Schlüssel	km-Stand
Audi A4	WI-HK 222		0588 752	65000

Erstzulassung	Motor-Nr.	angenommen durch	Telefon-Nr.
05/2002	AKE	Schmidt	0611/32134

Pos.	Arb.wert	Zeit	Arbeitstext	Preis
01			Hohe Drehzahl im Leerlauf	

Termin: 28. 01. 2005, 16.00 Uhr

Der Auftrag wird unter ausdrücklicher Anerkennung der „Bedingungen für die Ausführung von Arbeiten an Kraftfahrzeugen, Aggregaten und deren Teile und für Kostenvoranschläge" erteilt, die mir ausgehändigt wurden.

Endabnahme Fahrzeug

Tag	Uhrzeit	Abnehmer	km-Stand

Martin Müller
Unterschrift Kunde

2.2 Qualitätssicherung durch Systemkenntnis

2.2.1 Betriebssituation Dieselmotor

Das Viertaktprinzip ist beim Dieselmotor das gleiche wie beim Ottomotor. Im Gegensatz zum Ottomotor saugt der Dieselmotor reine Luft an, die hoch verdichtet wird. In die verdichtete heiße Luft wird der Kraftstoff eingespritzt. Die Bildung des Kraftstoff-Luft-Gemischs erfolgt im Zylinder (innere Gemischbildung).

Dieselmotor

1. Takt: Ansaugen

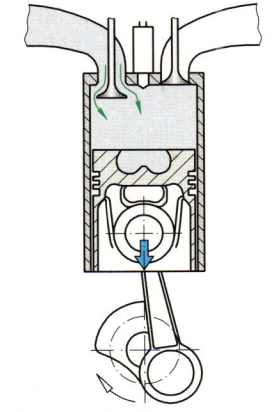

Ansaugdruck:
$p = -0,1$ bis $-0,2$ bar
Ansaugtemperatur:
$t = 70$ bis $100\,°C$

2. Takt: Verdichten

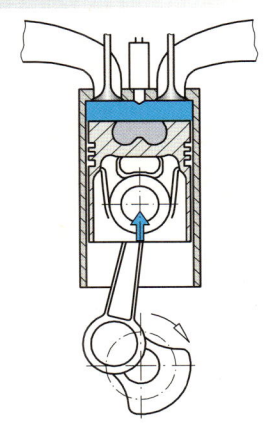

Verdichtungsenddruck:
$p = 40$ bis 65 bar
Verdichtungstemperatur:
$t = 700$ bis $900\,°C$
Verdichtungsverhältnis:
$\varepsilon = 14:1$ bis $24:1$

3. Takt: Arbeiten

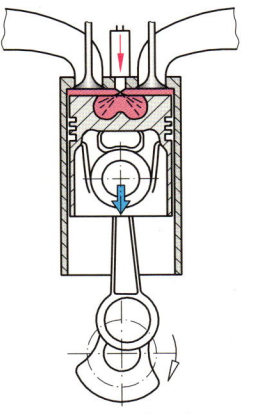

Verbrennungshöchstdruck:
$p = 70$ bis 100 bar
Verbrennungshöchsttemperatur:
$t = 2000$ bis $2500\,°C$

4. Takt: Ausstoßen

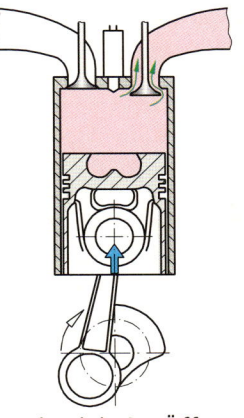

Restdruck beim Öffnen des Auslassventils:
$p = 4$ bis 7 bar
Abgastemperatur:
Leerlauf $t = 200$ bis $300\,°C$
Volllast $t = 500$ bis $600\,°C$

Arbeitsdiagramm

Bevor Selbstzündung eintreten kann, müssen erst einige Kraftstoffteilchen verdampfen. Die Zeit zwischen Einspritzbeginn und Verbrennungsbeginn bezeichnet man als Zündverzug.

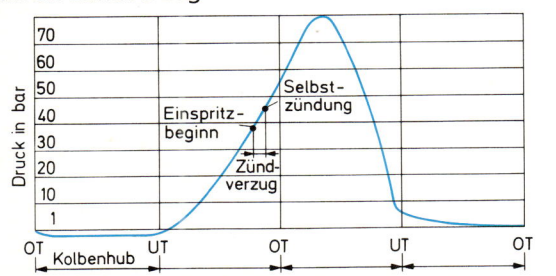

Leistungsbilanz beim Dieselmotor

Der höhere Gesamtwirkungsgrad des Dieselmotors gegenüber dem Ottomotor hat folgende Gründe:
- höheres Verdichtungsverhältnis
- hoher Luftüberschuss möglich
- Wegfall der Drosselklappe (keine Drosselverluste)

100 % im Kraftstoff zugeführte Wärmeleistung
25 ... 30 % Abgaswärme
28 ... 31 % Kühlung
7 % Reibung, Strahlung
32 ... 40 % verbleibende Nutzleistung P_{eff} an der Kurbelwelle

Vergleich der Leistungs- und Drehmomentkennlinien: Ottomotor – Dieselmotor

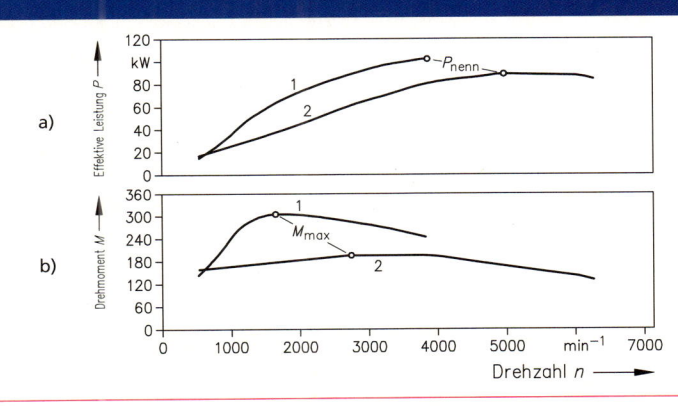

a) Leistungsverlauf
b) Drehmomentverlauf

1 2,3 l Vierzylinder-Dieselmotor mit Common Rail
2 2,3 l Fünfzylinder-Ottomotor

M_{max} Maximales Drehmoment
p_{nenn} Nennleistung

Gemischbildung

Dieselmotoren arbeiten mit schwerer siedendem Kraftstoff als Ottomotoren. Die Gemischbildung ist aufgrund der inneren Aufbereitung (Zeit zwischen Einspritz- und Verbrennungsbeginn) nicht so gleichmäßig.

Dieselmotoren arbeiten daher immer mit Luftüberschuss ($\lambda > 1$), um hohe Russ, CO- und HC-Emissionen zu vermeiden. Die Gemischbildung wird durch folgende Faktoren beeinflusst:
- Einspritzdruck,
- Spritzdauer,
- Strahlverteilung,
- Spritzbeginn,
- Verwirbelung der Luft,
- Luftmasse.

Dem Einspritzsystem kommt damit eine besondere Bedeutung für die Funktion des Motors zu.

Betriebsbedingungen

Das Einspritzsystem muss die Dosierung des Kraftstoffs und die gleichmäßige Verteilung im Brennraum bei allen Betriebszuständen übernehmen. Jeder Betriebspunkt benötigt daher
- die richtige Kraftstoffmenge
- zum richtigen Zeitpunkt,
- mit dem richtigen Druck,
- im richtigen Zeitablauf und
- an der richtigen Stelle des Verbrennungsraumes.

Bei der Kraftstoffdosierung werden zusätzliche Forderungen gestellt:
- Rauchgrenze
  Bei der inneren Gemischbildung kann es zu einer örtlichen Überfettung und bei Luftüberschuss zu einem Anstieg der Emission von Schwarzrauch kommen. Das an der gesetzlich festgelegten Rauchgrenze fahrbare Luft-Kraftstoff-Verhältnis liegt bei Motoren mit indirekter Einspritzung bei einem Luftüberschuss von 10 bis 25 %, mit direkter Einspritzung von 40 bis 50 %.

- Abgastemperaturgrenze
  Die Wärmebelastbarkeit der Funktionsteile des Dieselmotors bestimmen die Abgastemperatur des Dieselmotors.

- Verbrennungsdruckgrenze
  Durch die schlagartige, harte Verbrennung bei hoher Verdichtung entstehen beim Dieselmotor hohe Verbrennungsspitzendrücke, die vom Kurbeltrieb aufgenommen werden müssen. Die Abmessungen der Funktionsteile des Dieselmotors begrenzen die Verbrennungsdruckhöhe.

- Drehzahlgrenzen
  Die Leistung eines Dieselmotors bei konstanter Drehzahl hängt von der Einspritzmenge ab. Wird dem Dieselmotor Kraftstoff zugeführt, ohne dass ein entsprechendes Drehmoment abverlangt wird, steigt die Motordrehzahl an. Bei weiterer Kraftstoffzufuhr besteht die Gefahr, dass der Motor durchgeht und sich selbst zerstört. Daher ist eine Drehzahlbegrenzung bzw. Drehzahlregelung erforderlich.

Schadstoffe

Die o. a. Faktoren haben Einfluss auf die Emissionen und den Kraftstoffverbrauch.
- Luftmangel führt zur Rußbildung und ungenügende Gemischbildung.
- Die NO_x-Bildung wird durch hohe Verbrennungstemperaturen sowie Luftüberschuss und Luftbewegung am Beginn der Verbrennung begünstigt.

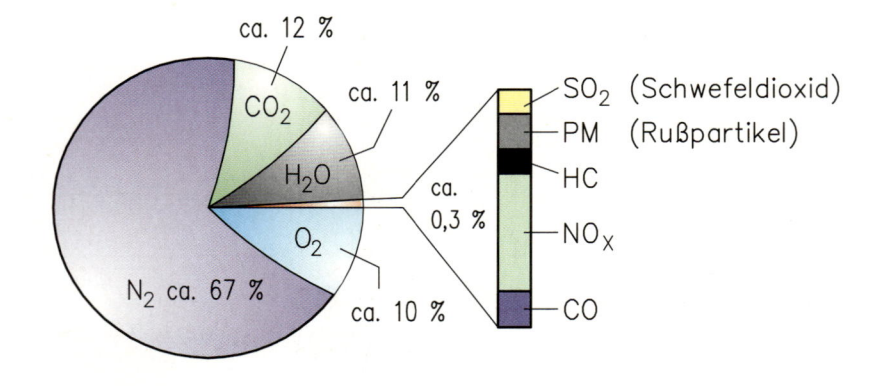

- N_2 ca. 67 %
- CO_2 ca. 12 %
- H_2O ca. 11 %
- O_2 ca. 10 %
- ca. 0,3 %: SO_2 (Schwefeldioxid), PM (Rußpartikel), HC, NO_X, CO

2.2.2 Motormanagement eines Dieselmotors mit Radialkolben-Verteilereinspritzpumpe

Systemübersicht

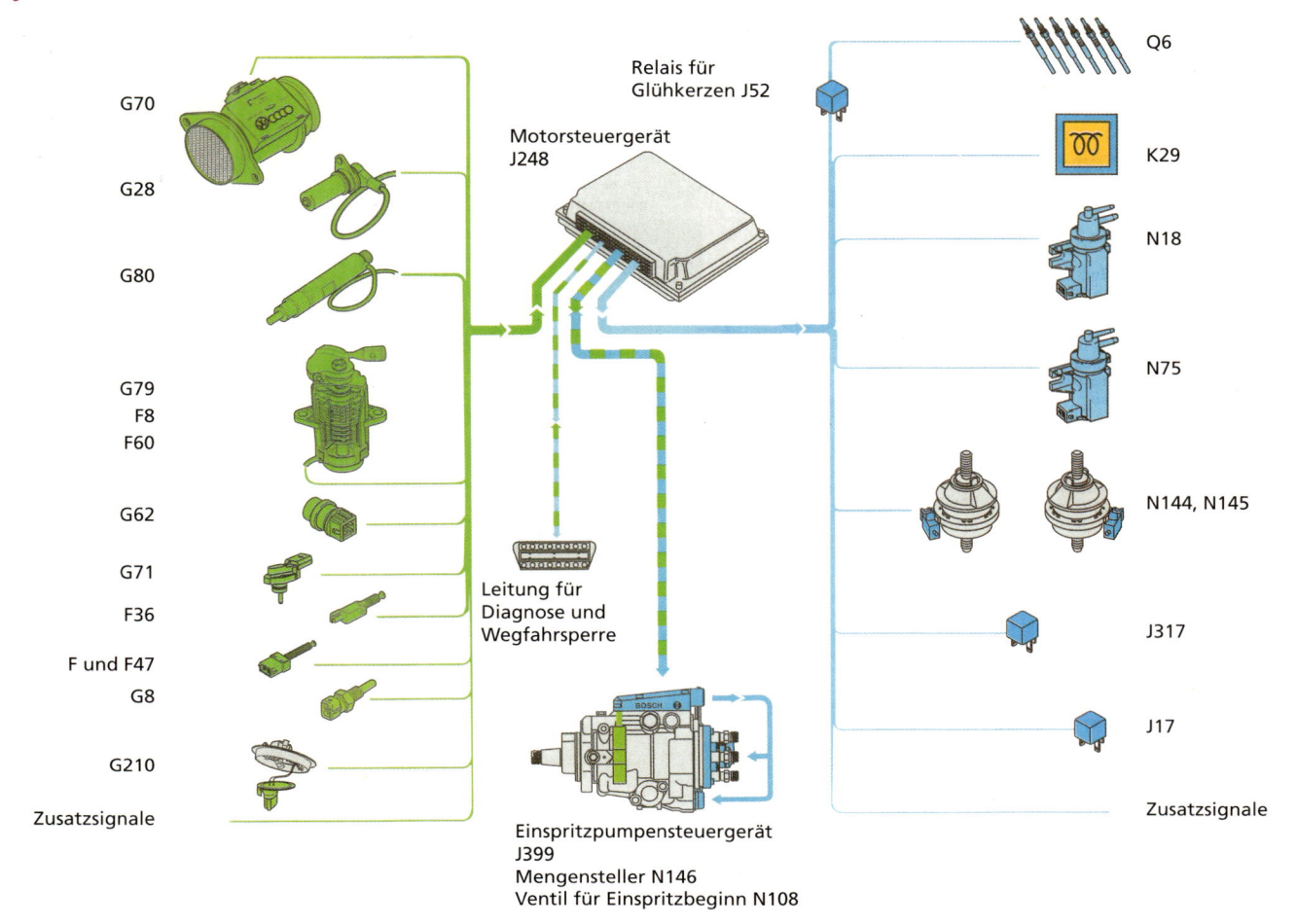

Bauteile im Diagramm:
- G70 – Luftmassenmesser
- G28 – Geber für Motordrehzahl
- G80 – Geber für Nadelhub
- G79, F8, F60
- G62
- G71
- F36
- F und F47
- G8
- G210
- Zusatzsignale

- Relais für Glühkerzen J52
- Motorsteuergerät J248
- Leitung für Diagnose und Wegfahrsperre
- Einspritzpumpensteuergerät J399
- Mengensteller N146
- Ventil für Einspritzbeginn N108

- Q6
- K29
- N18
- N75
- N144, N145
- J317
- J17
- Zusatzsignale

Sensoren

Luftmassenmesser G70
Geber für Motordrehzahl G28
Geber für Nadelhub G80
Geber für Gaspedalstellung G79
Kick-Down-Schalter F8
Leerlaufschalter F60
Geber für Kühlmitteltemperatur G62
Geber für Saugrohrdruck G71
Kupplungspedalschalter F36
Bremslichtschalter F und Bremspedalschalter F47
Geber für Öltemperatur G8
Geber für Kraftstoff G210

Zusatzsignale:
Kraftstoffmangelwarnung
Fahrgeschwindigkeitssignal
Klimakompressor-Bereitschaft
Außentemperatur
Schalter der Geschwindigkeitsregelanlage
Zusatzheizung
Generator
CAN-Bus

Aktoren

Glühkerzen Q6
Kontrolllampe für Vorglühzeit K29
Ventil für Abgasrückführung N18
Magnetventil für Ladedruckbegrenzung N75
Magnetventile für elektrohydraulische Motorlagerung N144, N145
Relais für Spannungsversorgung J317
Kraftstoffpumpenrelais J17

Zusatzsignale:
Motordrehzahlsignal
Kühlerlüfternachlauf
Klimakompressor-Abschaltung
Kraftstoffverbrauchssignal
Zusatzheizung
CAN-Bus

Technische Beschreibung

- Direkteinspritzung mit elektronisch geregelter Radialkolben-Verteilereinspritzpumpe VE VP 44 S3 Mit Voreinspritzung
- P-Düse, sacklochlos
- Zweifeder-Düsenhalter
- Abgasrückführung und Oxydationskatalysator
- Motorlager
- Abgasturbolader mit Wastgate

2.2 Qualitätssicherung durch Systemkenntnis: Dieselmotor mit Radialkolben-Verteilereinspritzpumpe

Aufbau

Für Dieselmotoren von Pkw und leichten bis mittelschweren Nkw eignet sich die Radialkolben-Verteilereinspritzpumpe. Sie erzeugt einen hohen Einspritzdruck von bis zu 2000 bar und misst die Kraftstoffmenge für jeden Zylinder präzise zu – bei einem 6-Zylindermotor bis zu 13 000 mal pro Minute.
Die hohe Zerstäubungsenergie an der Einspritzdüse senkt dabei die Emissionswerte und den Verbrauch.

Ältere Systeme mit einer Radialkolben-Verteilereinspritzpumpe besitzen ein Motorsteuergerät und ein Pumpensteuergerät. Das Motorsteuergerät verarbeitet alle von externen Sensoren aufgenommenen Daten und errechnet die am Motor durchzuführenden Stelleingriffe, das Pumpensteuergerät erfasst die pumpeninternen Sensorsignale für Kraftstofftemperatur und Drehwinkel und verwertet sie für die Anpassung des Einspritzzeitpunktes. Der Datenaustausch zwischen Motor- und Pumpensteuergerät erfolgt über das Bussystem CAN. Bei der neuen Generation von Radialkolben-Verteilereinspritzpumpen sind Motor- und Pumpensteuergerät integriert.

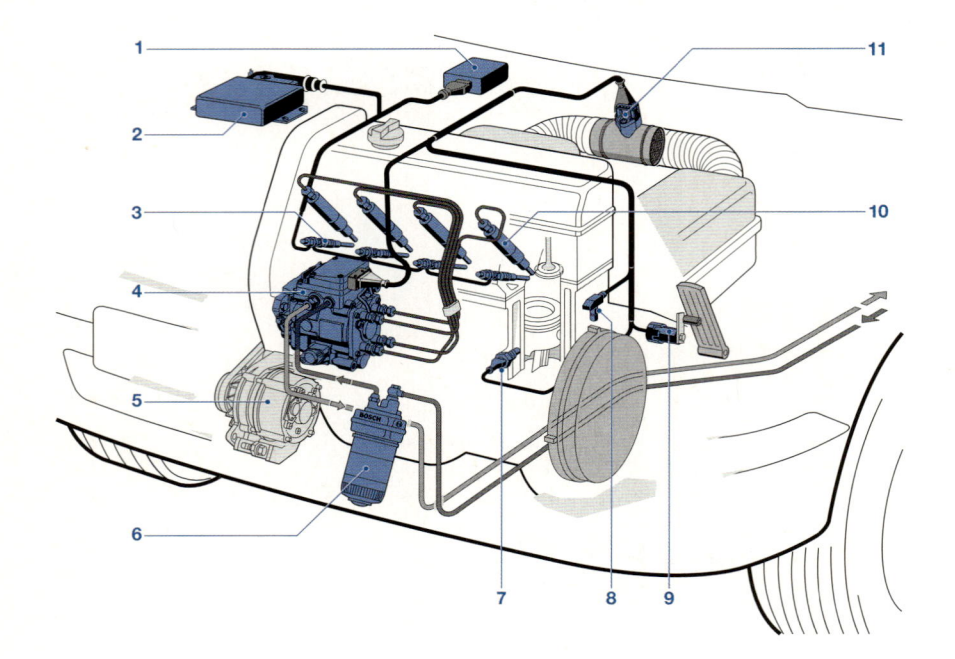

Dieseleinspritzanlage mit Radialkolben-Verteilereinspritzpumpe.

1 Glühzeitsteuergerät
2 Motorsteuergerät
3 Glühstiftkerzen
4 Radialkolben-Verteilereinspritzpumpe mit Pumpensteuergerät
5 Generator
6 Kraftstofffilter
7 Kühlmitteltemperatursensor
8 Kurbelwellen-Drehzahlsensor
9 Fahrpedalsensor
10 Einspritzdüsen
11 Luftmassenmesser

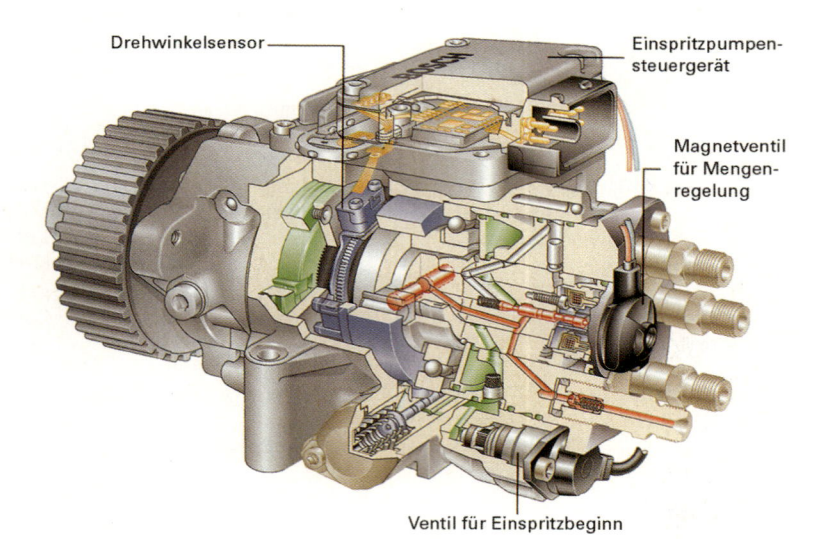

Drehwinkelsensor
Einspritzpumpensteuergerät
Magnetventil für Mengenregelung
Ventil für Einspritzbeginn

Ausführungen

Grundfunktionen	Zusatzfunktionen
Grundfunktionen sind: Einspritzung von Dieselkraftstoff • zum richtigen Zeitpunkt • in der richtigen Menge • bei hohem Druck	• Abgasrückführung • Ladedruckregelung • Fahrgeschwindigkeitsregelung

2.2.3 Kraftstoffversorgung

Das Kraftstoffsystem der Radialkolben-Verteilereinspritzpumpe besteht aus einem Niederdruck- und Hochdruckteil.

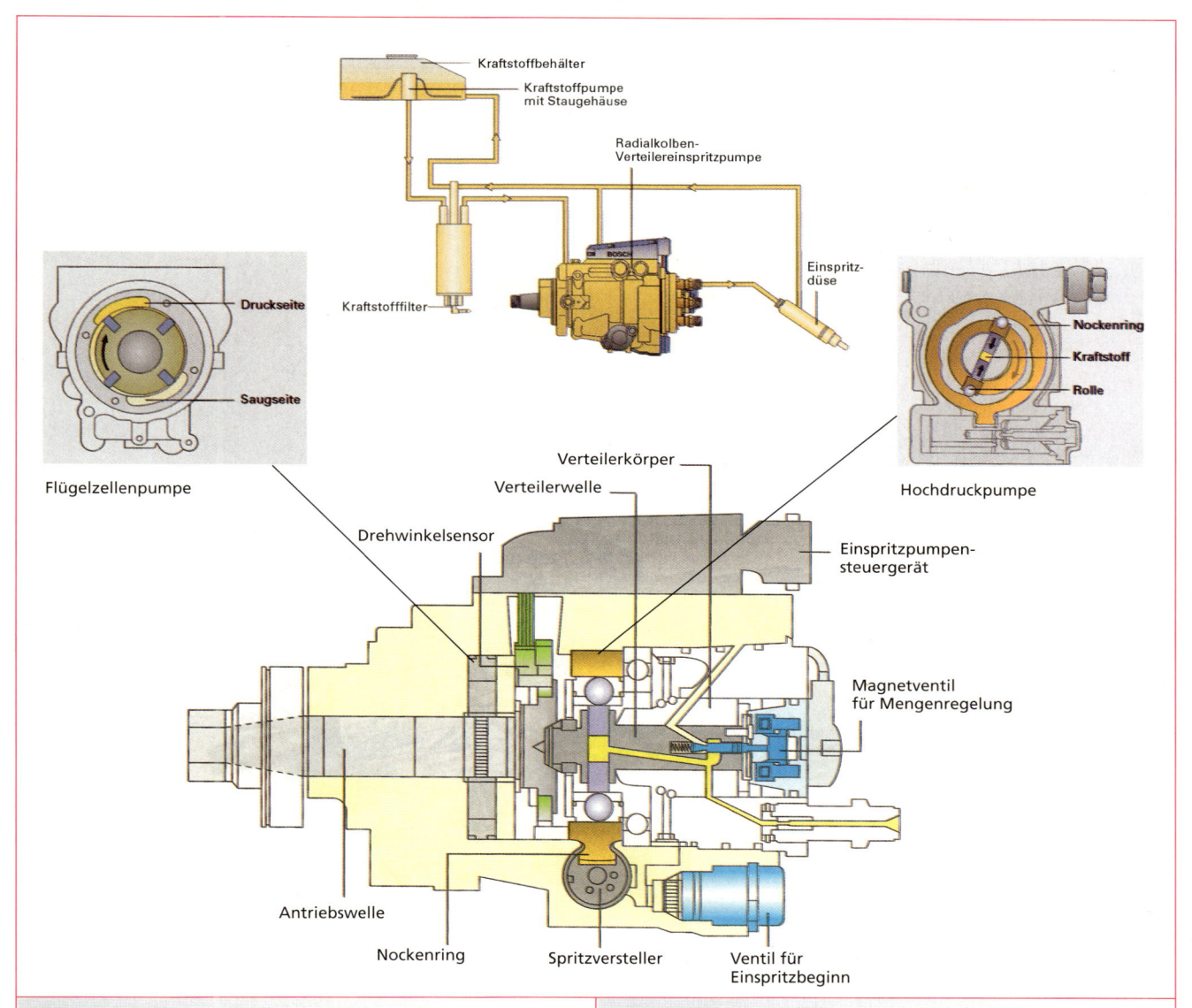

Niederdruckteil

Eine Vorförderpumpe befördert den Kraftstoff in ein Staugehäuse des Kraftstoffbehälters. Damit ist gewährleistet, dass von der Radialkolben-Verteilerpumpe immer blasenfreier Kraftstoff angesaugt wird.
Die Flügelzellenpumpe (1) saugt den Kraftstoff aus dem Kraftstoffbehälter und fördert ihn zur Radialkolben-Hochdruckpumpe.
Der Kraftstofffilter reinigt den Kraftstoff von Verunreinigungen bevor er zur Verteilereinspritzpumpe gelangt. Damit werden Schäden an den Funktionsteilen der Verteilereinspritzpumpe vermieden.
Ein Druckregelventil regelt den Förderdruck der Förderpumpe. Wird er zu hoch, öffnet das Ventil und Kraftstoff fließt zur Flügelzellenpumpe zurück.
Ein Überstromdrosselventil steht mit dem Verteilerkörper des Hochdruckteils in Verbindung. Beim Erreichen eines voreingestellten Öffnungsdruckes fließt über das Überströmdrosselventil eine bestimmte Kraftstoffmenge zum Kraftstoffbehälter zurück. Hierdurch wird eine selbsttätige Entlüftung der Pumpe ermöglicht.

Hochdruckteil

Im Hochdruckteil findet
- das Verdichten des Kraftstoffs auf 1 500 bis 2 000 bar,
- das Verteilen des Kraftstoffs auf die einzelnen Zylinder statt.

Das Magnetventil für Mengenregelung wird vom Pumpensteuergerät angesteuert.

Magnetventil ist geöffnet: Die Flügelzellenpumpe saugt den Kraftstoff aus dem Kraftstoffbehälter an und baut einen Druck auf. Durch den Druck wird der Kraftstoff in den Verdichtungsraum des Hochdruckteils gedrückt.

Das Magnetventil ist geschlossen: Die Drehbewegung der Antriebswelle wird auf den Nockenring der Hochdruckpumpe übertragen. Die Innennockenbahn hat Nockenerhebungen, die in ihrer Anzahl auf die Zylinderzahl des Motors abgestimmt sind. Die Nocken drücken die Kolben nach innen. Der Kraftstoff wird zwischen den beiden Kolben verdichtet und zur Einspritzdüse gedrückt.

Düsenhalter und Einspritzdüsen

Zweifeder-Düsenhalter

Beim Zweifeder-Düsenhalter sind zwei Federn hintereinander angeordnet. Eine Feder wirkt auf die Düsennadel. Sie bestimmt den Öffnungsdruck. Eine Feder stützt sich auf die Anschlaghülse ab, die den Vorhub begrenzt. Die Einspritzperiode beginnt mit dem Öffnen der Düsennadel um den Vorhub. Eine geringe Kraftstoffmenge wird in den Verbrennungsraum eingespritzt. Bei weiterem Druckanstieg öffnet die Düsennadel ganz, die Hauptmenge wird eingespritzt.
Der zweistufige Einspritzvorgang bewirkt eine weiche Verbrennung und damit eine Geräuschminderung.

1 Haltekörper, 2 Ausgleichsscheibe,
3 Druckfeder I, 4 Druckbolzen,
5 Führungsscheibe, 6 Druckfeder II,
7 Federteller, 8 Anschlaghülse,
9 Düsennadel, 10 Düsenspannmutter,
11 Düsenkörper,
h_1 Vorhub,
h_2 Haupthub

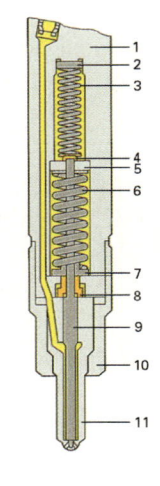

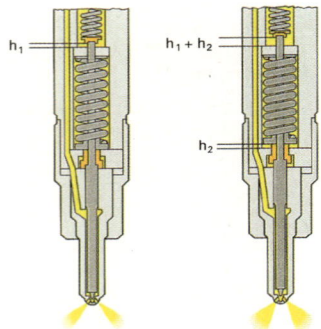

Düsenhalter mit Nadelbewegungssensor

Bei Systemen mit Spritzbeginnregelung ist ein Nadelbewegungssensor erforderlich. Er besteht aus einem Druckbolzen, der in eine Stromspule eintaucht. Bewegt sich die Düsennadel, so verschiebt sie den Druckbolzen innerhalb der Stromspule. Damit ändert sich der magnetische Fluss. Die Änderung des magnetischen Flusses bewirkt in der Spule ein geschwindigkeitsabhängiges Signal, das im Steuergerät ausgewertet wird.

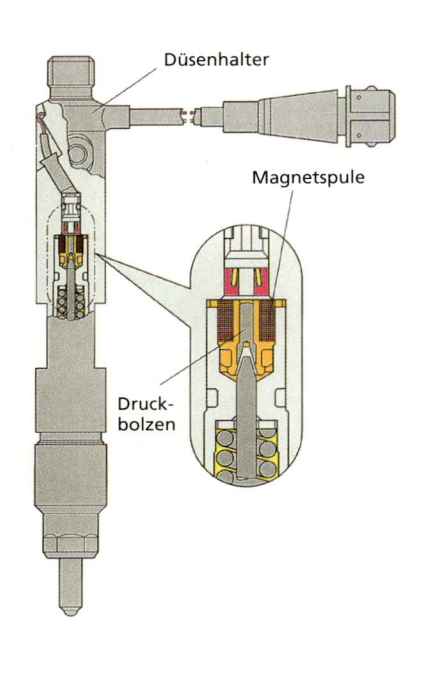

Lochdüsen

Anzahl und Durchmesser der Spritzlöcher sind abhängig von der Einspritzmenge, der Brennraumform und den Strömungsverhältnissen im Brennraum.
Lochdüsen werden unterteilt in

Sacklochdüse

Sacklochdüsen haben zylindrische oder konische Sacklöcher und konische oder runde Kuppen. Unterhalb der Düsenspitze bleibt ein Restvolumen von Kraftstoff, der nach der Verbrennung verdampft und die Ursache für Kohlenwasserstoffemissionen ist.

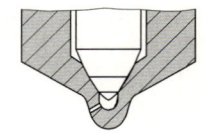

Sitzlochdüse

Die Spritzlöcher werden bei geschlossener Düse durch die Nadel abgedeckt, so dass keine direkte Verbindung zwischen Sackloch und Brennraum besteht. Das Sacklochvolumen ist gegenüber der Sacklochdüse stark reduziert.

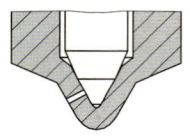

2.2.4 Motormanagement

2.2.4.1 Betriebsdatenerfassung

Sensoren erfassen die Betriebsbedingungen des Motors und die Sollwerte, z. B. des Fahrpedalstellers, und wandeln die physikalischen Größen in elektrische Signale um. Das Steuergerät wertet die Daten der Sensoren und der Sollwertgeber aus, Mikroprozessoren berechnen aus den Eingangsdaten und den gespeicherten Kennfeldern die Einspritzzeiten und die Einspritzdauer. Über Endstufen werden die Stellglieder mit elektrischen Ausgangssignalen angesteuert. Die Stellglieder setzen die elektrischen Ausgangssignale in mechanische Größen um. Das Bussystem CAN erlaubt den Datenaustausch mit anderen Systemen des Fahrzeugs, wie z. B. Antriebsschlupfregelung, Anti-Blockiersystem, elektronische Getriebesteuerung, Klimaanlage usw., und ermöglicht die Fahrzeugdiagnose. Die Sensoren werden sowohl bei der Radialkolben-Verteilereinspritzpumpe (VP), als auch bei dem Common-Rail-System (CR) und dem Pumpen-Düsen-System (UI) eingesetzt.

Gemischbildung und Verbrennung

Wesentlich für den Verbrennungsablauf eines Dieselmotors ist ein geringer Zündverzug. Wird während dieser Zeit eine große Kraftstoffmenge eingespritzt, führt dies zu einem schlagartigen Druckanstieg mit lauten Verbrennungsgeräuschen, ansteigenden Schadstoffemissionen und hohem Kraftstoffverbrauch. Um dies zu vermeiden, spritzt man den Kraftstoff mit unterschiedlichem Druck ein.

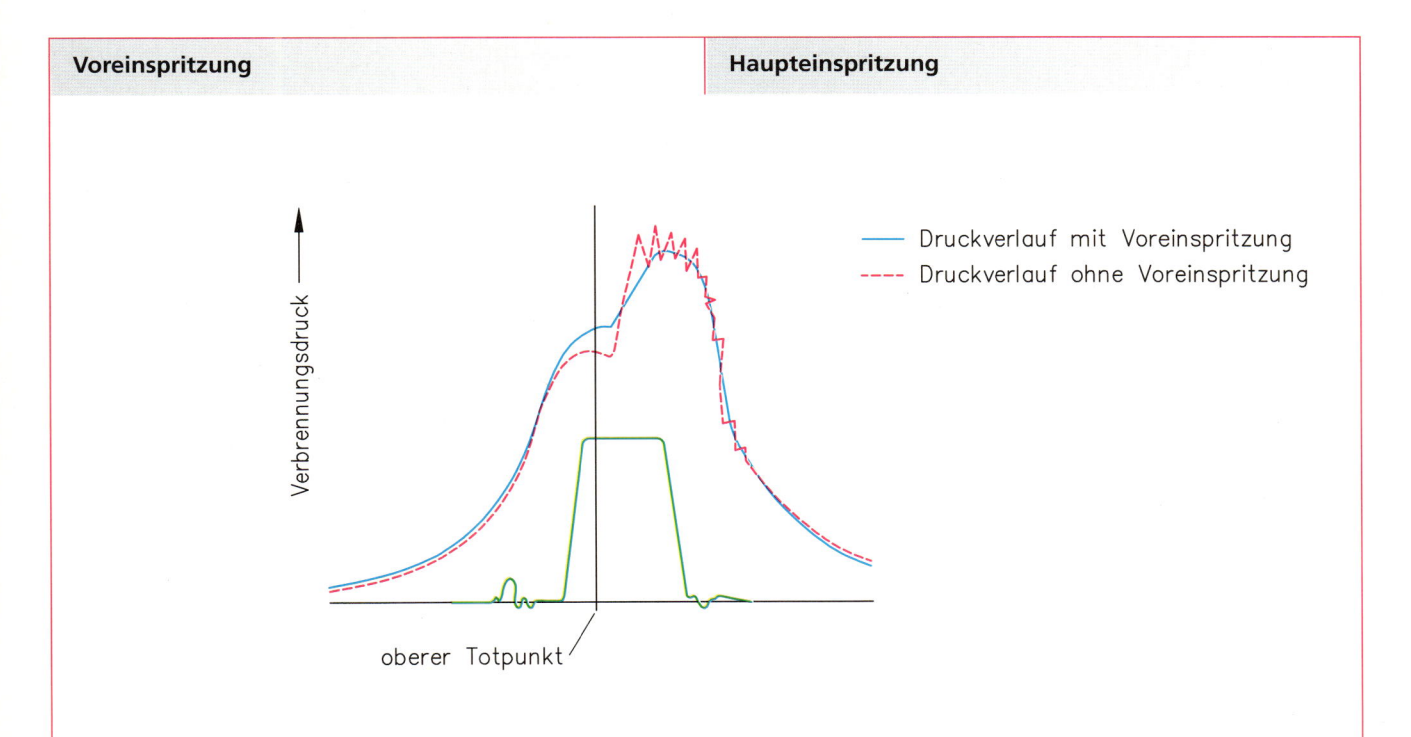

Voreinspritzung	Haupteinspritzung
Vor Beginn der Haupteinspritzung wird eine kleine Kraftstoffmenge mit geringem Druck eingespritzt. Durch die Verbrennung der kleinen Kraftstoffmenge steigen Druck und Temperatur im Brennraum an und bereiten damit die Einspritzung und schnelle Zündung der Haupteinspritzmenge vor. Der Zündverzug wird verringert. Zwischen Vor- und Haupteinspritzung ist eine kurze Pause, die bewirkt, dass die Drücke im Brennraum nicht schlagartig sondern flach ansteigen.	Die Haupteinspritzung muss für eine gute Gemischbildung sorgen, damit der Kraftstoff möglichst vollständig verbrennt. Eine vollständige Verbrennung führt zu geringen Schadstoffemissionen und einer guten Leistungsausbeute. Dies wird durch den hohen Druck erreicht. Der Kraftstoff wird sehr fein zerstäubt, so dass er sich gut mit der Luft vermischt. Zum Ende der Einspritzung muss der Einspritzdruck schnell abfallen und die Einspritznadel schließen, damit kein Kraftstoff bei geringem Druck und geringer Zerstäubung in den Brennraum gelangt. Er würde nur noch unvollständig verbrennen und zu höheren Schadstoffemissionen führen.

2.2 Qualitätssicherung durch Systemkenntnis: Dieselmotor mit Radialkolben-Verteilereinspritzpumpe

Sensoren	Messgröße	Signalverwendung	Signalausfall
Temperatursensor (VP, CR, UI)	Wasser-, Öl-, Kraftstoff-, Saugrohrtemperatur	Die Kühlmitteltemperatur wird als Korrekturgröße für die Einspritzmenge verwendet. Die Öltemperatur dient dazu, die Einspritzmenge bei zu heißem Motor zu reduzieren. Die Lufttemperatur dient als Korrekturwert für die Berechnung des Ladedrucks. Die Kraftstofftemperatur beeinflusst die Dichte des Kraftstoffs und muss bei der Berechnung der Einspritzmenge und dem Förderbeginn berücksichtigt werden. Die Saugrohrtemperatur dient als Korrekturwert zur Berechnung des Ladedrucks.	Kühlmitteltemperatur: Ersatzwerte im Steuergerät Öltemperatur: Ersatzwert im Steuergerät, Kraftstofftemperatur: Ersatzwert aus dem Signal des Kühlmitteltemperatursensors. Saugrohrtemperatur: Ersatzwert im Steuergerät.
Geber für Saugrohrdruck (VP, CR, UI)	Ladedruck,	Der Saugrohrdruck dient der Überprüfung des Ladedrucks bei aufgeladenen Motoren. Bei Abweichungen vom Sollwert des Ladedruck-Kennfeldes wird über das Magnetventil nachgeregelt.	Ladedruckbegrenzung bleibt erhalten. Motor hat weniger Leistung
Drehzahlsensor (VP, CR, UI)	Motordrehzahl, Kolbenstellung	Er erfasst die Motordrehzahl und die genaue Stellung der Kurbelwelle. Mit diesen Daten wird die Einspritzmenge und der Einspritzzeitpunkt berechnet	Der Motor wird abgestellt. Radialkolben-Verteilereinspritzpumpe: Das Drehzahlsignal des Drehwinkelsensors wird benutzt.
Hall-Phasengeber (CR, UI)	Zylindererkennung	Er signalisiert dem Steuergerät die Position des ersten Zylinders in der Verdichtungsphase bzw. beim Motorstart, welcher Zylinder sich im Verdichtungstakt befindet, um das Einspritzventil anzusteuern.	Das Steuergerät benutzt das Signal des Motordrehzahlgebers.
Fahrpedalgeber (VP, CR, UI) mit Leerlaufschalter, Kick-Down-Schalter	Pedalstellung	Durch das Signal erkennt das Steuergerät die Stellung des Gaspedals. Der Kick-Down-Schalter signalisiert den Beschleunigungswunsch des Fahrers.	Ohne Signal erkennt das Steuergerät die Gaspedalstellung nicht. Der Motor läuft mit erhöhter Drehzahl, damit der Fahrer die Werkstatt erreichen kann.
Heißfilm-Luftmassenmesser (VP, CR, UI)	Luftmasse	Die gemessenen Werte werden vom Steuergerät zur Berechnung der Kraftstoffmenge und der Abgasrückführungsmenge verwendet.	Das Motorsteuergerät nimmt einen festgelegten Wert der Luftmasse an.
Kupplungspedal-Schalter (VP, CR,	Ein- oder ausgekuppelt	Durch das Signal erkennt das Steuergerät, ob ein- oder ausgekuppelt ist. Bei betätigter Kupplung wird die Einspritzmenge kurzzeitig reduziert. Damit wird Motorruckeln beim Schaltvorgang vermieden.	Es können Lastschläge beim Schaltvorgaing auftreten.
Bremslichtschalter, Bremspedalschalter	Bremse betätigt	Durch die Signale erkennt das Steuergerät, ob die Bremse betätigt ist. Beide Signale werden vom Steuergerät zur gegenseitigen Kontrolle benutzt. Bei defektem Pedalwertgeber wird der Motor bei betätigter Bremse aus Sicherheitsgründen abgeregelt.	Kraftstoffmenge wird begrenzt und der Motor hat weniger Leistung.

2.2 Qualitätssicherung durch Systemkenntnis: Dieselmotor mit Radialkolben-Verteilereinspritzpumpe

Zu den auf Seite 84 dargestellten Sensoren werden im System Radialkolben-Verteilereinspritzpumpe weitere Sensoren zur Datenerfassung eingesetzt:

Drehwinkelsensor

Prinzipbild

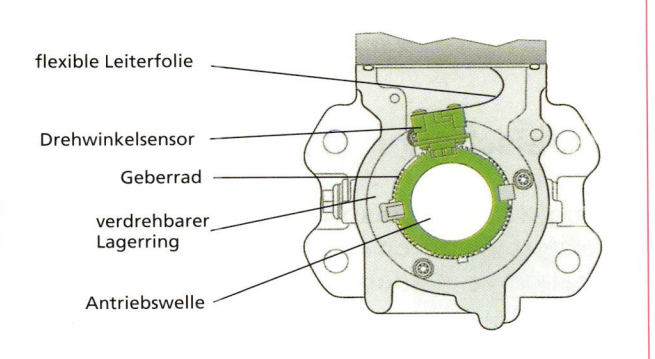

- flexible Leiterfolie
- Drehwinkelsensor
- Geberrad
- verdrehbarer Lagerring
- Antriebswelle

Funktion

Das Geberrad ist verdrehbar auf der Antriebswelle der Einspritzpumpe gelagert und wird bei der Spritzverstellung mit dem Nockenring gedreht (siehe Seite 90). Das feinverzahnte Geberrad hat Zahnlücken auf seinem Umfang verteilt. Ihre Anzahl entspricht der Anzahl der Zylinder. Das Geberrad wird von einem Drehwinkelsensor abgetastet. Durch das Signal des Sensors erkennt das Steuergerät:

- die Stellung der Pumpenantriebswelle zur Kurbelwelle: Die Winkelposition legt das Ansteuersignal für das Hochdruckmagnetventil fest.
- die aktuelle Pumpendrehzahl: Sie ist Eingangsgröße in das Steuergerät.
- die Istposition des Spritzverstellers: Sie wird für die Spritzverstellerregelung benötigt.

Ausfall des Drehwinkelsensors

Bei Ausfall des Drehwinkelsensors kann das Pumpensteuergerät die Zylinderzuordnung und die Pumpendrehzahl nicht ermitteln. Damit kann kein Kraftstoff mehr eingespritzt werden und der Motor geht aus. Der Motor springt nicht mehr an.

Geber für Kraftstoffmangel

Prinzipbild

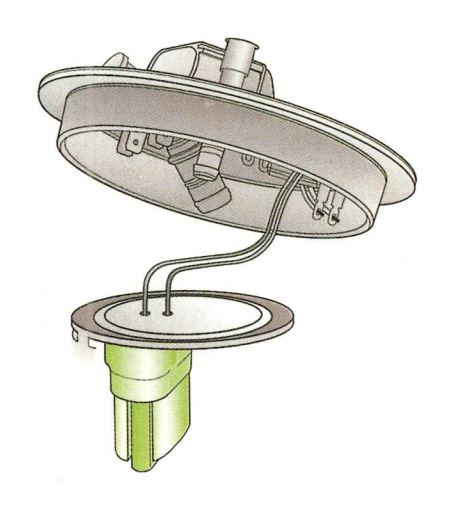

Schaltbild

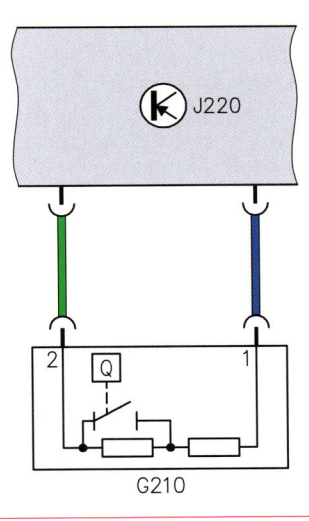

J220, G210

Die Radialkolben-Verteilereinspritzpumpe muss ständig mit Kraftstoff gefüllt sein, damit sie nicht beschädigt wird. Ein Leerfahren des Systems muss daher verhindert werden. Daher befindet sich im Staugehäuse des Kraftstoffbehälters ein Geber für Kraftstoffmangel. Bei Kraftstoffmangel schaltet das Steuergerät die Kraftstoffzufuhr einzelner Zylinder ab. Das Motorsteuergerät steuert das Magnetventil für Mengenregelung an, der Motor geht aus. Ein Motorstart wird verhindert, bis Kraftstoff nachgetankt wird.

Ausfall des Gebers für Kraftstoffmangel

Die Funktion „Kraftstoffmangelwarnung" im Steuergerät wird ausgeschaltet. Der Fahrer wird durch die Kontrolllampe für Vorglühanlage auf einen Defekt hingewiesen. Das Kraftstoffsystem kann leergefahren werden.

Nadelbewegungssensor

Prinzipbild

Schaltbild

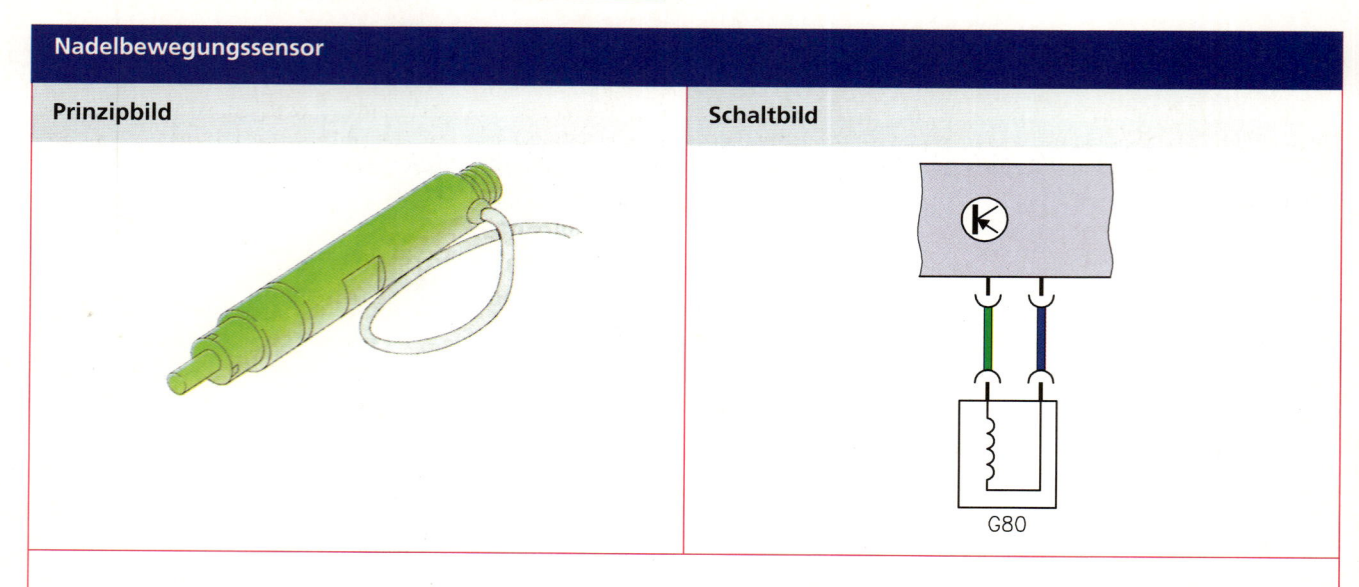

G80

Bei Systemen mit Spritzbeginnregelung wird ein Nadelbewegungssensor benötigt. Er ermittelt, zu welchem Zeitpunkt die Düsennadel der Einspritzdüse öffnet. Dies ist der Spritzbeginn. Das Signal wird vom Motorsteuergerät verarbeitet.

Die Funktion des Nadelbewegungssensors ist auf der Seite 82 beschrieben.
Bei dem V6-Motor sitzt der Nadelbewegungssensor im 3. Zylinder.

Ausfall des Nadelbewegungssensors
Der Einspritzbeginn kann vom Motorsteuergerät nicht überprüft werden.

2.2.4.2 Betriebsdatenverarbeitung

Die Informationen und Ansteuerbefehle werden von zwei Steuergeräten verarbeitet bzw. berechnet. Dazu sind in beiden Steuergeräten entsprechende Kennfelder gespeichert.
- Motorsteuergerät
  Das Motorsteuergerät ermittelt über Sensoren den Betriebszustand des Motors und die Stellung des Gaspedals. Aus diesen Informationen berechnet es die Einspritzmenge und den Einspritzbeginn. Die ermittelten Werte werden über CAN-Bus-Datenleitung an das Pumpensteuergerät gesendet.
- Pumpensteuergerät
  Pumpensteuergerät und Einspritzpumpe bilden eine Einheit. Das Pumpensteuergerät erfasst die pumpeninternen Sensorsignale für Drehwinkel und Kraftstofftemperatur. Es verwertet sie zusammen mit den Vorgaben des Motorsteuergeräts für die Anpassung des Einspritzzeitpunktes und der Einspritzmenge. Es steuert das Magnetventil zur Mengenregelung und das Ventil für den Einspritzbeginn an.
  Der Betriebzustand der Einspritzpumpe wird an das Motorsteuergerät zurückgemeldet.

Bei der neuen Generation der Bosch-Radialkolben-Verteilereinspritzpumpen sind Motor- und Pumpensteuergerät integriert. Damit regelt es alle Funktionen des Motors und der Pumpe, um den Drehmomentwunsch des Fahrers schnell und verbrauchsgünstig umzusetzen.

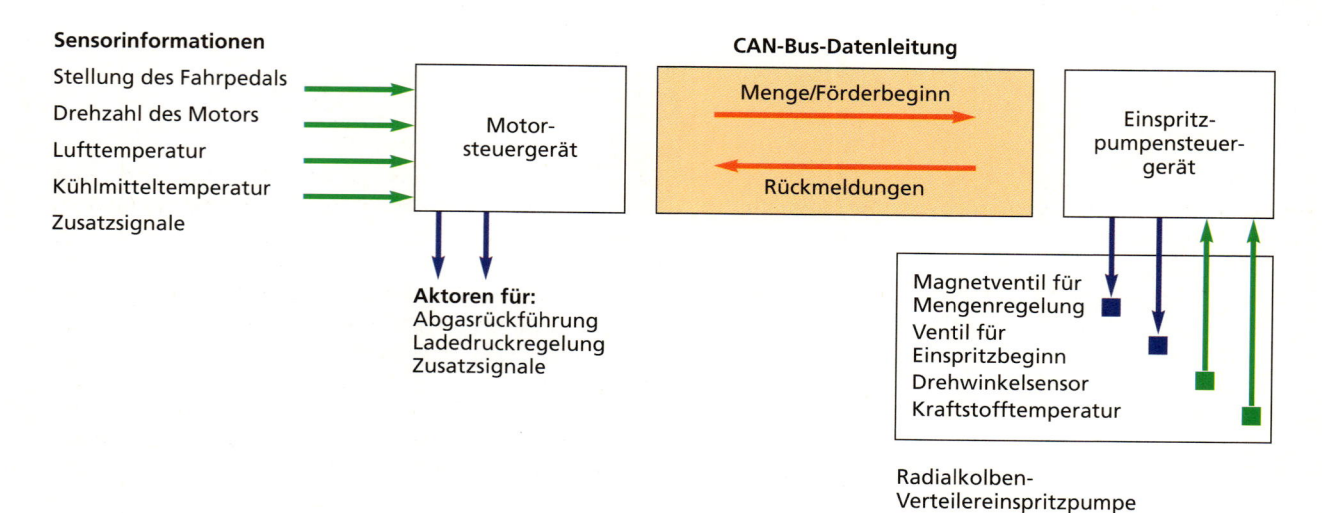

Sensorinformationen
- Stellung des Fahrpedals
- Drehzahl des Motors
- Lufttemperatur
- Kühlmitteltemperatur
- Zusatzsignale

→ **Motorsteuergerät**

CAN-Bus-Datenleitung
- Menge/Förderbeginn →
- ← Rückmeldungen

Einspritzpumpensteuergerät

Aktoren für:
Abgasrückführung
Ladedruckregelung
Zusatzsignale

Magnetventil für Mengenregelung
Ventil für Einspritzbeginn
Drehwinkelsensor
Kraftstofftemperatur

Radialkolben-Verteilereinspritzpumpe

2.2.4.3 Aktroen

Kraftstoffmengenregelung

Die Kraftstoffmengenregelung passt die Kraftstoffmenge den unterschiedlichen Betriebszuständen des Motors genau an.

Aus den Informationen der Sensoren bestimmt das Motorsteuergerät die Einspritzmenge und den Förderbeginn. Das Pumpensteuergerät errechnet die Ansteuerbefehle für das Magnetventil für Mengenregelung. Es berücksichtigt dabei die Signale des Motorsteuergeräts und des Drehwinkelsensors.

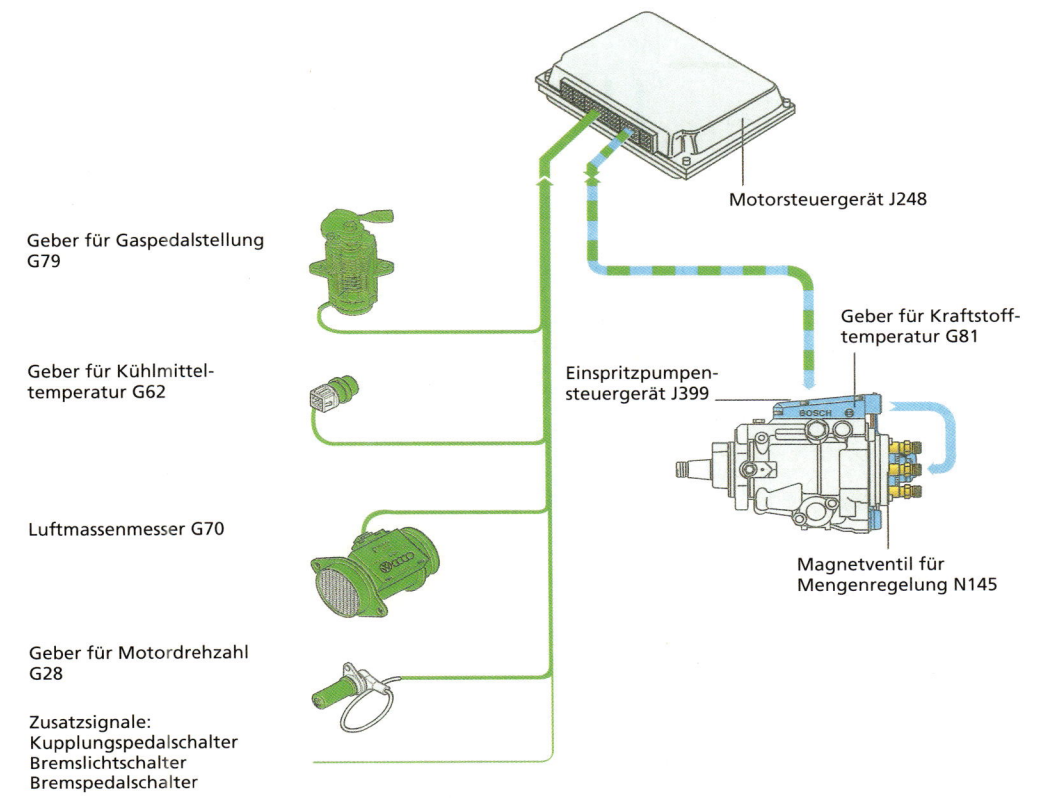

Motorsteuergerät J248

Geber für Gaspedalstellung G79

Geber für Kühlmitteltemperatur G62

Luftmassenmesser G70

Geber für Motordrehzahl G28

Zusatzsignale:
Kupplungspedalschalter
Bremslichtschalter
Bremspedalschalter

Geber für Kraftstofftemperatur G81

Einspritzpumpensteuergerät J399

Magnetventil für Mengenregelung N145

Füllvorgang

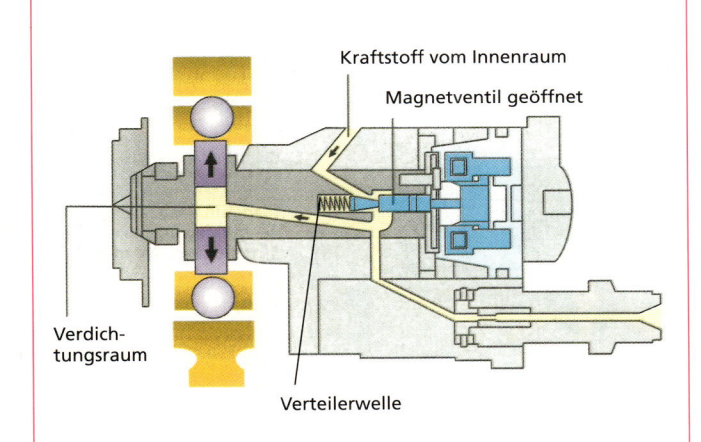

Kraftstoff vom Innenraum
Magnetventil geöffnet
Verdichtungsraum
Verteilerwelle

Das Magnetventil ist geöffnet. Kraftstoff gelangt vom Innenraum der Pumpe in den Verdichtungsraum.

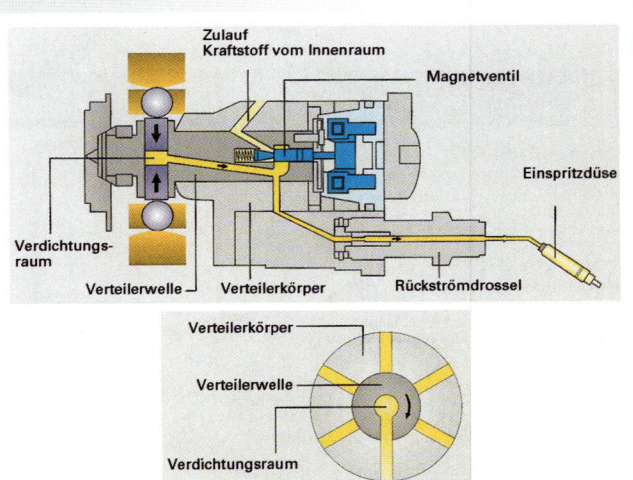

Einspritzvorgang

Zulauf Kraftstoff vom Innenraum
Magnetventil
Einspritzdüse
Verdichtungsraum
Verteilerwelle — Verteilerkörper — Rückströmdrossel

Verteilerkörper
Verteilerwelle
Verdichtungsraum

Das Magnetventil ist geschlossen, der Kraftstoffzulauf wird gesperrt. Der Kraftstoff wird verdichtet und zu den Einspritzdüsen gefördert.
Die Verteilung des Kraftstoff übernimmt der Verteilerkörper. Der Verteilerkörper besitzt Bohrungen, die den einzelnen Zylindern zugeordnet sind. Die sich drehende Verteilerwelle verbindet den Verdichtungsraum mit je einer Bohrung im Verteilerkörper. Wenn die berechnete Kraftstoffmenge eingespritzt ist, öffnet das Magnetventil den Kraftstoffzulauf, der Druck fällt ab und die Einspritzung ist beendet.

Spritzbeginnregelung

Das Motorsteuergerät gibt entsprechend dem Betriebszustand des Motors (Last, Motordrehzahl und Motortemperatur) einen Sollwert aus einem Spritzbeginn-Kennfeld für den Spritzbeginn vor. Das Signal des Motorsteuergeräts wird vom Pumpensteuergerät in ein Signal für das Ventil für Einspritzbeginn umgesetzt.

Mit dem Spritzversteller wird die Zeitverschiebung durch Spritz- und Zündverzug ausgeglichen.
Der Istwert des Spritzbeginns wird vom Drehwinkelsensor oder alternativ vom Nadelbewegungssensor geliefert.

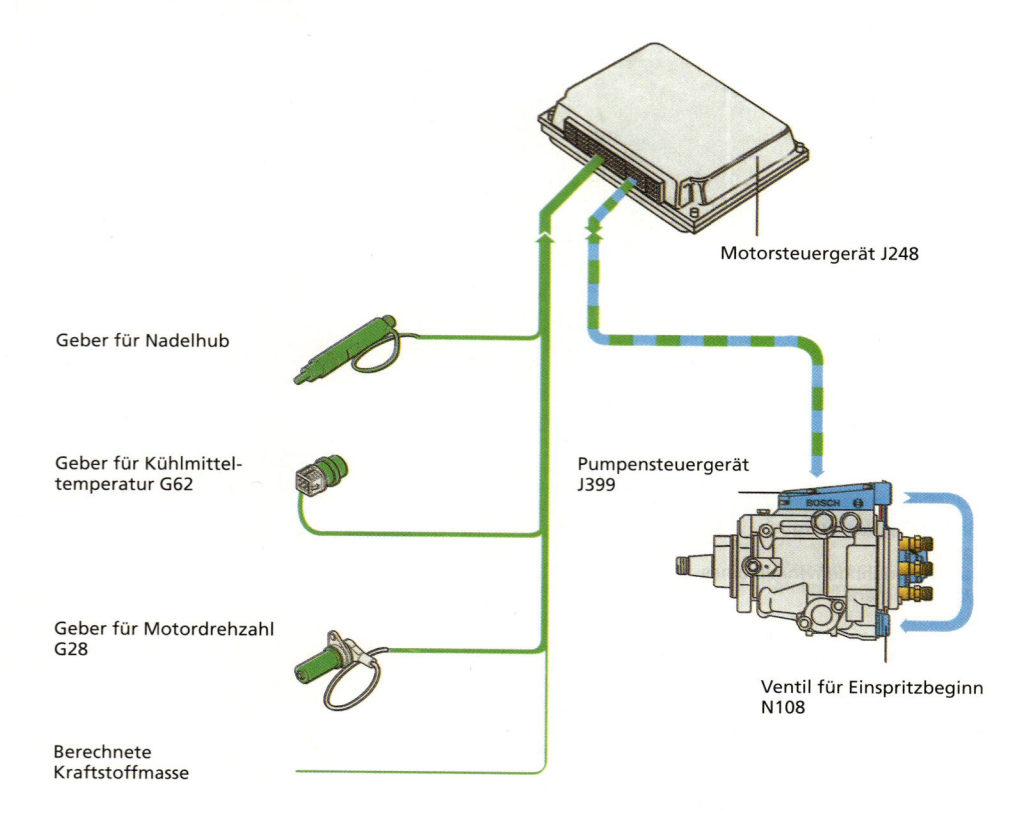

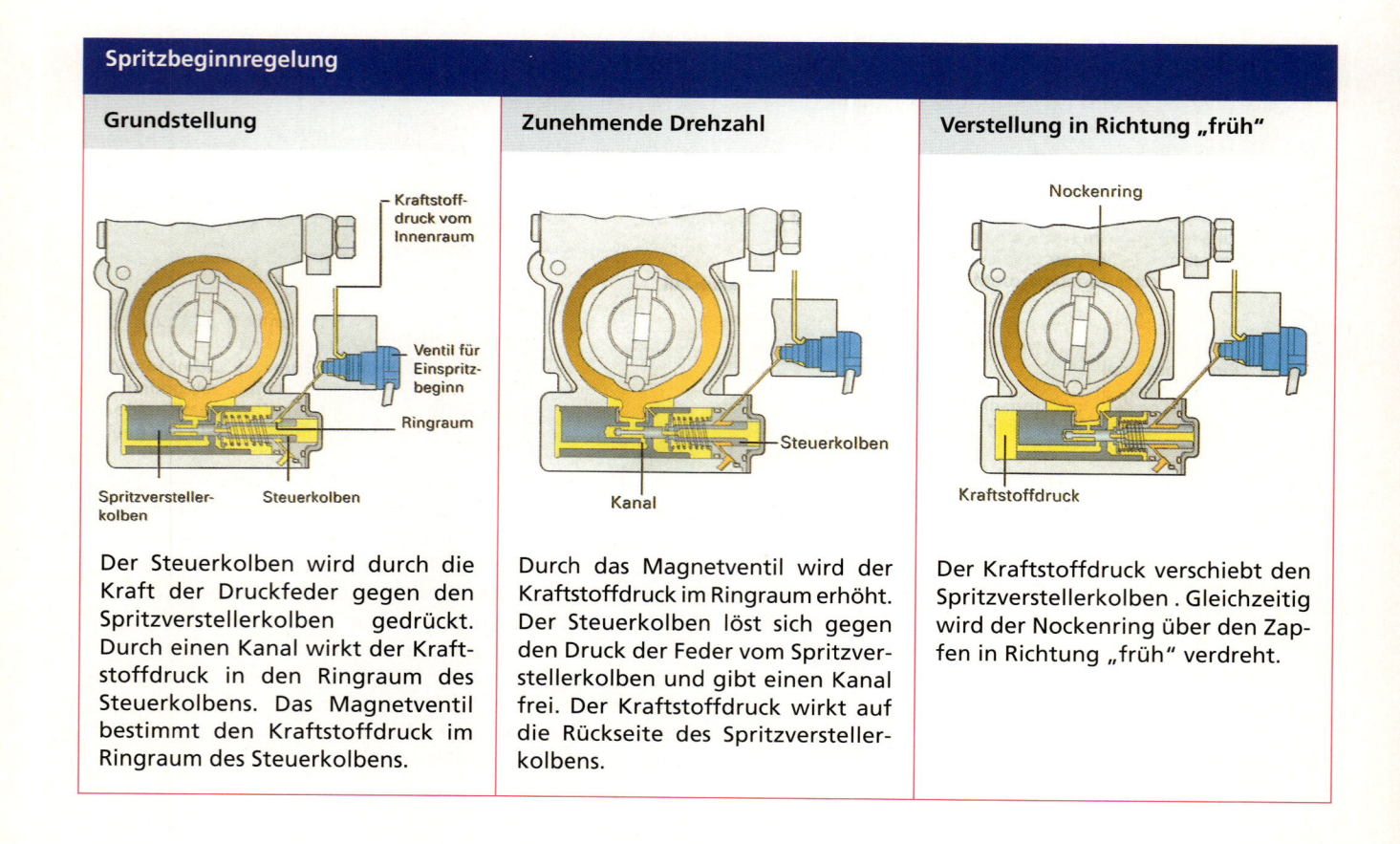

- Geber für Nadelhub
- Geber für Kühlmitteltemperatur G62
- Geber für Motordrehzahl G28
- Berechnete Kraftstoffmasse
- Motorsteuergerät J248
- Pumpensteuergerät J399
- Ventil für Einspritzbeginn N108

Spritzbeginnregelung

Grundstellung	Zunehmende Drehzahl	Verstellung in Richtung „früh"
Kraftstoffdruck vom Innenraum; Ventil für Einspritzbeginn; Ringraum; Spritzverstellerkolben; Steuerkolben	Steuerkolben; Kanal	Nockenring; Kraftstoffdruck
Der Steuerkolben wird durch die Kraft der Druckfeder gegen den Spritzverstellerkolben gedrückt. Durch einen Kanal wirkt der Kraftstoffdruck in den Ringraum des Steuerkolbens. Das Magnetventil bestimmt den Kraftstoffdruck im Ringraum des Steuerkolbens.	Durch das Magnetventil wird der Kraftstoffdruck im Ringraum erhöht. Der Steuerkolben löst sich gegen den Druck der Feder vom Spritzverstellerkolben und gibt einen Kanal frei. Der Kraftstoffdruck wirkt auf die Rückseite des Spritzverstellerkolbens.	Der Kraftstoffdruck verschiebt den Spritzverstellerkolben. Gleichzeitig wird der Nockenring über den Zapfen in Richtung „früh" verdreht.

2.2.2.4 Abgasturboaufladung

Das erreichbare Drehmoment ist proportional zur Frischgasfüllung. Daher kann das maximale Drehmoment gesteigert werden, indem die Luft vor Eintritt in den Zylinder verdichtet wird. Die Vorverdichtung der Frischluft wird mit einem Abgasturbolader erreicht.

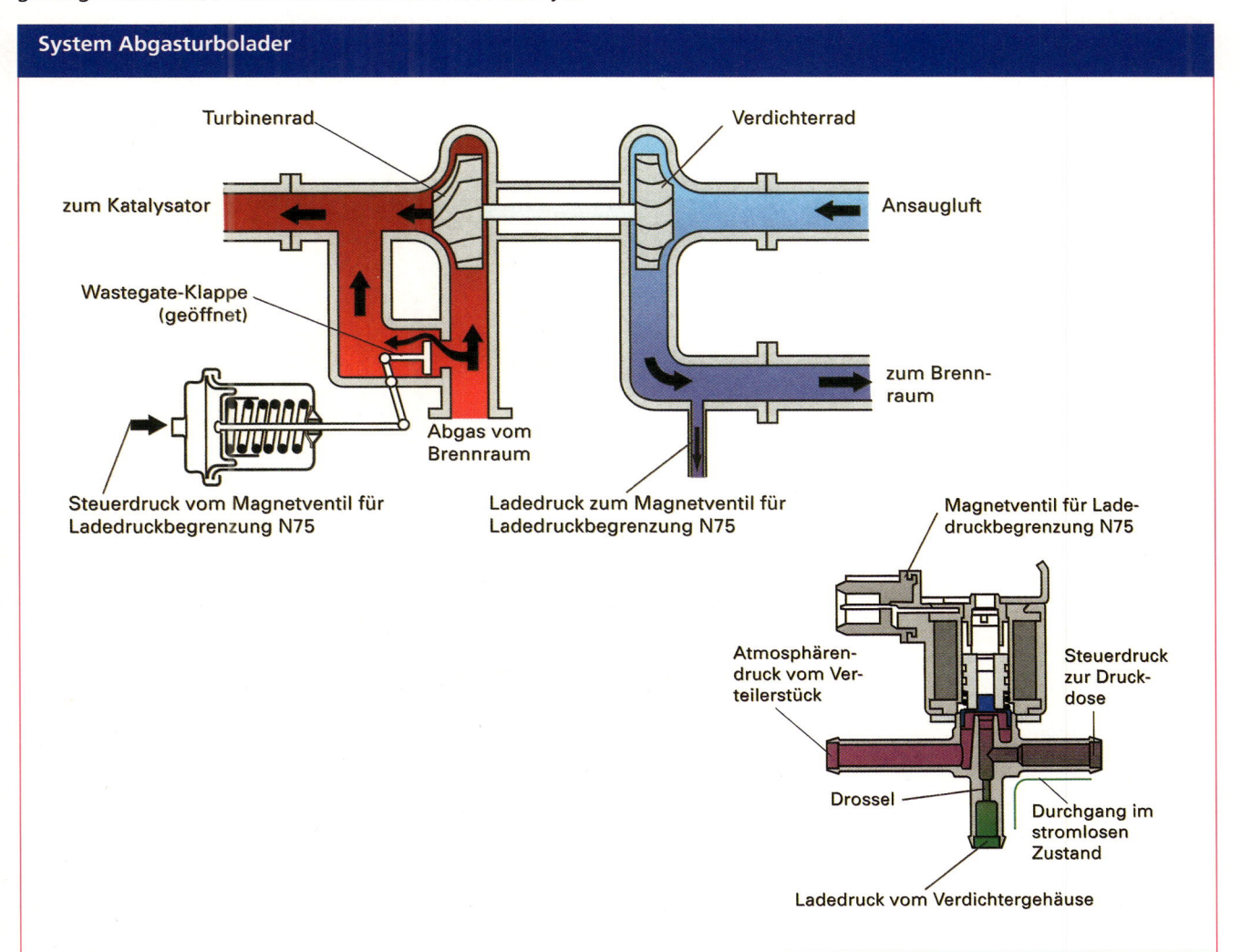

System Abgasturbolader

(Abbildung: Schematische Darstellung eines Abgasturboladers mit Turbinenrad, Verdichterrad, Wastegate-Klappe (geöffnet), Steuerdruck vom Magnetventil für Ladedruckbegrenzung N75, Abgas vom Brennraum, Ladedruck zum Magnetventil für Ladedruckbegrenzung N75, zum Katalysator, Ansaugluft, zum Brennraum.

Magnetventil für Ladedruckbegrenzung N75 mit: Atmosphärendruck vom Verteilerstück, Steuerdruck zur Druckdose, Drossel, Durchgang im stromlosen Zustand, Ladedruck vom Verdichtergehäuse.)

Turbolader

Abgasturbine und Verdichter sind auf einer gemeinsamen Welle angeordnet. Die Turbine nutzt die im Abgas enthaltene Energie zum Antrieb des Verdichters aus. Die Turbine hat etwa einen Raddurchmesser von 60 mm und läuft mit einer Drehzahl bis 100 000 1/min. Der Vorteil des Turboladers ist, dass von der Motorleistung kein Anteil für den Verdichterantrieb verloren geht.

Die Abgasturboaufladung findet heute insbesondere zur Steigerung des maximalen Drehmoments bei niedrigen und mittleren Drehzahlen Anwendung.

Ein ungeregelter Abgasturbolader hat zwei Problembereiche:
- Hohe Drehzahlen: Die Luft wird stärker verdichtet, als erforderlich. Der Motor wird überladen. Zu hohe Ladedrücke können zur Beschädigung des Motors führen.
- Niedrige Drehzahlen: Die Luft wird nicht genügend verdichtet und der Motor erreicht nicht die gewünschte Leistung (Turboloch).

Die Probleme werden durch ein Bypass-Ventil (Wastegate) gelöst.

Abgasturbolader mit Wastgate

Das Aufstauverhalten einer geregelten Abgasturbine wird so gewählt, dass bereits bei niedrigen Motordrehzahlen und kleinen Masseströmen der volle Ladedruck aufgebaut wird. Mit zunehmender Motordrehzahl muss dann ein zunehmender Teilmassestrom über das Bypass-Ventil (Wastegate) um die Turbine herumgeführt werden. Der Öffnungsquerschnitt des Bypass-Ventils wird über das pneumatisch betätigte Ladedruckregelventil eingestellt. Das Ladedruckregelventil ist über eine Steuerleitung pneumatisch mit dem Magnetventil für Ladedruckbegrenzung (Taktventil) verbunden. Bei zu hohem Ladedruck wird das Magnetventil vom Motorsteuergerät mit einem PWM-Signal (siehe Seite 33) angesteuert. Das Wastgate wird gegen den Federdruck geöffnet. Der Abgasstrom teilt sich. Ein Teil geht über die Turbine, ein anderer Teil geht ungenutzt über das Wastgate zum Auspuff.

Ein Saugrohrdruckgeber überprüft den Ladedruck. Der ermittelte Wert wird mit dem Sollwert aus dem Ladedruck-Kennfeld verglichen. Weicht er ab, wird der Ladedruck vom Motorsteuergerät über das Magnetventil für Ladedruckbegrenzung nachgeregelt.

2.2.5 Starthilfesystem

Kalte Dieselmotoren sind start- bzw. zündunwillig.
Dies gilt bei Direkteinspritzmotoren bei Temperaturen unter +9 °C. Die Motoren benötigen ein Starthilfesystem. Bei Pkw-Direkteinspritzmotoren befindet sich der „heiße Punkt" in der Peripherie des Verbrennungsraumes.

Glühstiftkerze

Sie besteht aus dem Kerzengehäuse, in dessen Inneren sich eine Glühwendel in einer Magnesiumpulverpackung befindet. Die Glühwendel besteht aus zwei hintereinandergeschalteten Widerständen.
- Heizwendel
  Sie ist in der Glührohrspitze untergebracht und besteht aus einen von der Temperatur abhängigen Widerstand.
- Regelwendel
  Sie besitzt einen positiven Temperaturkoeffizienten (PTC). Mit zunehmender Temperatur erhöht sich der Widerstand.

Die Glühstiftkerze erreicht in sehr kurzer Zeit (850° in 4 s) die zur Zündung erforderliche Temperatur. Nach dem Start kann sie noch bis zu drei Minuten in Betrieb bleiben, wodurch ein verbessertes Hoch- und Warmlaufen mit geringeren Geräusch- und Abgasemissionen erreicht wird.

Vorglühanlage

Das Motorsteuergerät übernimmt die Ansteuerung der Vorglühanlage. Es erhält seine Informationen vom
- Geber für Motordrehzahl,
- Geber für Kühlmitteltemperatur,

und steuert die Glühstiftkerzen an.
Der Startvorgang erfolgt in zwei Stufen:
- Vorglühen
  Mit Einschalten der Zündung werden über das Relais (J 52) die Glühstiftkerzen eingeschaltet. Die Kontrolllampe für die Vorglühzeit leuchtet auf. Mit Beendigung der Vorglühzeit erlischt die Kontrolllampe. Der Motor kann gestartet werden.
- Nachglühen
  Nach jedem Motorstart wird nachgeglüht. Die Nachglühphase dauert etwa 4 Minuten und wird bei Drehzahlen über 4000 1/min unterbrochen.
  Durch die Nachglühphase werden die Verbrennungsgeräusche verringert, der Leerlauf verbessert und die Kohlenwasserstoff-Emissionen verringert.

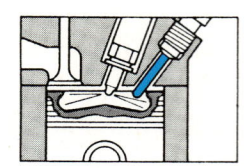

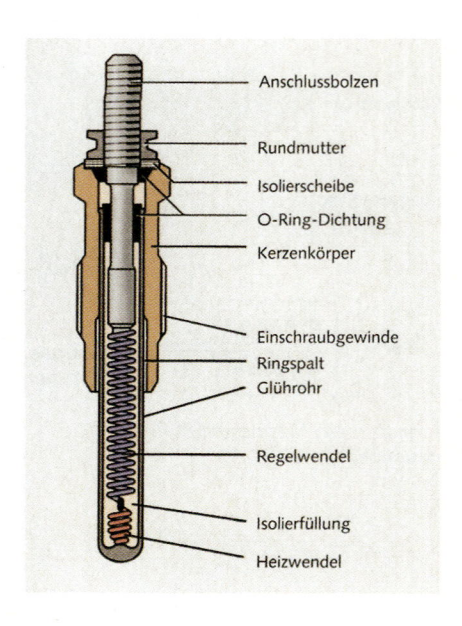

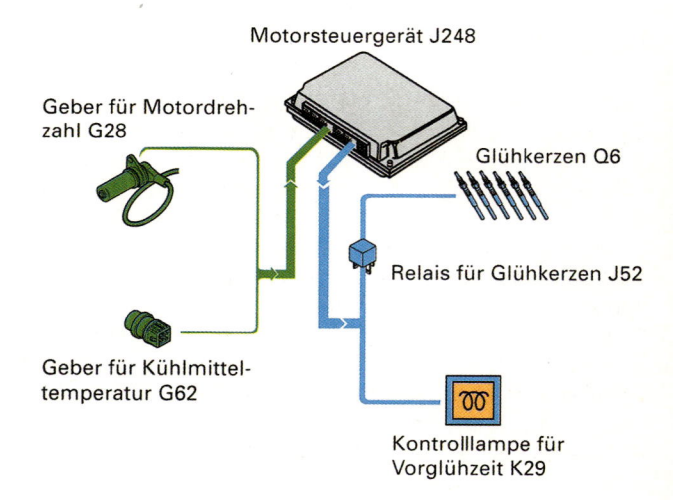

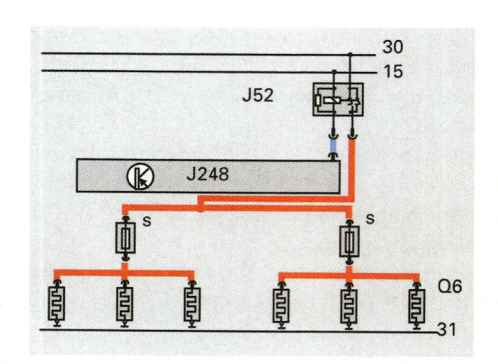

2.2.6 Abgasnachbehandlung beim Dieselmotor

Moderne Dieselmotoren, die die Euro-II-Norm (seit 1996) erfüllen, haben sehr geringe Partikel- bzw. Rauchemissionen, was u. a. auf Verbesserungen am Motor (Gestaltung des Brennraumes und der Luftführung, Einspritzverhalten) und an der Abgasrückführung (siehe Seite 43) zurückzuführen ist. Die Schadstoffe CO und HC lassen sich mit einem Oxidations-Katalysator verbrennen. Allein mit innermotorischen Maßnahmen lassen sich die in den nächsten Jahren verschärften Emissionsgrenzwerte nicht mehr einhalten. Um die Euro-IV-Norm zu erfüllen, die ab 2005 in Kraft treten soll, ist der Einsatz von Partikelfiltern erforderlich. Bei den NO_x-Emissionen kann erst durch einen NO_x-Speicherkatalysator durch Zusatz eines Reduktionsmittels (Harnstoff-Wasserlösung oder Dieselkraftstoff) über ein Dosiersystem in einem nachgeschalteten Katalysator die NO_x-Senkung erreicht werden (SCR-Verfahren). Voraussetzung ist die Verfügbarkeit schwefelarmer Kraftstoffe.

Abgasnachbehandlung mit Oxidationsfilter

Der Oxidations-Katalysator besteht aus einem wabenförmigen Keramikträger, der mit Platin beschichtet ist. Der Katalysator dient der Reduzierung der Schadstoffkomponenten:
- Kohlenmonoxid CO zu Kohlendioxid CO_2,
- Kohlenwasserstoff HC zu Wasser H_2O + CO_2.

Da die Kohlenwasserstoffemissionen zur Partikelbildung beitragen, wird durch die Reduzierung von HC auch indirekt die Partikelemission verringert. Lambda-Sonden kommen nicht zum Einsatz, da Dieselmotoren mit Sauerstoffüberschuss im Kraftstoff-Luft-Gemisch betrieben werden und damit Lambda-Sonden im Abgas nicht funktionieren. Die Wirksamkeit wird nur bei Verwendung von schwefelarmem Kraftstoff gewährleistet.

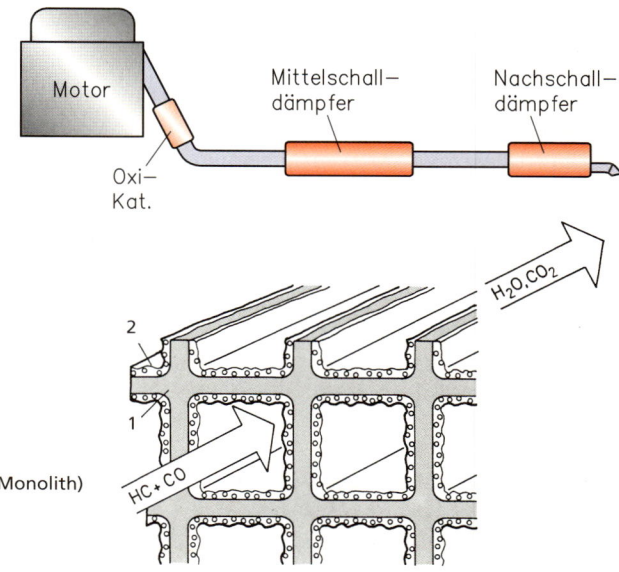

1 Träger (Keramischer Monolith)
2 Beschichtung Platin

Abgasnachbehandlung mit Oxidationskatalysator und Partikelfilter

Der Keramikfilter besitzt poröse Waben, die wechselseitig mit Keramikpfropfen verschlossen sind. Die Abgase strömen in einen offenen, aber am anderen Ende verschlossenen Kanal und von dort durch die poröse Keramikwand in den nach der entgegensetzten Seite offenen Kanal. Beim Durchgang durch die Keramikwand werden die Rußpartikel ausgeschieden. Der poröse Keramikfilter hält etwa 90 % der Rußbestandteile fest. Da der Dieselmotor mit Luftüberschuss arbeitet, enthält das Abgas so viel Restsauerstoff, dass der im Filter angesammelte Ruß bei Abgastemperaturen über 550° abbrennt und der Filter damit gereinigt wird.

Um die Nachteile der hohen Regenerationstemperatur und des zusätzlichen Kraftstoffverbrauchs zu vermeiden, erfolgt die Regeneration mit dem im Oxidationskatalysator entstehenden Stickstoff (NO_2). Der Oxidationskatalysator reinigt das Abgas von Kohlenmonoxid und Kohlenwasserstoffen, im zweiten Katalysator wird das für die Rußoxidation notwendige NO_2 erzeugt (CRT-System: Continuous Regeneration Trap). Die Arbeitstemperatur von 300 °C wird entweder durch eine elektrische Beheizung oder durch Nacheinspritzung erreicht. Als Steuergrößen werden die Druckdifferenz vor und nach dem Partikelfilter und die Temperatur verwendet.

Da der Tankstellenkraftstoff noch mit Schwefel belastet ist, werden die Katalysatoren schleichend vergiftet und beeinträchtigen die CRT-Funktion. Ohne weitere Eingriffe führt dies zu einem starken Anstieg der Filterbeladung mit Rußpartikeln. Daher wird eine Nacheinspritzung von Kraftstoff zur Temperaturerhöhung des Abgases durchgeführt. Die Temperatur von über 500°C führt zum Verbrennen der Rußbeladung und gleichzeitig zur Reinigung der Katalysatoren vom eingelagerten Schwefel.

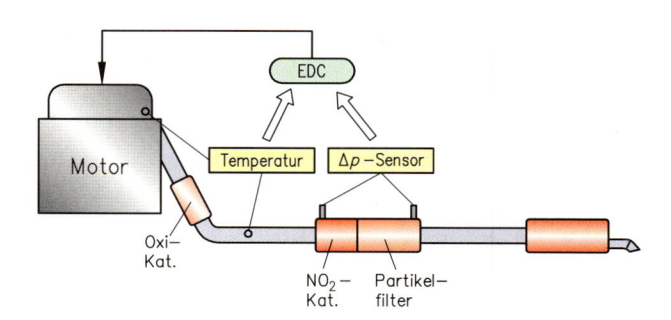

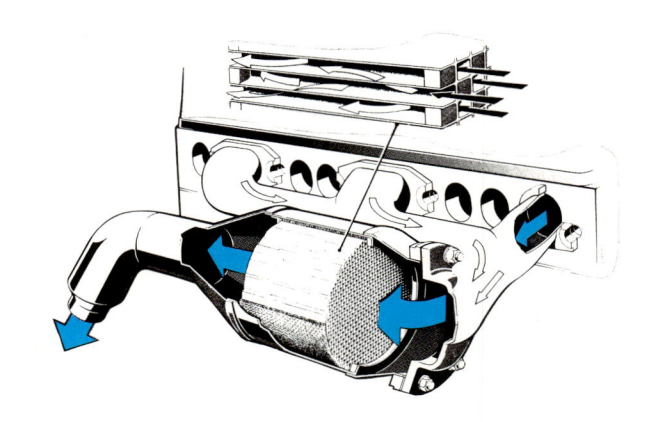

Abgasnachbehandlung durch Partikelfilter und NO$_x$-Speicherkatalysator

Die Euro-IV-Norm lässt sich nur mit einem Stickoxid-Speicherkatalysator erreichen (siehe Seite 88). Er speichert die vom Motor kommenden Stickoxide. Da sein Aufnahmevermögen begrenzt ist, muss in bestimmten Abständen mit fettem Gemisch gereinigt werden. Hierzu wird die Ansaugluft des Dieselmotors gedrosselt und Kraftstoff eingespritzt. Dieser Vorgang wiederholt sich alle 5 bis 10 Kilometer, ohne dass der Fahrer etwas merkt.

Da Dieselkraftstoff wesentlich stärker als Ottokraftstoff (Super Plus) mit Schwefel belastet ist, wird der NO$_x$-Speicherkatalysator in relativ kurzer Zeit vergiftet. Der Einsatz des Speicherkatalysators hängt von der Verfügbarkeit von schwefelfreiem Dieselkraftstoff ab.

Abgasnachbehandlung durch Partikelfilter und Harnstoff-Kat

Um die Abgasemissionen insbesondere von Stickoxiden weiter zu senken, wird für Nutzkraftfahrzeuge der Harnstoff (SCR)-Katalysator entwickelt (SCR = Selective Catalytic Reduction). Der Harnstoff reduziert die im Abgas vorhandenen Stickoxide (NO$_x$) zu Stickstoff N$_2$ und Wasser (H$_2$O).

→ Ⓐ *Eine englische Abhandlung über den Harnstoff-Katalysator (Denoxtronic) für Nutzkraftwagen finden Sie auf der beigefügten CD-ROM.*

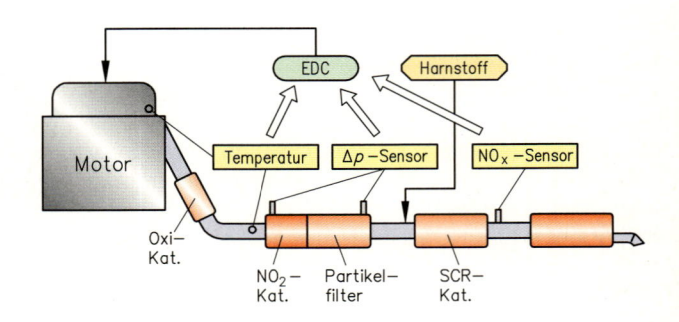

2.2.7 Hydraulische Motorlagerung

Vom Motor werden kleine, hochfrequente Schwingungen (kleine Amplitude, viele Schwingungen pro Sekunde), von der Fahrbahn große niederfrequente Schwingungen (große Amplitude, wenige Schwingungen pro Sekunde) erzeugt.

Hydraulische Motorlager dämpfen die Schwingungen und verbessern den Fahrkomfort. Die Motorschwingungen auf schlechter Fahrbahn werden durch Strömungsvorgänge einer Flüssigkeit zwischen zwei Kammern gedämpft. Die Ansteuerung der Motorlager erfolgt pneumatisch durch ein 3/2-Wege-Magnetventil. Die Motorlager verringern über den gesamten Drehzahlbereich des Motors die Schwingungen, die auf die Karosserie übertragen werden. Als Eingangssignale werden die Fahrgeschwindigkeit und die Motordrehzahl verwendet. Die Dämpfung wird zwei Betriebszuständen angepasst:

- Im Leerlaufbetrieb, d. h. bei Drehzahlen bis 1 100 1/min ist das Lager weich.
- Im Fahrbetrieb, d. h. bei Drehzahlen größer als 1 100 1/min ist das Lager hart.

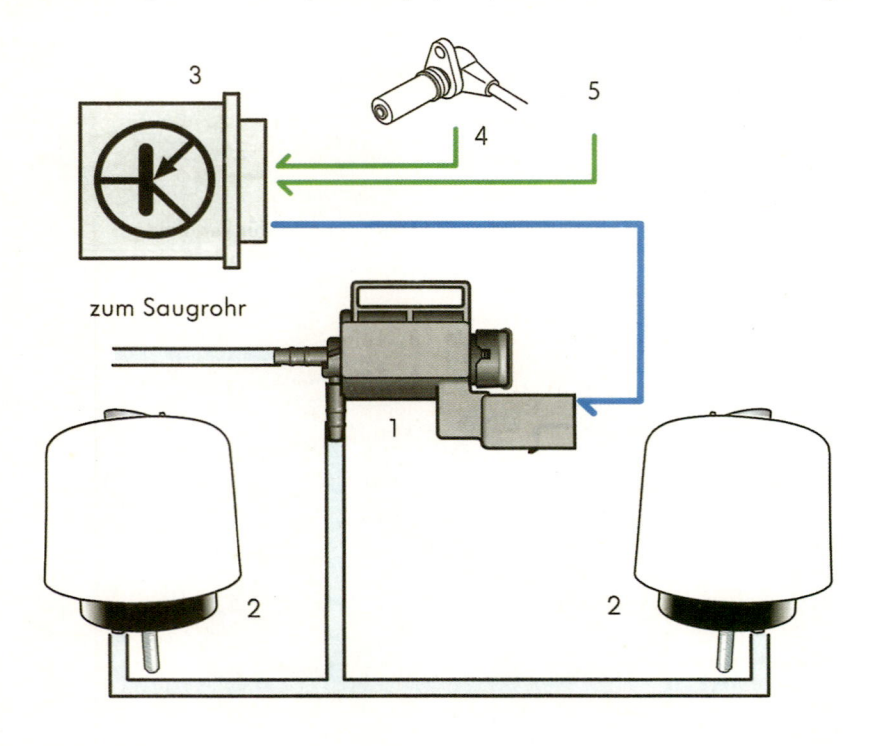

1 Magnetventil für elektropneumatische Motorlagerung
2 Motorlager
3 Motorsteuergerät
4 Drehzahlgeber
5 Fahrgeschwindigkeit

2.3 Qualitätssicherung durch Prüfen und Messen

Fehlersuche: Motor startet nicht

Prüfvoraussetzungen:
Starter dreht,
Kraftstoff vorhanden,
Wegfahrsperre deaktiviert.

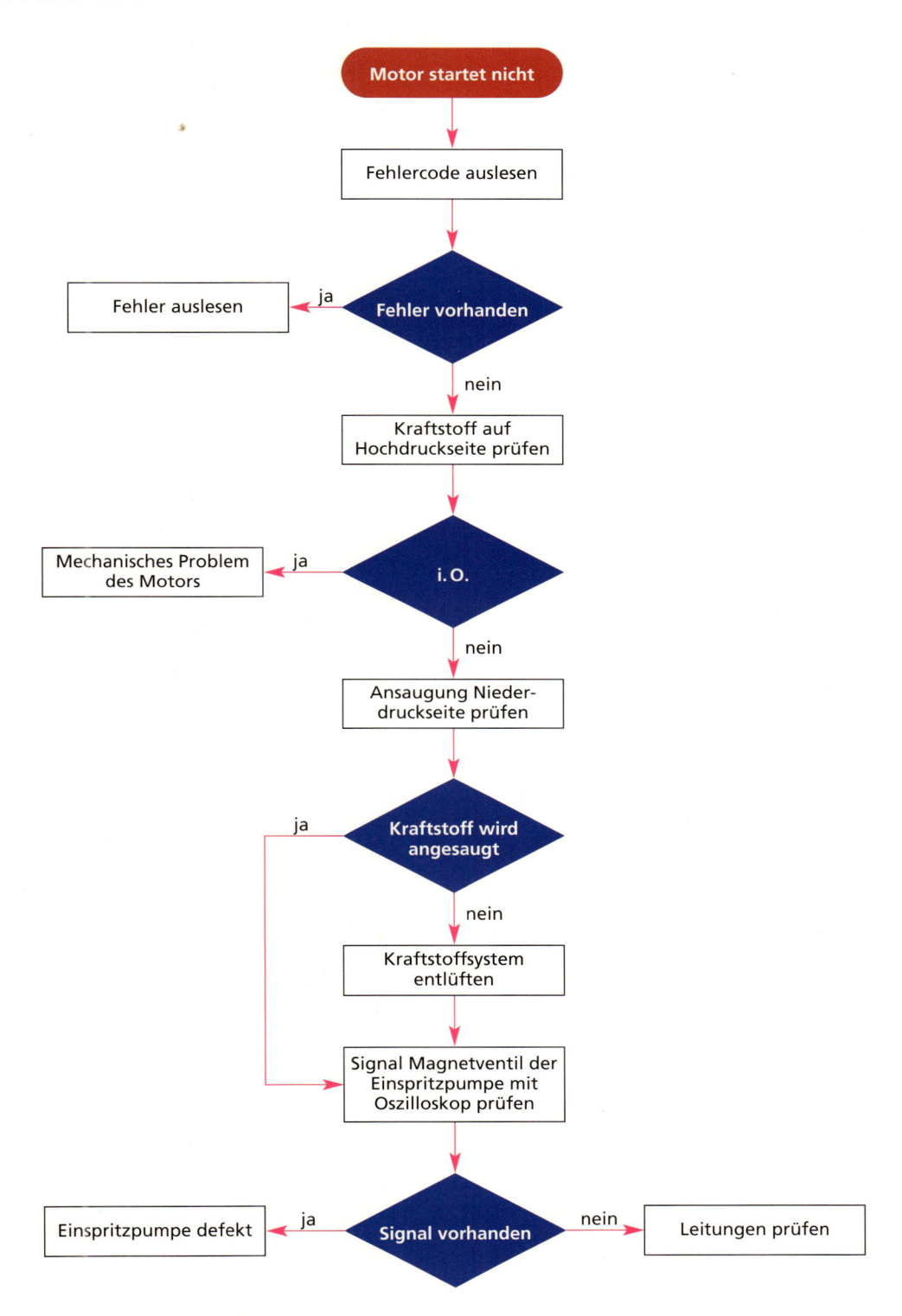

```
                    ┌──────────────────┐
                    │ Motor startet nicht │
                    └──────────────────┘
                              │
                              ▼
                    ┌──────────────────┐
                    │ Fehlercode auslesen │
                    └──────────────────┘
                              │
                              ▼
  ┌──────────────┐  ja    ◇ Fehler vorhanden ◇
  │ Fehler auslesen │◄─────
  └──────────────┘         │ nein
                           ▼
                 ┌──────────────────┐
                 │ Kraftstoff auf   │
                 │ Hochdruckseite prüfen │
                 └──────────────────┘
                           │
                           ▼
  ┌──────────────────┐ ja  ◇ i.O. ◇
  │ Mechanisches Problem │◄─
  │ des Motors       │    │ nein
  └──────────────────┘    ▼
                 ┌──────────────────┐
                 │ Ansaugung Nieder- │
                 │ druckseite prüfen │
                 └──────────────────┘
                           │
                           ▼
              ja    ◇ Kraftstoff wird angesaugt ◇
          ┌──────────
          │                │ nein
          │                ▼
          │      ┌──────────────────┐
          │      │ Kraftstoffsystem │
          │      │ entlüften        │
          │      └──────────────────┘
          │                │
          │                ▼
          │      ┌──────────────────────┐
          └─────►│ Signal Magnetventil der │
                 │ Einspritzpumpe mit   │
                 │ Oszilloskop prüfen   │
                 └──────────────────────┘
                           │
                           ▼
  ┌──────────────────┐ ja  ◇ Signal vorhanden ◇ nein  ┌──────────────┐
  │ Einspritzpumpe defekt │◄──────              ─────►│ Leitungen prüfen │
  └──────────────────┘                                └──────────────┘
```

2.4 Qualitätssicherung durch Kundenorientierung
- **Kundenauftrag: Ruckeln**

Anschrift Kunde:	
Herrn Erich Weiss Habichtweg 25 65205 Wiesbaden	Auftrags-Nr.: 0015 Kunden-Nr.: 1515 Auftragsdatum: 24. 02. 2005

Typ	Amtl.-Kennzeichen	Fzg.-Ident-Nr.	KBA-Schlüssel	km-Stand
MB E 320 CDI	WI-HK 333		0710 423	75000

Erstzulassung	Motor-Nr.	angenommen durch	Telefon-Nr.
01/2002	OM613.961	Schmidt	0611/32134

Pos.	Arb.wert	Zeit	Arbeitstext	Preis
01			Ruckeln	

Termin: 25. 02. 2005, 16.00 Uhr

Der Auftrag wird unter ausdrücklicher Anerkennung der „Bedingungen für die Ausführung von Arbeiten an Kraftfahrzeugen, Aggregaten und deren Teile und für Kostenvoranschläge" erteilt, die mir ausgehändigt wurden.

Endabnahme Fahrzeug

Tag	Uhrzeit	Abnehmer	km-Stand

Erich Weiss
Unterschrift Kunde

2.5 Qualitätssicherung durch Systemkenntnis

2.5.1 Motormanagement eines Dieselmotors mit Common-Rail

Systemübersicht

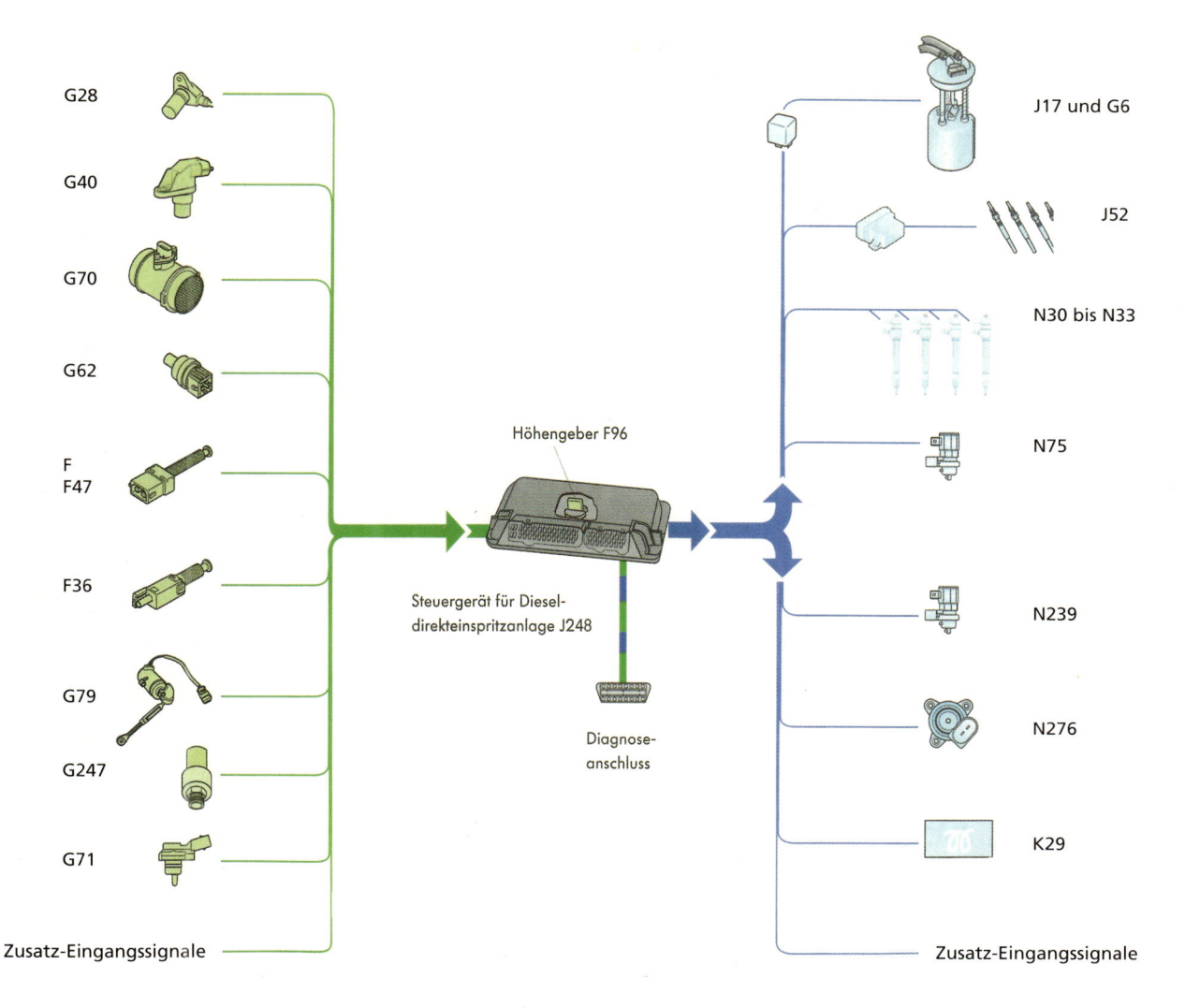

G28
G40
G70
G62
F F47
F36
G79
G247
G71

Zusatz-Eingangssignale

Höhengeber F96
Steuergerät für Dieseldirekteinspritzanlage J248
Diagnoseanschluss

J17 und G6
J52
N30 bis N33
N75
N239
N276
K29

Zusatz-Eingangssignale

Sensoren		Aktoren	
Geber für Motordrehzahl G28 Hallgeber G40 Luftmassenmesser G70 Geber für Kühlmitteltemperatur G62 Bremslichtschalter F mit Bremspedalschalter F47 Kupplungspedalschalter F36 Fahrpedal mit Geber für Gaspedalstellung	Gaspedalstellung G79 mit Leerlaufschalter F60 Geber für Kraftstoffdruck (Railsensor) G247 Geber für Saugrohrdruck G71 mit Geber für Saugrohrtemperatur G 72 **Zusatz-Eingangssignale:** Fahrgeschwindigkeitssignal Geschwindigkeitsregelanlage Klimakompressor-Bereitschaft Arbeitsdrehzahlregelung	Kraftstoffpumpenrelais J17 und Kraftstoffpumpe G6 Relais für Glühkerzen J52 und Glühkerzen 1 bis 4 Q6 Magnetventil für Einspritzventil 1 bis 4 N30 bis N33 Magnetventil für Ladedruckbegrenzung N75	Umschaltventil für Saugrohrklappe N239 Regelventil für Kraftstoffdruck N276 Kontrolllampe für Vorglühzeit K29 **Zusatz-Ausgangssignale:** Motordrehzahl Klimakompressor

Technische Beschreibung

Motormanagement Common Rail
Injektoren mit Minisacklochdüsen
Abgasturbolader mit verstellbaren Leitschaufeln

2.5.2 Aufbau des Speichereinspritzsystems Common-Rail

Das Common-Rail-System ist modular aufgebaut und besteht aus
- der Vorförderpumpe,
- der Hochdruckpumpe,
- dem Hochdruckspeicher (Rail),
- den Injektoren,
- dem Motorsteuergerät mit den entsprechenden Sensoren.

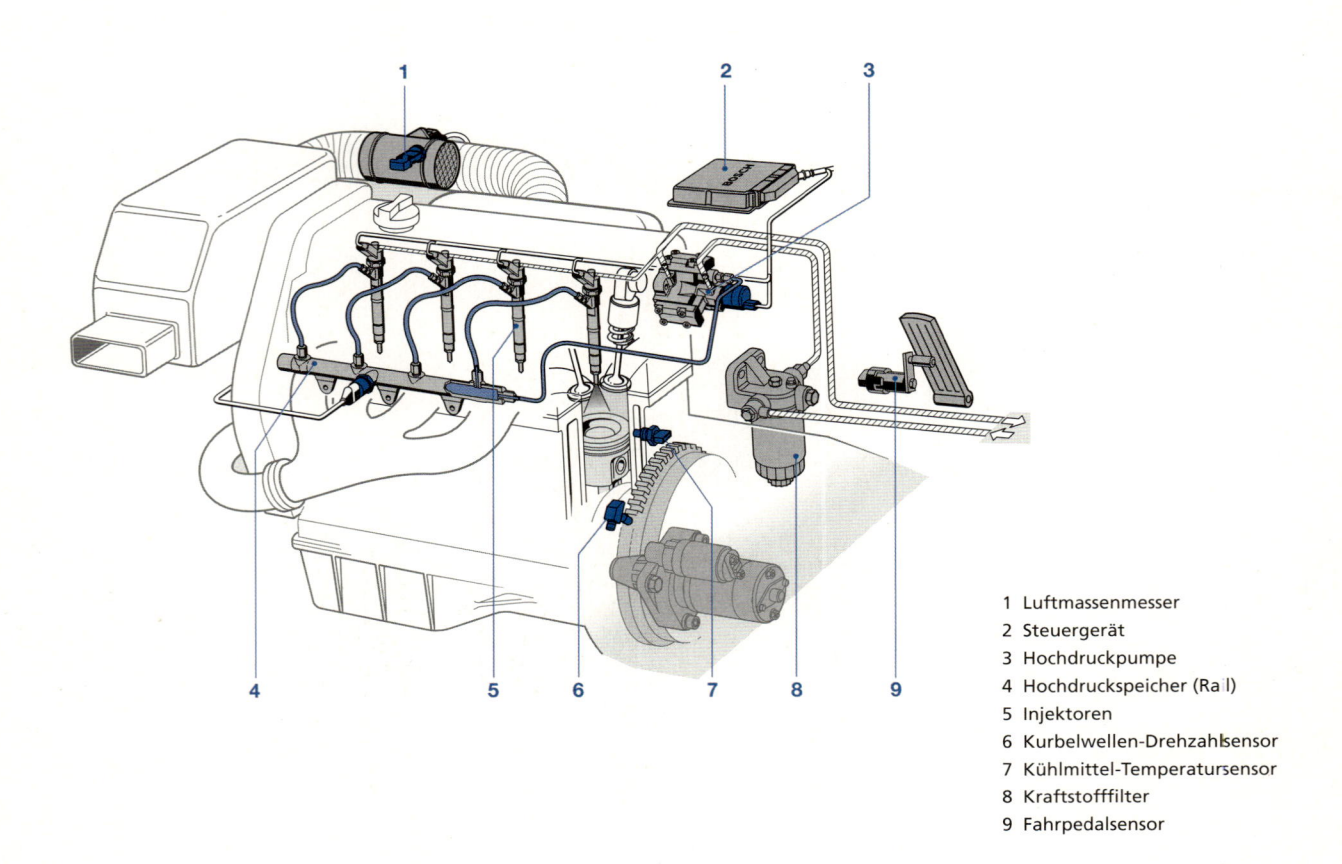

1 Luftmassenmesser
2 Steuergerät
3 Hochdruckpumpe
4 Hochdruckspeicher (Rail)
5 Injektoren
6 Kurbelwellen-Drehzahlsensor
7 Kühlmittel-Temperatursensor
8 Kraftstofffilter
9 Fahrpedalsensor

Das Common-Rail-System wird auch als Speichereinspritzsystem bezeichnet. Die Druckerzeugung und die Kraftstoffeinspritzung sind voneinander getrennt. D.h. das Common-Rail-System ist das einzige System, bei dem der Druck unabhängig von der Drehzahl gesteuert werden kann:
- Eine Hochdruckpumpe erzeugt einen kontinuierlichen Druck von 1350 bar bei Nenndrehzahl.
- Der Druck wird im Hochdruckspeicher, auch Rail genannt, gespeichert und steht über Hochdruckleitungen den Injektoren zur Verfügung.
- Einspritzzeitpunkt und Einspritzmenge werden über Magnetventile an den Injektoren vom Motorsteuergerät gesteuert.

Das Motorsteuergerät erfasst über den Fahrpedalsensor den Fahrerwunsch, über weitere Sensoren das aktuelle Betriebsverhalten des Motors und des Fahrzeugs. Es verarbeitet die Informationen und erzeugt die entsprechenden Stellsignale, um einen verbrauchsgünstigen und ruhigen Lauf des Dieselmotors zu gewährleisten.

Ausführungen

Grundfunktionen	Zusatzfunktionen
Einspritzung von Kraftstoff • zum richtigen Zeitpunkt • in der richtigen Menge • bei hohem Druck	• Abgasrückführung • Ladedruckregelung • Fahrgeschwindigkeitsregelung • Datenaustausch über Bussystem CAN mit anderen elektronischen Systemen

2.5.3 Kraftstoffversorgung

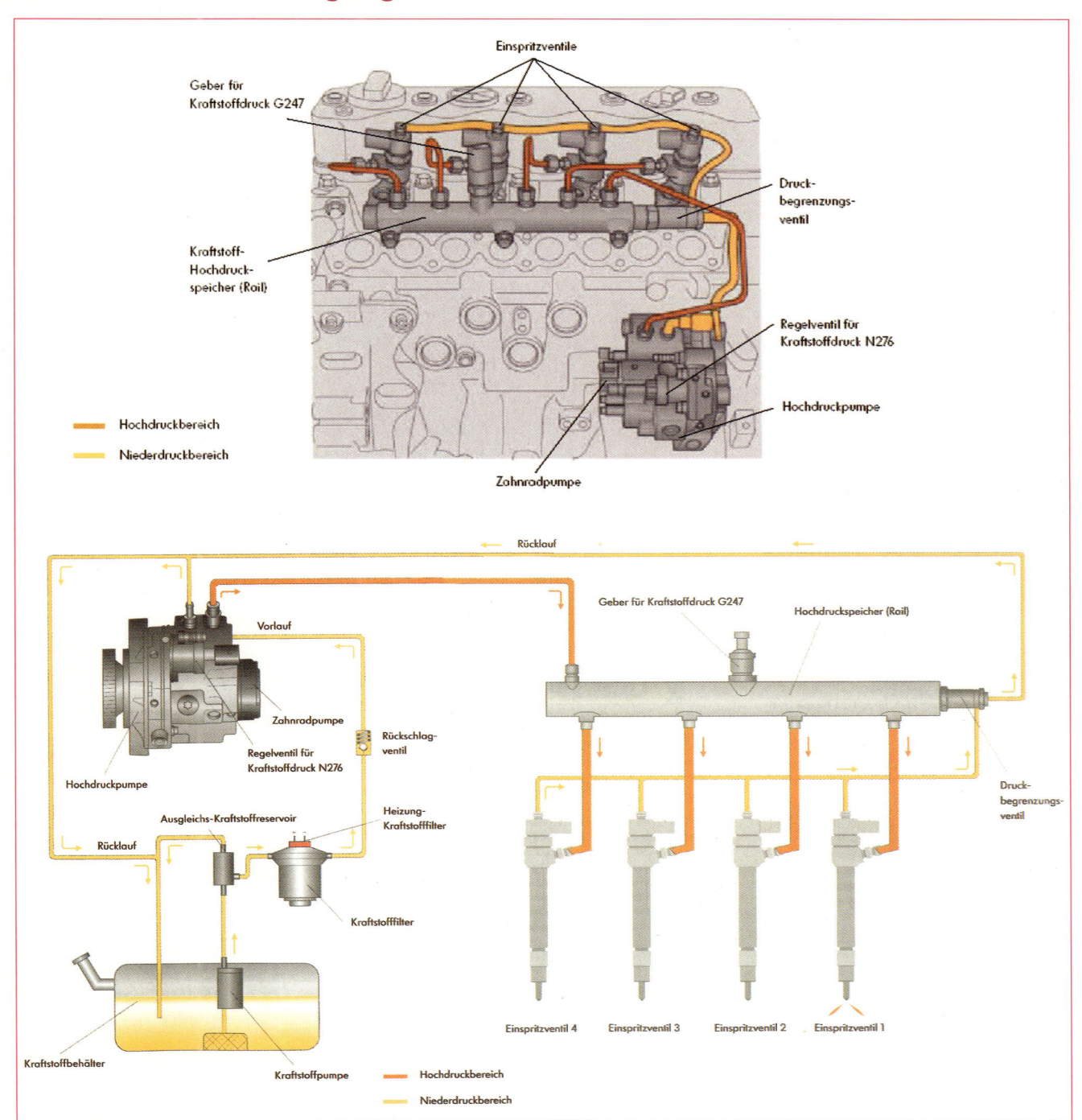

Niederdruckteil

Der Niederdruckteil stellt Kraftstoff für den Hochdruckteil zur Verfügung.

Eine Kraftstoffpumpe im Kraftstoffbehälter fördert den Kraftstoff über ein Ausgleich- Kraftstoffreservoir, einen Kraftstofffilter über die in der Hochdruckpumpe integrierten Zahnradpumpe zur Hochdruckpumpe. Das Ausgleich-Kraftstoffreservoir sorgt dafür, dass der Kraftstoffdruck vor der Zahnradpumpe in jedem Betriebszustand nahezu gleich bleibt, Druckschwankungen ausgeglichen werden und überschüssiger Kraftstoff dem Kraftstoffrücklauf zugeführt wird. Die Zahnradpumpe erhöht den von der Kraftstoffpumpe bereitgestellten Kraftstoffdruck.

Hochdruckteil

Im Hochdruckteil findet die Hochdruckerzeugung und die Kraftstoffzumessung statt.

Die Hochdruckpumpe wird vom Motor über Zahnriemen mit einer maximalen Drehzahl von 3000 1/min angetrieben. Drei im 120°-Winkel angeordnete Pumpenkolben erzeugen einen Druck von maximal 1450 bar. Die Höhe des Kraftstoffdruckes wird durch das Regelventil für Kraftstoffdruck eingestellt. Der Kraftstoff gelangt in den Hochdruckspeicher (Rail) und über die Hochdruckleitungen zu den Einspritzventilen.

2.5.3.1 Funktionseinheiten des Hochdruckteils

Kraftstoffpumpe

Die im Kraftstoffbehälter integrierte Pumpe saugt über einen Filter Kraftstoff aus dem Vorratsbehälter an. Im Pumpendeckel wird der Kraftstoff aufgeteilt. Ein Teil wird zur Zahnradpumpe gefördert, ein Teil treibt die Saugstrahlpumpe an. Aufgabe der Saugstrahlpumpe ist es, Kraftstoff aus dem Kraftstoffbehälter in den Vorratsbehälter zu fördern.

Kraftstofffilter

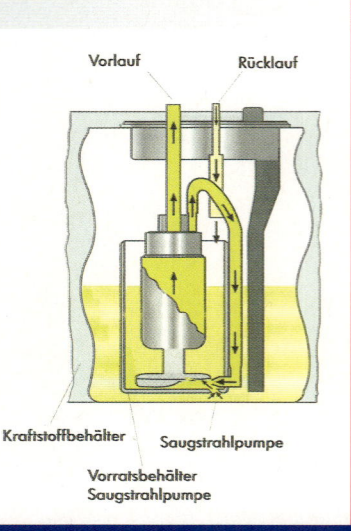

Der Kraftstofffilter besitzt eine elektrische Heizung, die den Kraftstoff in der Vorlauf-Heizung erwärmt. Hierdurch wird bei niedrigen Außentemperaturen die Parafinausscheidung vermieden.

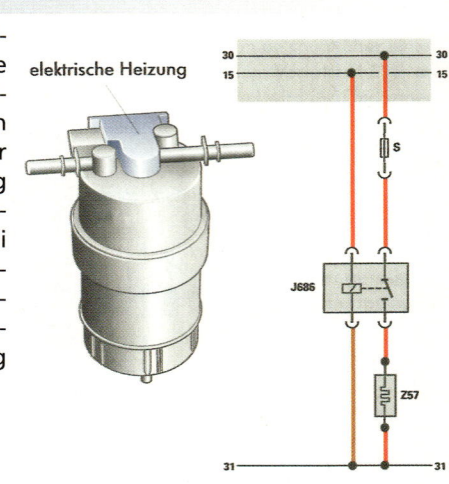

Hochdruckpumpe

Die Hochdruckpumpe besitzt drei in einem Winkel von 120° angeordnete Pumpenkolben, die von einer Antriebswelle mit Exzenternocken auf und ab bewegt werden. Der Kraftstoff fließt bei abwärtsgehenden Kolben über ein Einlassventil in den Verdichtungsraum. Bei aufwärtsgehenden Kolben wird das Einlassventil durch den ansteigenden Druck geschlossen. Sobald der Kraftstoffdruck im Verdichtungsraum den Druck im Hochdruckbereich übersteigt, öffnet das Auslassventil und der Kraftstoff gelangt über eine Hochdruckleitung in den Hochdruckspeicher, das sogenannte Rail.

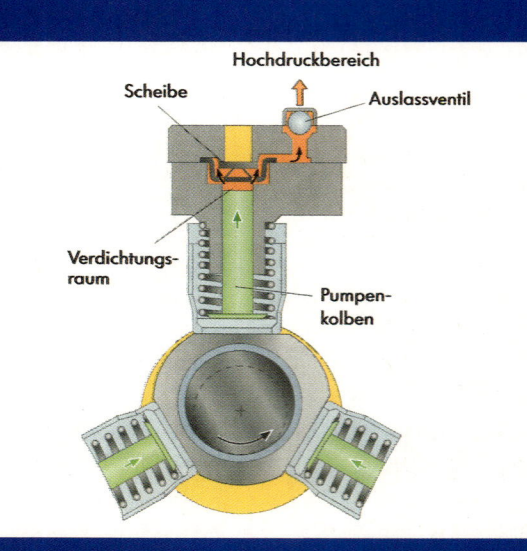

Regelventil für Kraftstoffdruck

Geringer Kraftstoffdruck

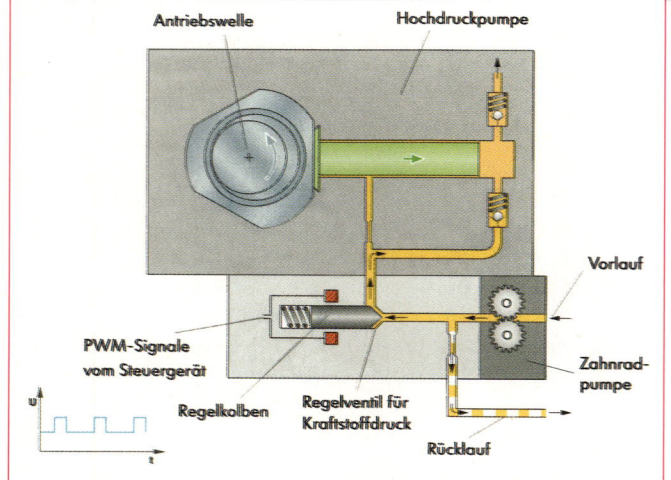

Bei einem Signal mit kurzer Pulsweite verringert der Regelkolben den Kraftstoffzulauf zur Hochdruckpumpe. Durch die kleine Kraftstoffmenge wird ein geringerer Kraftstoffdruck erzeugt.

Hoher Kraftstoffdruck

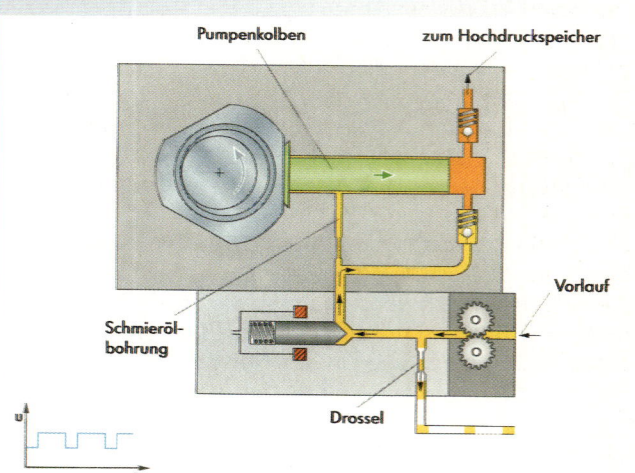

Bei einem Signal mit großer Pulsweite gibt der Regelkolben einen großen Querschnitt frei. Damit gelangt eine große Kraftstoffmenge in die Hochdruckpumpe, wodurch ein hoher Kraftstoffdruck erzeugt wird.

2.5 Qualitätssicherung durch Systemkenntnis: Dieselmotor mit Common-Rail

Hochdruckspeicher

Einspritzventil 4   Einspritzventil 3   Einspritzventil 2   Einspritzventil 1

Druckbegrenzungsventil

Rücklauf zum Kraftstoffbehälter

Anschluss zum Einspritzventil | Geber für Kraftstoffdruck G247 | Hochdruckspeicher (Rail) | Zulauf von der Hochdruckpumpe

Der Hochdruckspeicher, auch Rail genannt, ist ein Rohr von 280 bis 600 mm Länge, das über Hochdruckleitungen mit den Injektoren verbunden ist. Der Hochdruckspeicher speichert den Kraftstoff bei hohem Druck und hält aufgrund seines Speichervolumens bei Kraftstoffentnahme für Einspritzungen den Druck nahezu konstant. Weiterhin werden durch das Speichervolumen Druckschwingungen gedämpft, die durch die Pumpenförderung und Einspritzung entstehen. Am Hochdruckspeicher befinden sich die Anschlussleitungen zu den Injektoren, der Geber für Kraftstoffdruck, der sogenannte Railsensor und ein Druckbegrenzungsventil. Der Raildrucksensor misst den aktuellen Druck im Hochdruckraum und liefert ein Spannungssignal an das Steuergerät. Das Druckbegrenzungsventil öffnet bei Überschreiten des maximalen Systemdruckes von 1 450 bar, so dass der Kraftstoff über die Sammelleitung zum Kraftstoffbehälter zurückfließen kann.

Injektor

Der Injektor besteht aus folgenden Funktionselementen:
- Sechslochdüse mit Düsennadel,
- Hydraulisches Steuersystem,
- Magnetventil.

Der vom Rail kommende Kraftstoff liegt am Hochdruckanschluss ständig an. Der Anker mit der Ventilkugel verschließt durch die Federkraft die Ablaufdrossel. Der Kraftstoff gelangt vom Hochdruckanschluss über den Zulaufkanal zum Kammervolumen und über die Zulaufdrossel in den Ventilsteuerraum.
Im Ventilsteuerraum und im Kammervolumen besteht jeweils der Hochdruck des Rails. Der Raildruck auf die Stirnfläche des Ventilsteuerkolbens und die Federkraft der Düsenfeder halten die Düsennadel auf ihrem Sitz. Die Düsenfeder hält die Düse bis zu einem Differenzdruck von 40 bar zwischen Kammervolumen und Ventilsteuerraum geschlossen (siehe Seite 105).

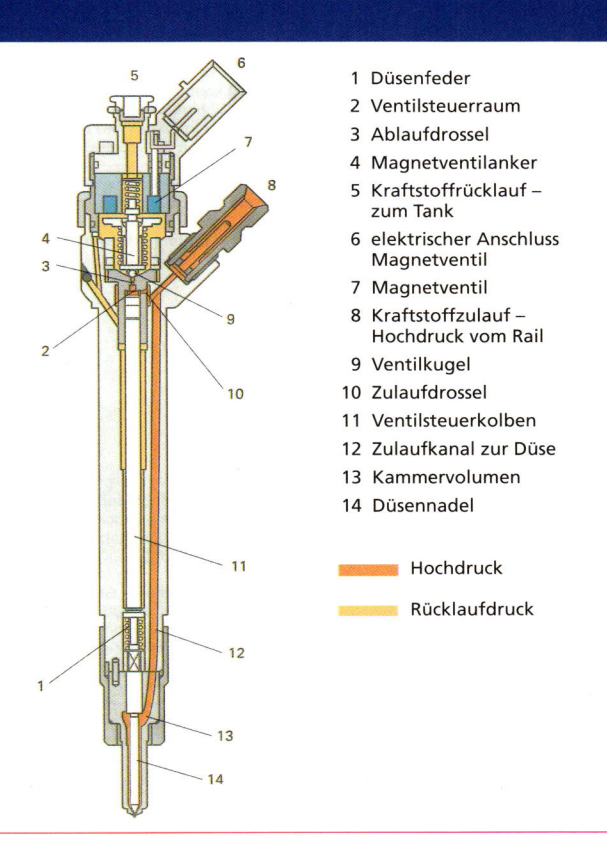

1 Düsenfeder
2 Ventilsteuerraum
3 Ablaufdrossel
4 Magnetventilanker
5 Kraftstoffrücklauf – zum Tank
6 elektrischer Anschluss Magnetventil
7 Magnetventil
8 Kraftstoffzulauf – Hochdruck vom Rail
9 Ventilkugel
10 Zulaufdrossel
11 Ventilsteuerkolben
12 Zulaufkanal zur Düse
13 Kammervolumen
14 Düsennadel

■ Hochdruck
■ Rücklaufdruck

2.5.3.2 Gemischbildung

Die Einspritzmenge wird bestimmt durch:
- die Ansteuerdauer des Magnetventils,
- die Öffnungs- und Schließgeschwindigkeit der Nadel,
- den Nadelhub,
- den hydraulischen Durchfluss der Düse,
- den Raildruck.

Bei einer längeren Bestromung des Magnetventils heben sich der Ventilsteuerkolben und die Düsennadel bis zum Anschlag des Steuerkolbens. Durch die vollgeöffnete Düse wird Kraftstoff mit nahezu Raildruck eingespritzt.

Um kleine Kraftstoffmengen einzuspritzen, wird das Magnetventil nur kurz bestromt, d. h. getaktet. Die Düsennadel wird nicht vollständig geöffnet.

Mit der Voreinspritzung werden eine Verringerung des Verbrennungsgeräusches, der Abgasemissionen und des Verbrauches erreicht. Durch die Vorverbrennung besteht im Brennraum ein bestimmter Druck und eine bestimmte Temperatur.

In die Vorverbrennung wird die Haupteinspritzmenge eingespritzt. Hierdurch werden
- der Zündverzug für die Haupteinspritzung verkürzt,
- die Verbrennungsgeräusche reduziert.
- eine optimale Verbrennung des Kraftstoff-Luft-Gemischs eingeleitet.

Der Druckverlauf mit Voreinspritzung ist flacher.

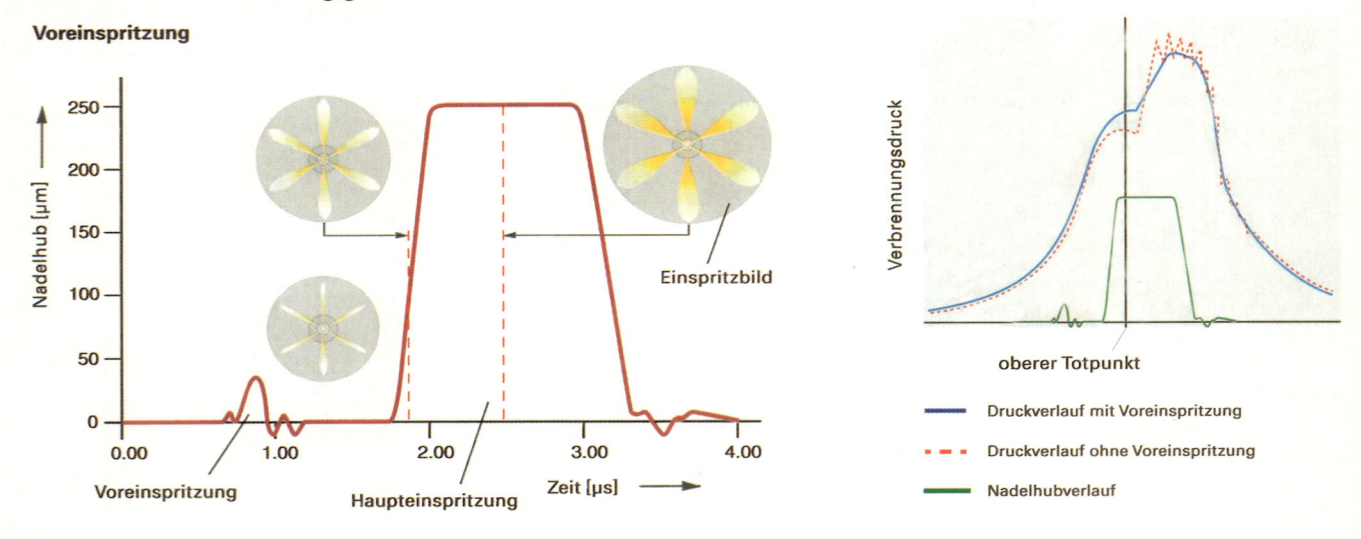

2.5.4 Abgasturbolader mit verstellbaren Leitschaufeln

Abgasturbolader mit verstellbaren Leitschaufeln (VGT-Lader = Variable-Turbinen-Geometrie) sind bei Dieselmotoren Stand der Technik. Anstelle des Bypassventils arbeitet der VGT-Lader mit verstellbaren Leitschaufeln in der Abgasturbine, durch die der Abgasstrom auf das Turbinenrad beeinflusst wird. Die Verstellschaufeln werden mit Hilfe einer Unterdruckdose betätigt. Der VGT-Lader ermöglicht im Gegensatz zum Abgasturbolader mit Wastgate nicht nur im oberen Drehzahlbereich die notwendige Verdichtung, sondern über den gesamten Drehzahlbereich.

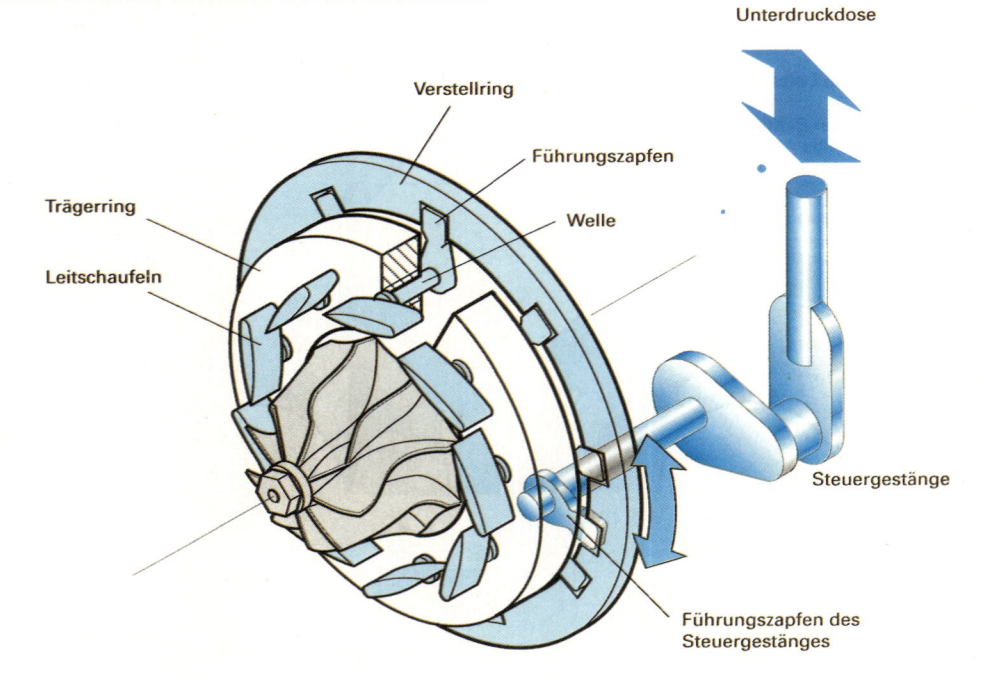

2.5 Qualitätssicherung durch Systemkenntnis: Dieselmotor mit Common-Rail

Flache Leitschaufelstellung

flache Leitschaufelstellung
=
enger Eintrittsquerschnitt des Abgasstromes

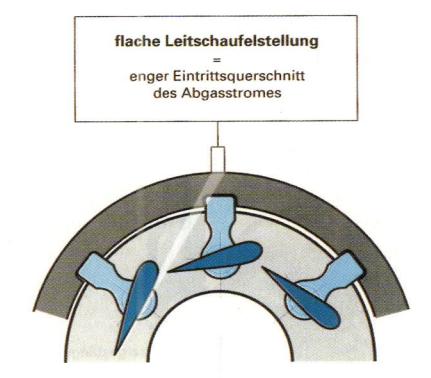

Bei flacher Leitschaufelstellung, d.h. engem Eintrittsquerschnitt wird durch die Verengung der Abgasstrom beschleunigt und die Turbinendrehzahl erhöht. Bei niedrigen Drehzahlen und bei Volllast wird damit ein schneller Druckaufbau erreicht.

Steile Leitschaufelstellung

steile Leitschaufelstellung
=
großer Eintrittsquerschnitt des Abgasstromes

Drehrichtung des Verstellringes

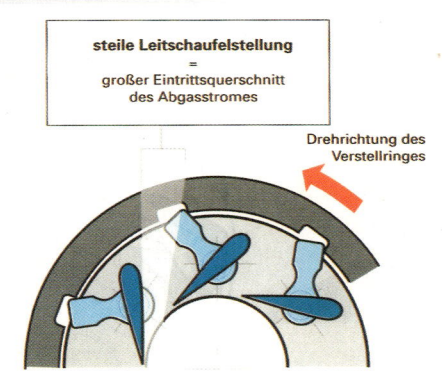

Mit zunehmendem Abgasstrom oder einem gewünschten niedrigeren Ladedruck werden die Leitschaufeln steiler gestellt, d.h. der Eintrittsquerschnitt für den Abgasstrom wird größer. Ladedruck und Leistung der Turbine bleiben nahezu konstant.

Die Verstellung der Leitschaufeln erfolgt über ein Magnet-Ventil und eine Unterdruckdose. Das Motorsteuergerät steuert das Magnetventil für Ladedruckbegrenzung an. Das Magnetventil gibt den Weg frei für Unterdruck oder Atmosphärendruck zur Unterdruckdose. Bei angesteuertem Magnetventil wirkt der maximale Unterdruck. Die Unterdruckdose stellt die Leitschaufeln flach. Bei stromlosem Magnetventil wirkt der Atmosphärendruck in die Unterdruckdose, die Leitschaufeln werden steil gestellt. Um Zwischenstufen zu erreichen, wird das Magnetventil so angesteuert, dass sich ein Unterdruckniveau zwischen Atmosphärendruck und maximal möglichem Unterdruck einstellt.

Das Motorsteuergerät passt so in einem ständigen Regelprozess die Stellung der Leitschaufeln auf den gewünschten Ladedruck ein.

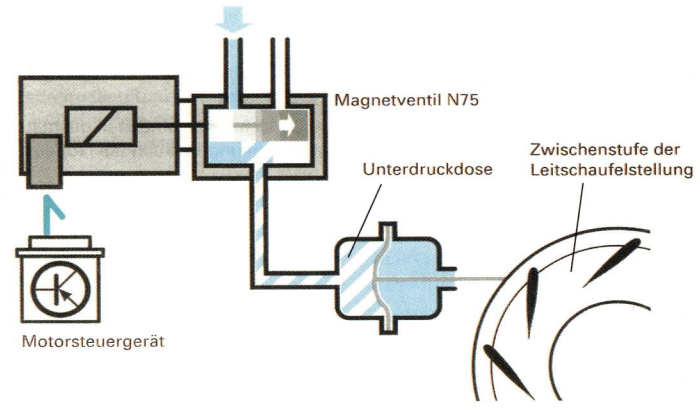

Motorsteuergerät — Magnetventil N75 — Unterdruckdose — Zwischenstufe der Leitschaufelstellung

Systemübersicht

Geber für Saugrohrtemperatur G72
Geber für Motordrehzahl G28
Höhengeber (im Motorsteuergerät integriert)
Geber für Saugrohrdruck (im Motorsteuergerät integriert)

Motorsteuergerät J248

Magnetventil für Ladedruckbegrenzung N75

Diagnoseschnittstelle

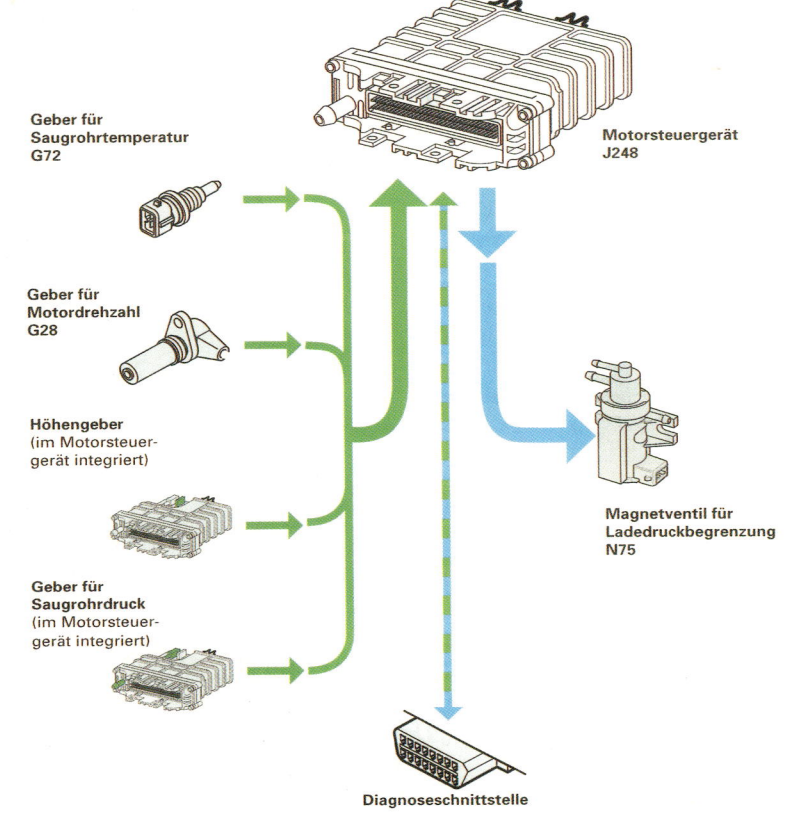

2.5.5 Motormanagement

2.5.5.1 Betriebsdatenerfassung durch Sensoren

Die Geber zur Erfassung des Motorbetriebszustandes stimmen mit den Sensoren und Gebern der Radialkolben-Verteilereinspritzpumpe überein (siehe Seite 89):
- Geber für Motordrehzahl: Das Signal dient zur Errechnung von Einspritzzeitpunkt und Einspritzmenge.
- Hallgeber: Das Signal wird vom Steuergerät zur Erkennung der Stellung des ersten Zylinders bei Motorstart benötigt.
- Luftmassenmesser: Die Signalwerte werden zur Berechnung der Einspritzmenge verwendet.
- Geber für Kühlmitteltemperatur: Das Signal wird als Korrekturwert für die Berechnung der Einspritzmenge benutzt.
- Geber für Gaspedalstellung: Die Gaspedalstellung ist die Haupteinflussgröße zur Berechnung der Einspritzmenge. Der Leerlaufschalter signalisiert, ob das Gaspedal betätigt wird.
- Höhengeber im Steuergerät: Mit dem Signal erfolgt eine Höhenkorrektur für die Ladeluftregelung.
- Geber für Saugrohrdruck: meldet den aktuellen Saugrohrdruck, der zur Regelung des Ladedruckes benötigt wird. Das Signal des Gebers für Saugrohrtemperatur dient als Korrekturwert für die Berechnung des Ladedruckes.

Zusätzlich arbeitet im Common-Rail-System der Geber für Kraftstoffdruck, auch Raildrucksensor genannt:

Raildrucksensor

Prinzipbild

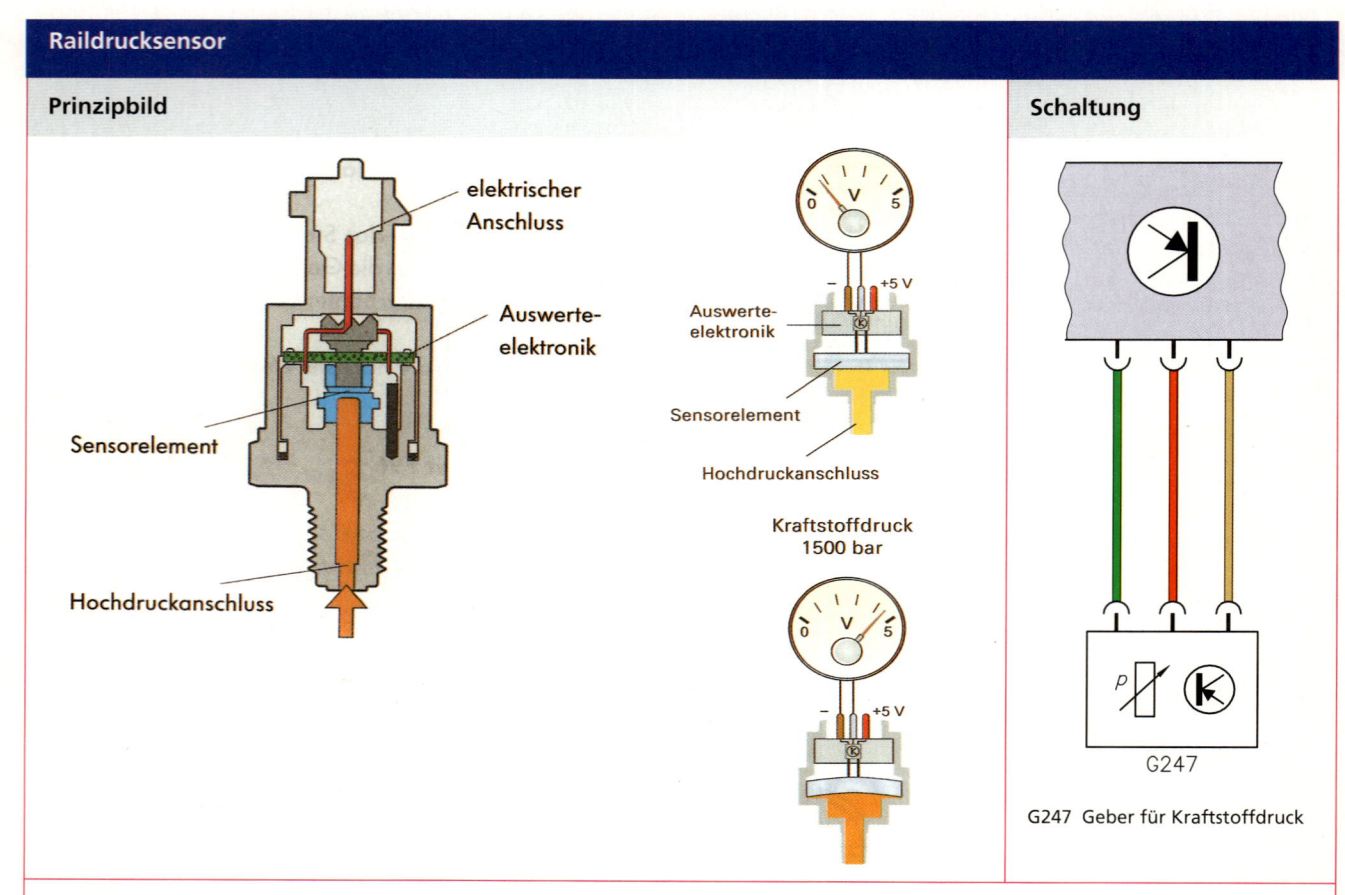

- elektrischer Anschluss
- Auswerteelektronik
- Sensorelement
- Hochdruckanschluss

Kraftstoffdruck 1500 bar

Schaltung

G247 Geber für Kraftstoffdruck

Der Kraftstoffdruck wirkt durch eine Bohrung auf eine Metallmembran mit einem Sensorelement. Das Sensorelement besteht aus einer auf der Membran aufgebrachten Schicht. Durch den sich aufbauenden Druck verändert sich die Form des Sensorelements und damit auch der Widerstand. Eine Auswerteelektronik erfasst die Widerstandsänderung und übermittelt ein Spannungssignal an das Motorsteuergerät. Das Signal dient dem Steuergerät als Einflussgröße zur Regelung des Kraftstoffdruckes im Hochdruckkreis.

Ausfall des Raildrucksensors

Der Raildrucksensor ist mit seiner Messgenauigkeit das wichtigste Bauteil im System. Die genaue Messung des Druckes ist für das Funktionieren des Systems von großer Bedeutung. Bei Ausfall wird das Druckregelventil für Kraftstoffdruck über fest vorgegebene Werte angesteuert und somit eine Notlaufsituation realisiert.

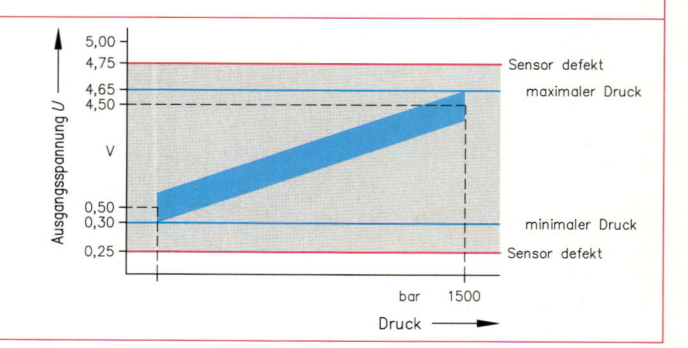

2.5.5.2 Betriebsdatenverarbeitung

Das Steuergerät wertet die Eingangssignale der Geber und Sensoren aus und berechnet aus diesen Daten und aus den gespeicherten Kennfeldern die Ansteuersignale für die Injektoren und das Druckregelventil, steuert die übrigen Aktoren wie Relais für Elektrokraftstoffpumpe, Umschaltventil für die Saugrohrklappe und das Ventil für Ladedruckbegrenzung an. Für jeden Betriebszustand wird die für eine optimale Verbrennung erforderliche Einspritzmenge bestimmt.

Berechnung der Einspritzmenge im Steuergerät
Schalterstellung A: Start, Schalterstellung B: Fahrbetrieb

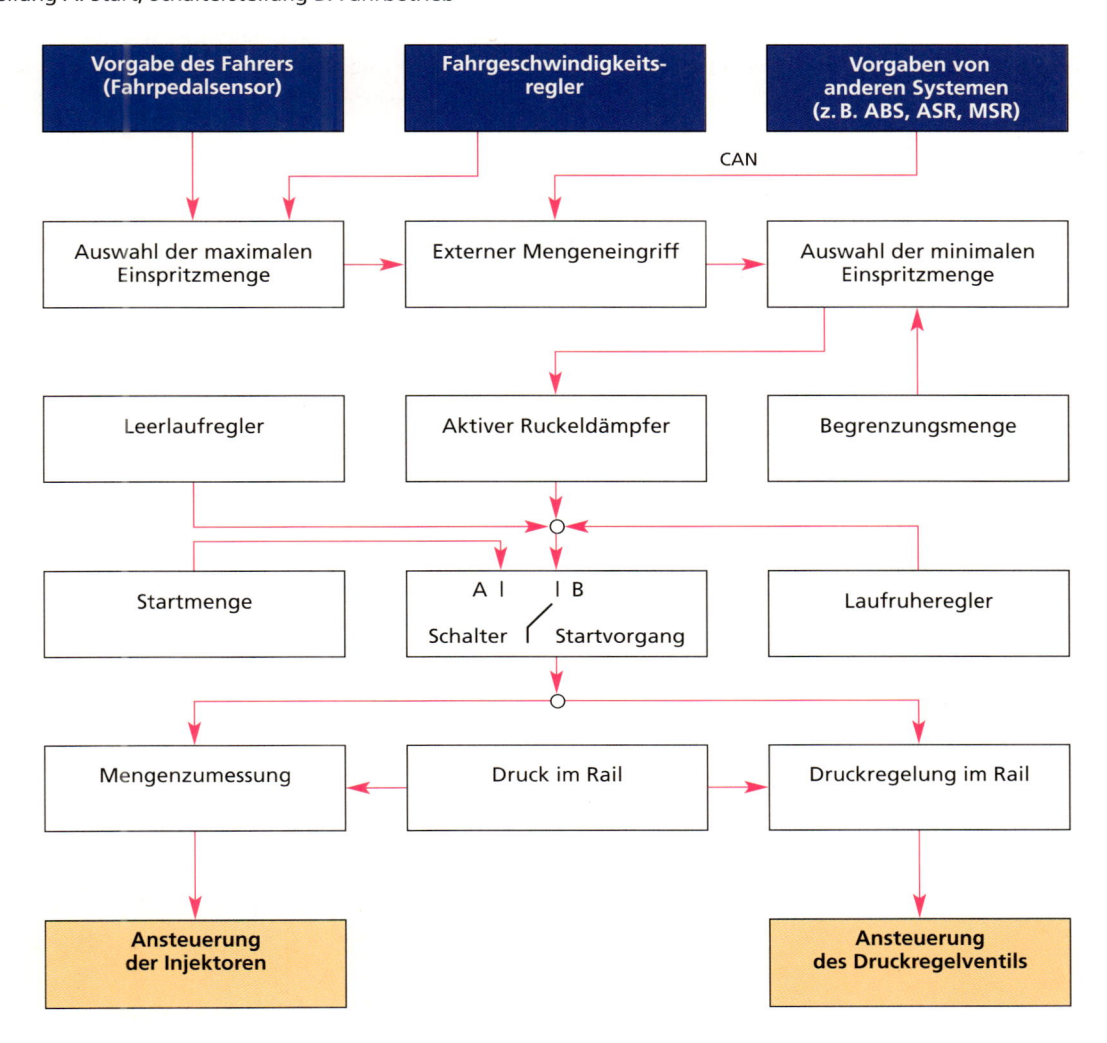

```
┌──────────────────┐   ┌──────────────────┐   ┌──────────────────┐
│ Vorgabe des      │   │ Fahrgeschwindig- │   │ Vorgaben von     │
│ Fahrers          │   │ keitsregler      │   │ anderen Systemen │
│ (Fahrpedalsensor)│   │                  │   │ (z. B. ABS, ASR, │
│                  │   │                  │   │ MSR)             │
└──────────────────┘   └──────────────────┘   └──────────────────┘
                                               CAN
       ↓         ↓              ↓                    ↓
┌──────────────┐   ┌──────────────────┐   ┌──────────────────┐
│ Auswahl der  │ → │ Externer         │ → │ Auswahl der      │
│ maximalen    │   │ Mengeneingriff   │   │ minimalen        │
│ Einspritz-   │   │                  │   │ Einspritzmenge   │
│ menge        │   │                  │   │                  │
└──────────────┘   └──────────────────┘   └──────────────────┘
       ↓                   ↓                      ↓
┌──────────────┐   ┌──────────────────┐   ┌──────────────────┐
│ Leerlauf-    │   │ Aktiver          │   │ Begrenzungs-     │
│ regler       │   │ Ruckeldämpfer    │   │ menge            │
└──────────────┘   └──────────────────┘   └──────────────────┘
                           ○
┌──────────────┐   ┌──────────────────┐   ┌──────────────────┐
│ Startmenge   │   │  A │  B          │   │ Laufruheregler   │
│              │   │ Schalter/        │   │                  │
│              │   │ Startvorgang     │   │                  │
└──────────────┘   └──────────────────┘   └──────────────────┘
                           ○
┌──────────────┐   ┌──────────────────┐   ┌──────────────────┐
│ Mengen-      │ ← │ Druck im Rail    │ → │ Druckregelung    │
│ zumessung    │   │                  │   │ im Rail          │
└──────────────┘   └──────────────────┘   └──────────────────┘
       ↓                                         ↓
┌──────────────┐                          ┌──────────────────┐
│ Ansteuerung  │                          │ Ansteuerung      │
│ der          │                          │ des              │
│ Injektoren   │                          │ Druckregelventils│
└──────────────┘                          └──────────────────┘
```

Mit Einschalten des Fahrschalters (Schaltstellung A) wird die Startmenge in Abhängigkeit von Drehzahl und Temperatur bis zum Erreichen der Mindestdrehzahl berechnet. Im Fahrbetrieb (Schaltstellung B) wird die Einspritzmenge in Abhängigkeit von der Fahrpedalstellung, der Drehzahl und einem Kennfeld für das Fahrverhalten ermittelt. Ein Leerlaufregler steuert die Einspritzmenge so, dass die gemessene Istdrehzahl der vorgegebenen Solldrehzahl entspricht. Er gleicht die Anforderungen durch externe Lastmomente und interne Reibmomente aus. Da die einzelnen Zylinder aufgrund mechanischer Toleranzen und Alterung nicht alle das gleiche Drehmoment erzeugen, kommt es zu Drehzahlschwankungen und insbesondere im Leerlauf zu unrundem Motorlauf. Der Laufruheregler bestimmt anhand der Drehzahlunterschiede für jeden einzelnen Zylinder die Einspritzmenge, damit alle Zylinder das gleiche Drehmoment erzeugen. Der Fahrgeschwindigkeitsregler erhöht oder verringert die Einspritzmenge bis die gemessene Istgeschwindigkeit der eingestellten Sollgeschwindigkeit entspricht. Damit die vom Fahrer gewünschte Kraftstoffmenge nicht zu einer Erhöhung der Schadstoffemissionen und Ruß führt und der Motor nicht überlastet wird, muss die Einspritzmenge begrenzt werden. Dies erfolgt aufgrund der angesaugten Luftmasse, der Drehzahl und der Kühlmitteltemperatur. Eine aktive Ruckeldämpfung dämpft durch Variation der Einspritzmenge die Ruckelbewegung, die bei plötzlichem Betätigen oder Loslassen des Fahrpedals und dem damit verbundenen Lastwechsel entstehen kann.
Die Regelung des Kraftstoffdrucks erfolgt über das Regelventil für Kraftstoffdruck (siehe nächste Seite).

2.5.5.3 Aktoren

Magnetventil für Ladedruckbegrenzung
Das Magnetventil wird vom Steuergerät angetaktet und schaltet den Steuerdruck zum Betätigen der Unterdruckdose für die Leitschaufelverstellung des Turboladers.

Umschaltventil für Saugrohrklappe
Das Ventil schaltet den Unterdruck zur Betätigung der Saugrohrklappe im Ansaugrohr. Die Saugrohrklappe wird bei Abstellen des Motors geschlossen und unterbricht die Luftzufuhr. Dadurch wird weniger Luft verdichtet und der Motor läuft weich ohne Ruckelbewegungen aus.

Druckregelventil
Der Kraftstoffdruck wird durch das Druckregelventil vom Steuergerät geregelt. Das Steuergerät berechnet aus den Informationen der Sensoren und Geber den erforderlichen Einspritzdruck und steuert das Druckregelventil mit einem pulsweitenmodulierten Signal an. In Abhängigkeit von der Motorlast verändert das Steuergerät die Pulsweite. Dadurch gibt der Regelkolben einen größeren oder kleineren Querschnitt von der Zahnradpumpe zur Hochdruckpumpe frei:

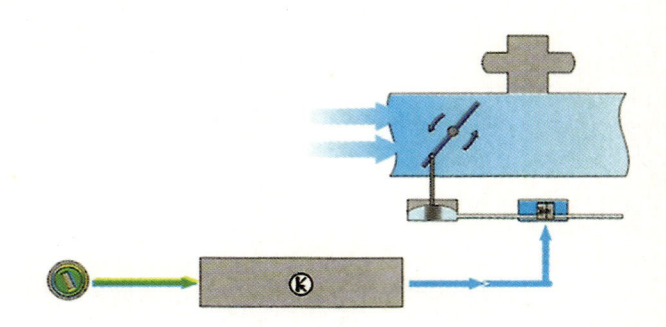

- große Pulsweite = großer Querschnitt = große Kraftstoffmenge = hoher Druck
- kurze Pulsweite = kleiner Querschnitt = kleine Kraftstoffmenge = geringer Druck

Der von der Zahnradpumpe zuviel geförderte Kraftstoff wird über die Rücklaufleitung in den Kraftstoffbehälter zurückgeführt. Der Raildrucksensor meldet dem Steuergerät den aktuellen Kraftstoffdruck (siehe Seite 98).

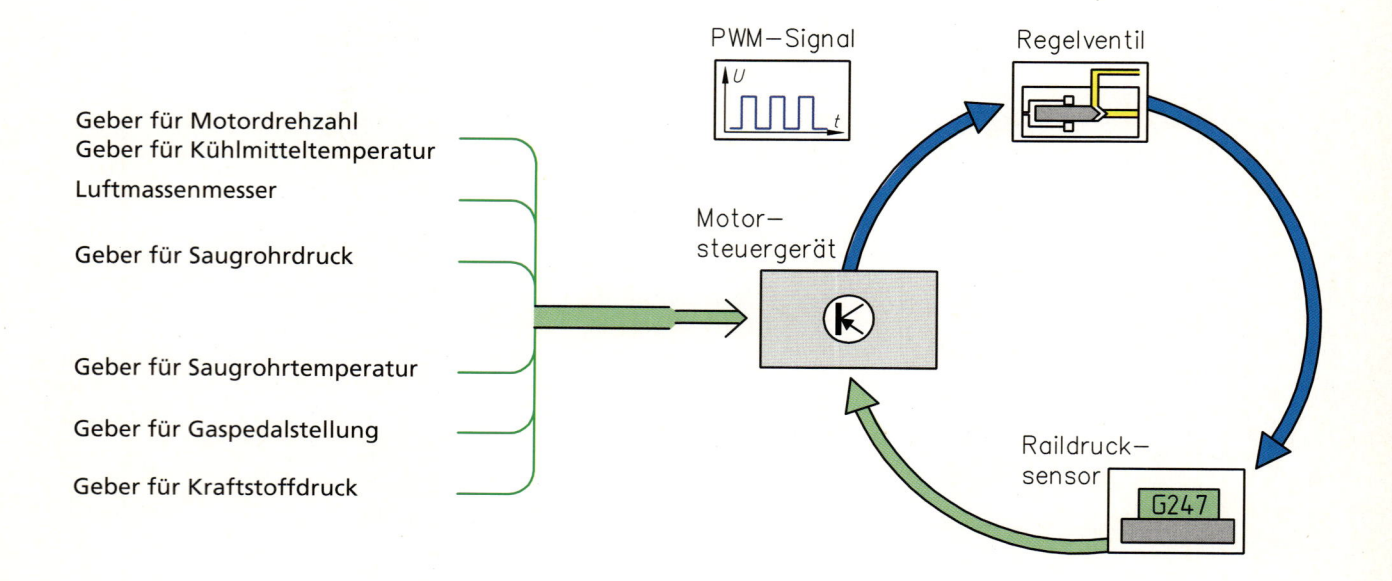

Spritzbeginn- und Einspritzmengensteuerung durch den Injektor

Injektor öffnet (Einspritzbeginn)

(Beschriftungen: Hochdruckanschluss, Zulaufdrossel, Ventilsteuerraum, Ventilsteuerkolben, Düsenfeder, Kammervolumen, Düsennadel)

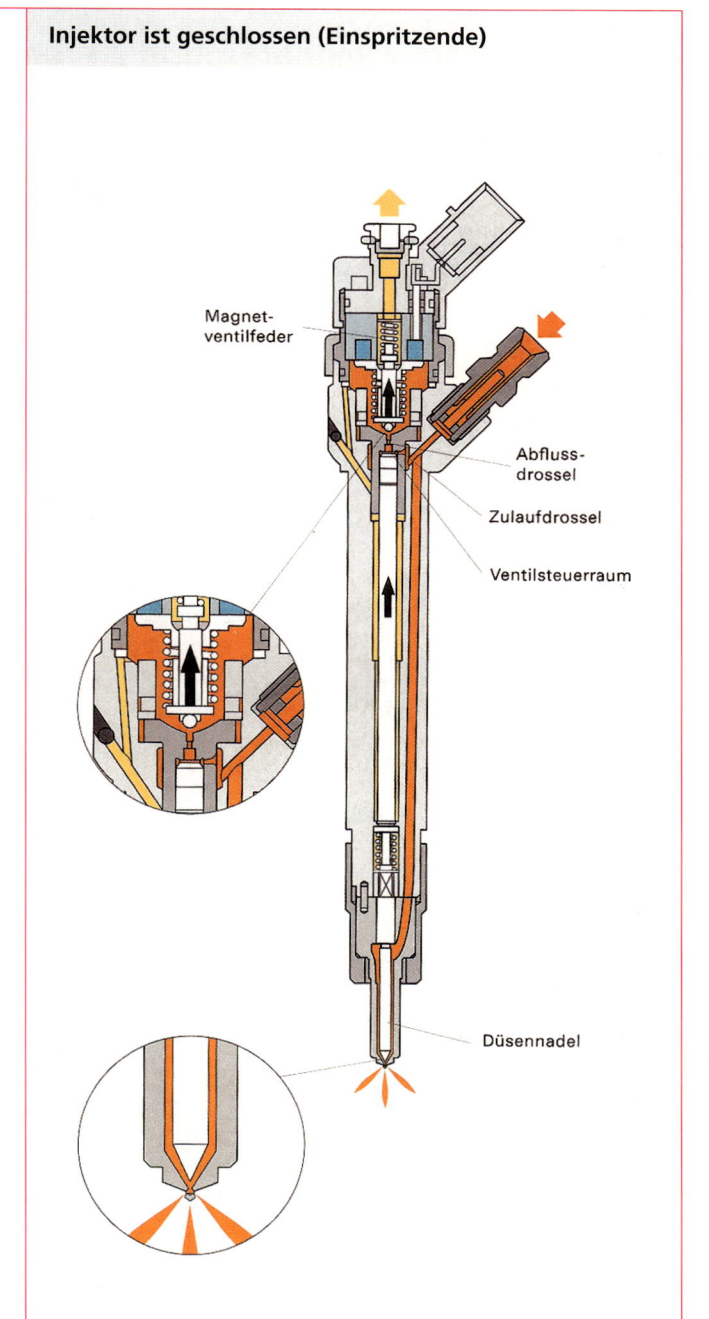

Injektor ist geschlossen (Einspritzende)

(Beschriftungen: Magnetventilfeder, Abflussdrossel, Zulaufdrossel, Ventilsteuerraum, Düsennadel)

Beim Ansteuern des Magnetventils öffnet der Elektromagnet gegen die Kraft der Magnetventilfeder den Anker mit der Ventilkugel und öffnet die Abflussdrossel. Kraftstoff kann über die Ablaufdrossel aus dem Ventilsteuerraum in den darüber liegenden Raum über die Rückleitung zum Kraftstoffbehälter abfließen. Der Druck im Ventilsteuerraum sinkt. Damit ist der Druck, der auf den Ventilsteuerkolben wirkt, kleiner als der Druck im Kammervolumen, der auf die Düsennadel wirkt. Der Ventilsteuerkolben geht nach oben und die Düsennadel öffnet die Spritzlöcher.

Das Magnetventil wird nicht mehr angesteuert. Der Anker mit der Ventilkugel verschließt durch die Federkraft die Abflussdrossel. Es baut sich im Ventilsteuerraum und Kammervolumen wieder Raildruck auf. Druck auf den Steuerkolben und Federkraft sorgen dafür, dass die Düsennadel schließt. Die Einspritzung endet, wenn die Düsennadel ihren unteren Anschlag wieder erreicht.

2.6 Qualitätssicherung durch Prüfen und Messen

2.6.1 Prüfen von Sensoren und Aktoren am Beispiel eines Dieselmotors mit Common Rail (MB E 320 CDI)

Prüfen von Sensoren und Aktoren		
Ladedrucksensor B1		
Schaltbild/Funktion	Prüfungen	Ergebnis/Signalbild
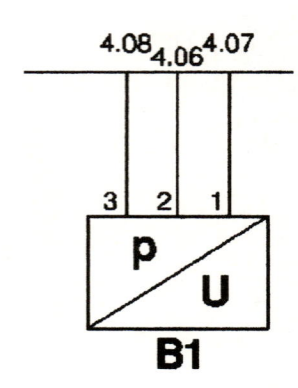 Erfassung des aktuellen Saugrohrdruckes	**Spannungsmessung:** Versorgungsspannung am Sensor Kl. 3 gegen Kl. 1	4,5 bis 5,5 Volt
	Versorgungsspannung am SG Pin 4.08 gegen Pin 4.07	4,5 bis 5,5 Volt
	Zündung eingeschaltet!	
	Widerstandsmessung: Messung am Sensor Kl. 2 gegen Kl. 3	5 200 bis 5 600 Ohm
	Kl. 1 gegen Kl. 2	9 200 bis 9 600 Ohm
	Sensor vom Kabelbaum trennen!	
	Oszilloskopmessung: Messung am Sensor Kl. 2 gegen Kl. 1	
	Messung am SG Pin 4.06 gegen Pin 4.07	
Kühlmitteltemperatursensor B9		
Schaltbild/Funktion	Prüfungen	Ergebnis/Signalbild
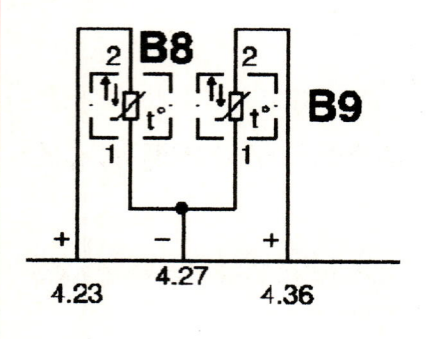 Erfassung der Motortemperatur	**Widerstandsmessung:** Messung am Sensor Kl. 2 gegen Kl. 1 Messung am SG-Stecker Pin 4.36 gegen Pin 4.27	20 °C = 3 090 Ohm 40 °C = 1 330 Ohm 60 °C = 630 Ohm 80 °C = 320 Ohm 100 °C = 175 Ohm
	Spannungsmessung: Messung am SG Pin 4.36 gegen Pin 4.27	0,5 bis 4,5 Volt
	Messung am Sensor Kl. 2 gegen Kl. 1	0,5 bis 4,5 Volt (temperaturabhängig)

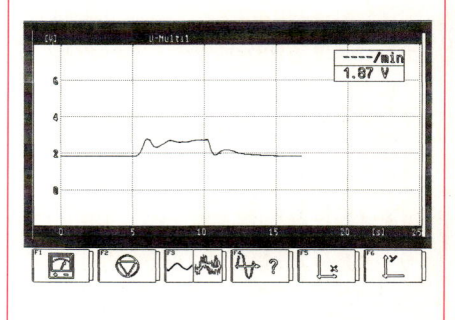

2.6 Qualitätssicherung durch Prüfen und Messen

Prüfen von Sensoren und Aktoren

Ansauglufttemperatursensor B8

Schaltbild/Funktion	Prüfungen	Ergebnis/Signalbild
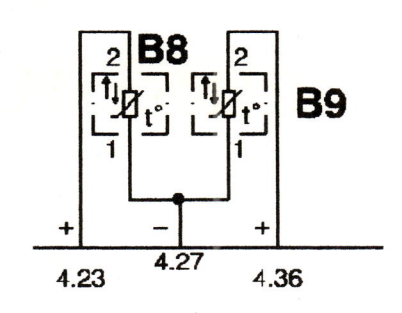 Erfassung der Ansauglufttemperatur	**Widerstandsmessung:** Messung am Sensor Kl. 2 gegen Kl. 1 Messung am SG-Stecker Pin 4.23 gegen Pin 4.27	20 °C = ca. 6 000 Ohm 60 °C = ca. 1 250 Ohm 90 °C = ca. 450 Ohm 120 °C = ca. 200 Ohm
	Spannungsmessung: Messung am SG Pin 4.23 gegen Pin 4.27	0,5 bis 4,5 Volt
	Messung am Sensor Kl. 2 gegen Kl. 1 Zündung eingeschaltet!	0,5 bis 4,5 Volt (temperaturabhängig)

Pedalwertgeber B3 (PWG 1 und PWG 2)

Schaltbild/Funktion	Prüfungen	Ergebnis/Signalbild
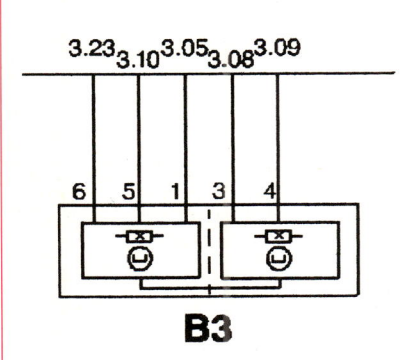 Erfassung der Gaspedalstellung und damit Leistungswunsch des Fahrers	**Spannungsmessung:** Spannungsversorgung am Sensor Kl. 1 gegen Kl. 6	4,5 bis 5,5 Volt
	Spannungsversorgung am SG Pin 3.05 gegen Pin 3.23 Zündung eingeschaltet!	4,5 bis 5,5 Volt
	Oszilloskopmessung: Messung am Sensor (PWG 1) Kl. 5 gegen Kl. 3 Messung am SG (PWG 1) Pin 3.10 gegen Pin 3.08 Messung am Sensor (PWG 2) Kl. 4 gegen Kl. 3 Messung am SG (PWG 2) Pin 3.09 gegen Pin 3.08 Gaspedal langsam durchtreten!	0.26 V 0.11 V

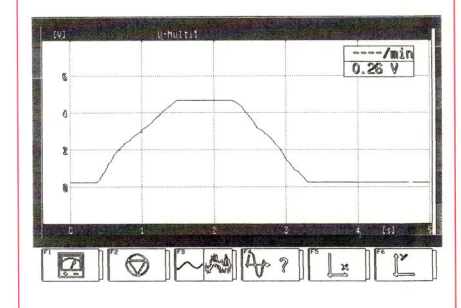

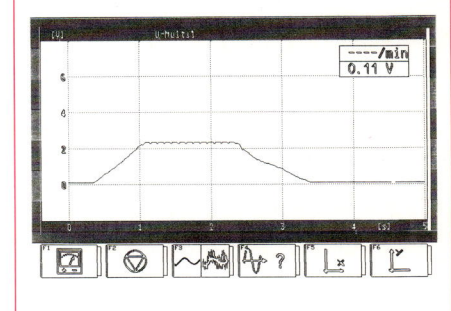

Prüfen von Sensoren und Aktoren

Raildrucksensor B7

Schaltbild/Funktion	Prüfungen	Ergebnis/Signalbild
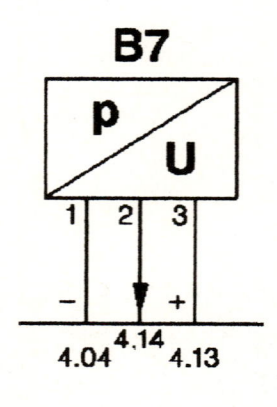 B7 (p/U), Anschlüsse 1, 2, 3 → 4.04, 4.14, 4.13 Erfassung des im Rail herrschenden Kraftstoffdruckes	**Spannungsmessung:** Spannungsversorgung am Sensor Kl. 3 gegen Kl. 1 Spannungsversorgung am SG Pin 4.13 gegen Pin 4.04 Zündung einschalten! **Oszilloskopmessung:** Messung am SG Pin 4.13 gegen Pin 4.14 Messung am Sensor Kl. 2 gegen Kl. 3 Motor im Leerlauf laufen lassen, langsam Drehzahl steigern!	4,5 bis 5,5 Volt 4,5 bis 5,5 Volt [Signalbild: 3,56 V] Leerlaufdrehzahl = 3,5 bis 4,0 Volt Bei steigender Drehzahl muss die Spannung abnehmen!

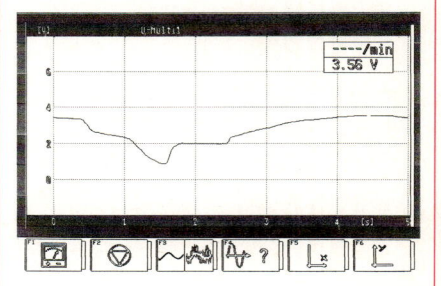

Luftmassenmesser B2

Schaltbild/Funktion	Prüfungen	Ergebnis/Signalbild
Anschlüsse 4.11, 4.34, 4.01, 4.24 → 2, 3, 4, 5 B2 (Qm/U) Erfassung der angesaugten Luftmasse	**Spannungsmessung:** Spannungsversorgung am Sensor Kl. 2 gegen Kl. 3 Kl. 4 gegen Kl. 3 Spannungsversorgung am SG Pin 4.11 gegen Pin 4.34 Pin 4.01 gegen Pin 4.34 Zündung einschalten! **Oszilloskopmessung:** Messung am Sensor Kl. 5 gegen Kl. 3 Messung am SG Pin 4.24 gegen Pin 4.34 Motor laufen lassen, Gasstoß geben!	min. 11,5 Volt 4,5 bis 5,5 Volt min. 11,5 Volt 4,5 bis 5,5 Volt [Signalbild: 1,79 V] Leerlaufdrehzahl = 1,7 bis 2,2 Volt Steigende Drehzahl muss die Spannung steigen!

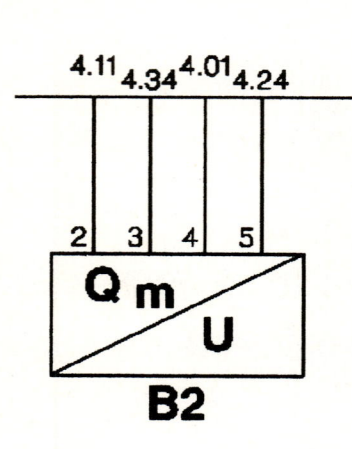

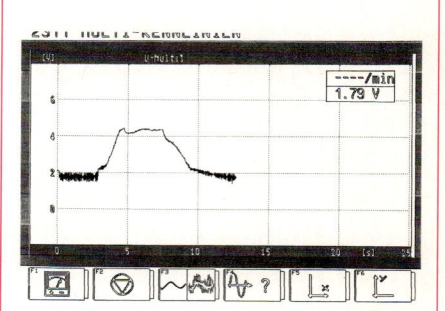

2.6 Qualitätssicherung durch Prüfen und Messen

Prüfen von Sensoren und Aktoren

Kurbelwellenpositionsgeber B4

Schaltbild/Funktion	Prüfungen	Ergebnis/Signalbild
(Schaltbild B4, Klemmen 1, 2; Pins 4.26, 4.37) Erfassung der Kurbelwellendrehzahl sowie der Kurbelwellenposition	**Widerstandsmessung:** Messung am Sensor Kl. 1 gegen Kl. 2 Messung am SG-Stecker Pin 4.26 gegen Pin 4.37 **Oszilloskopmessung:** Messung am SG Pin 4.26 gegen Pin 4.37 Messung am Sensor Kl. 1 gegen Kl. 2 Motor starten!	650 bis 1300 Ohm 650 bis 1300 Ohm (Oszilloskop-Signalbild)

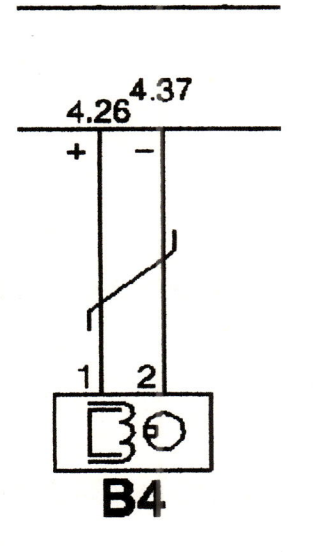

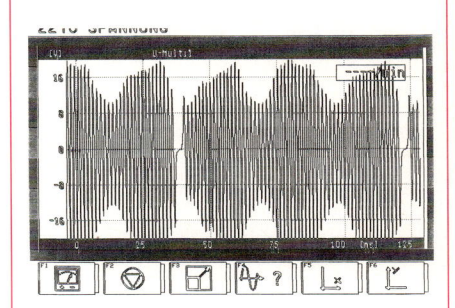

Nockenwellenpositionsgeber B5

Schaltbild/Funktion	Prüfungen	Ergebnis/Signalbild
(Schaltbild B5, Klemmen 1, 2, 3; Pins 4.02, 4.03, 4.12) Erfassung der Stellung der Nockenwelle	**Spannungsmessung:** Spannungsversorgung am Sensor Kl. 3 gegen Kl. 1 Spannungsversorgung am SG Pin 4.12 gegen Pin 4.02 Zündung einschalten! **Oszilloskopmessung:** Messung am SG Pin 4.03 gegen Pin 4.02 Messung am Sensor Kl. 2 gegen Kl. 1 Motor starten!	min. 11,5 Volt min. 11,5 Volt (Oszilloskop-Signalbild)

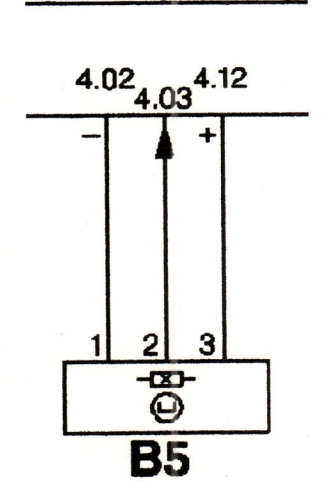

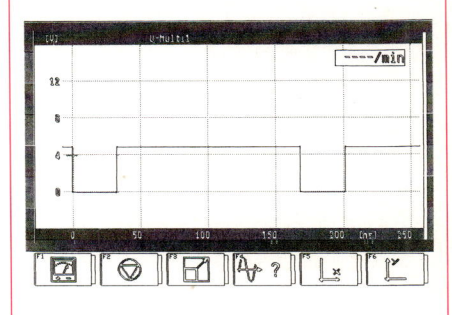

Prüfen von Sensoren und Aktoren

Motorölsensor B6

Schaltbild/Funktion	Prüfungen	Ergebnis/Signalbild
Erfassen des Motorölstands, Motoröltemperatur und der Qualität des Motoröls	**Spannungsmessung:** Spannungsversorgung am Sensor Kl. 3 gegen Kl. 2	4,5 bis 5,5 Volt
	Spannungsversorgung am SG Pin 4.18 gegen Pin 4.17	4,5 bis 5,5 Volt
	Zündung einschalten!	
	Oszilloskopmessung: Messung am Sensor Kl. 1 gegen Kl. 2	
	Messung am SG Pin 4.15 gegen Pin 4.17	
	Motor mit Leerlaufdrehzahl laufen lassen!	Es müssen drei aufeinanderfolgende Rechtecksignale sichtbar sein, deren Tastverhältnisse zwischen 20 % und 80 % liegen.

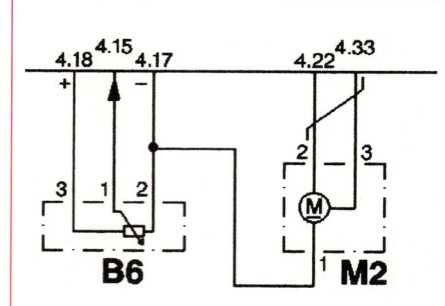

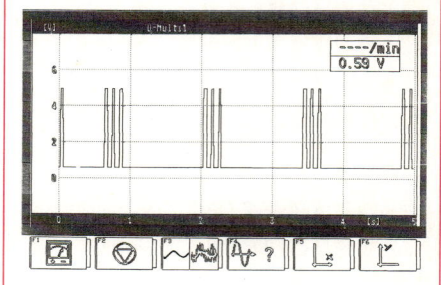

Kraftstoffinjektoren Y5

Schaltbild/Funktion	Prüfungen	Ergebnis/Signalbild
Einspritzung und Zerstäuben des Dieselkraftstoffes	**Widerstandsmessung:** Messung am Aktor Kl. 1 gegen Kl. 2	
	Messung am SG-Stecker (Injektorgruppe 1) Pin 5.01 gegen – Pin 5.03 – Pin 5.09 – Pin 5.06	ca. 0,5 Ohm ca. 0,5 Ohm ca. 0,5 Ohm
	(Injektorgruppe 2) Pin 5.04 gegen – Pin 5.08 – Pin 5.07 – Pin 5.05	ca. 0,5 Ohm ca. 0,5 Ohm ca. 0,5 Ohm
	Oszilloskopmessung (Strom): Messung mit Strommesszange Injektor 1 – Pin 5.05 Injektor 2 – Pin 5.08 Injektor 3 – Pin 5.07 Injektor 4 – Pin 5.06 Injektor 5 – Pin 5.09 Injektor 6 – Pin 5.03	
	Motor laufen lassen!	

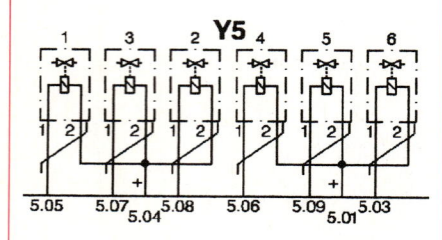

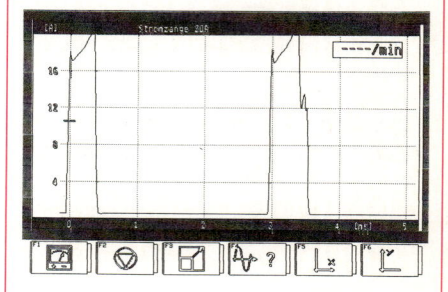

2.6 Qualitätssicherung durch Prüfen und Messen

Prüfen von Sensoren und Aktoren

Raildruckregelventil Y3

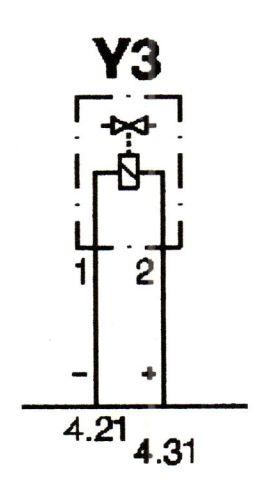

Schaltbild/Funktion	Prüfungen	Ergebnis/Signalbild
Y3 1 2 4.21 4.31 Regelung des Raildruckes in Verbindung mit dem Raildrucksensor	**Widerstandsmessung:** Messung am Aktor Kl. 2 gegen Kl. 1 Messung am SG-Stecker Pin 4.31 gegen Pin 4.21 **Oszilloskopmessung:** Messung am SG Pin 4.31 gegen Pin 4.21 Messung am Aktor Kl. 2 gegen Kl. 1 Motor mit Leerlaufdrehzahl laufen lassen!	1,5 bis 3,5 Ohm 1,5 bis 3,5 Ohm Tastverhältnis ändert sich bei ändernden Raildruck!

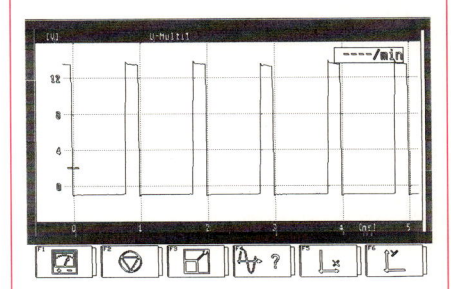

Druckwandler Ladedruckregelung Y2

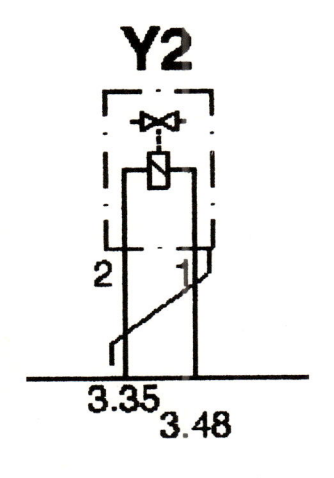

Schaltbild/Funktion	Prüfungen	Ergebnis/Signalbild
Y2 2 1 3.35 3.48 Regelung des Ladedruckes in Verbindung mit dem Ladedrucksensor	**Widerstandsmessung:** Messung am Aktor Kl. 2 gegen Kl. 1 Messung am SG-Stecker Pin 3.35 gegen Pin 3.48 **Spannungsmessung:** Spannungsversorgung am Aktor Kl. 2 gegen Kl. 1 Spannungsversorgung am SG Pin 3.35 gegen Pin 3.48 Zündung einschalten! **Oszilloskopmessung:** Messung am Aktor Kl. 1 gegen Kl. 2 Messung am SG Pin 3.35 gegen Pin 3.48 Motor laufen lassen, Gasstoß geben!	12 bis 16 Ohm 12 bis 16 Ohm 4,5 bis 5,5 Volt 4,5 bis 5,5 Volt

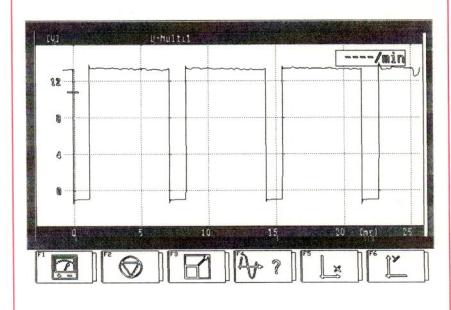

Prüfen von Sensoren und Aktoren

Druckwandler Abgasrückführung Y1

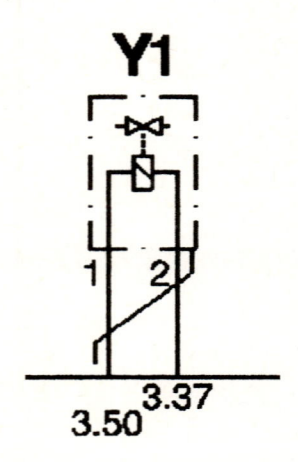

Schaltbild/Funktion	Prüfungen	Ergebnis/Signalbild
Regelung der zurückgeführten Abgasmenge	**Widerstandsprüfung:** Messung am Aktor Kl. 2 gegen Kl. 1	12 bis 16 Ohm
	Messung am SG-Stecker Pin 3.37 gegen 3.50	12 bis 16 Ohm
	Spannungsmessung: Spannungsversorgung am Aktor Kl. 1 gegen Kl. 2	4,5 bis 5,5 Volt
	Spannungsversorgung am SG Pin 3.50 gegen 3.37	4,5 bis 5,5 Volt
	Zündung einschalten!	
	Oszilloskopmessung: Messung am Aktor Kl. 2 gegen Kl. 1	
	Messung am SG Pin 3.37 gegen 3.50	
	Motor laufen lassen, Gasstoß geben!	

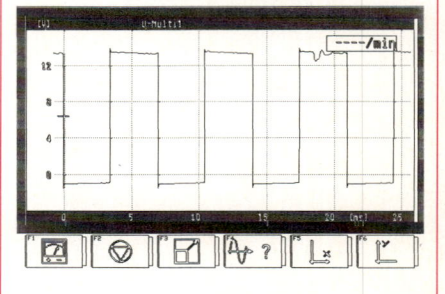

Elektrische Abstellung (ELAB) Y4

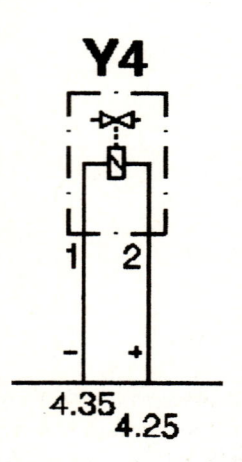

Schaltbild/Funktion	Prüfungen	Ergebnis/Signalbild
Sperrung der Kraftstoffzufuhr im Abstellmoment des Motors	**Widerstandsmessung:** Messung am Aktor Kl. 2 gegen Kl. 1	10 bis 15 Ohm
	Messung am SG-Stecker Pin 4.25 gegen Pin 4.35	10 bis 15 Ohm
	Spannungsmessung: Messung am Aktor Kl. 2 gegen Kl. 1	min. 11,5 Volt
	Messung am SG Pin 4.25 gegen Pin 4.35	min. 11,5 Volt
	Motor laufen lassen, dann abstellen!	Spannungsanstieg bei Abstellen des Motors!

Prüfen von Sensoren und Aktoren

Motor Einlasskanalabschaltung M2

Schaltbild/Funktion	Prüfungen	Ergebnis/Signalbild
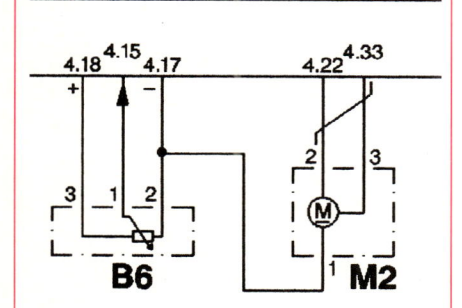 Verstellung des Querschnitts der Füllungseinlasskanäle	**Spannungsmessung:** Spannungsversorgung am Aktor Kl. 2 gegen Masse Spannungsversorgung am SG Pin 4.22 gegen Masse Zündung einschalten! **Oszilloskopmessung:** Messung am SG Pin 4.22 gegen Pin 4.33 Messung am Aktor Kl. 2 gegen Kl. 3 Motor laufen lassen, Gasstoß geben!	min. 11,5 Volt min. 11,5 Volt 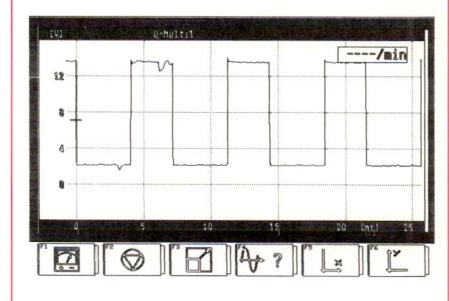

2.7 Qualitätssicherung durch Kundenorientierung

● **Kundenauftrag: Kraftstoffverbrauch zu hoch in Verbindung mit unzureichender Motorleistung**

Anschrift Kunde:

Herrn
Gernot Meier
Uhlandstr. 8

60314 Frankfurt/Main

Auftrags-Nr.: 0016

Kunden-Nr.: 1516

Auftragsdatum: 29. 03. 2005

Typ	Amtl.-Kennzeichen	Fzg.-Ident-Nr.	KBA-Schlüssel	km-Stand
Golf IV 1,9 TDI	VVI-HK 444		0603 498	67000

Erstzulassung	Motor-Nr.	angenommen durch	Telefon-Nr.
04/2001	AUY	Müller	069/32134

Pos.	Arb.wert	Zeit	Arbeitstext	Preis
01			Kraftstoffverbrauch zu hoch in Verbindung mit unzureichender Motorleistung	

Termin: 30. 03. 2005, 16.00 Uhr

Der Auftrag wird unter ausdrücklicher Anerkennung der „Bedingungen für die Ausführung von Arbeiten an Kraftfahrzeugen, Aggregaten und deren Teile und für Kostenvoranschläge" erteilt, die mir ausgehändigt wurden.

Endabnahme Fahrzeug

Tag	Uhrzeit	Abnehmer	km-Stand

Gernot Meier
Unterschrift Kunde

2.8 Qualitätssicherung durch Systemkenntnis

2.8.1 Motormanagement eines Dieselmotors mit Pumpe-Düse-Einheit

Systemübersicht

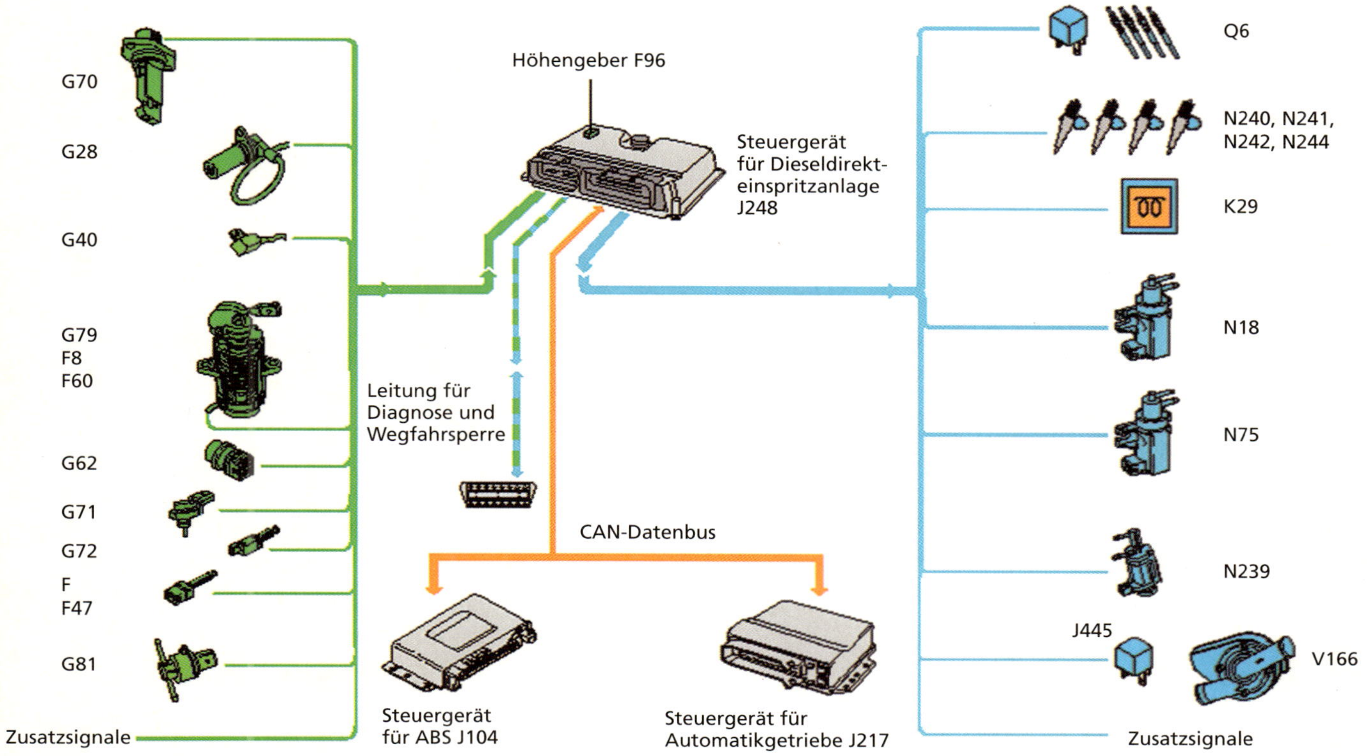
G70
G28
G40
G79
F8
F60
G62
G71
G72
F
F47
G81
Zusatzsignale
Höhengeber F96
Steuergerät
für Dieseldirekt-
einspritzanlage
J248
Leitung für
Diagnose und
Wegfahrsperre
CAN-Datenbus
Steuergerät
für ABS J104
Steuergerät für
Automatikgetriebe J217
Q6
N240, N241,
N242, N244
K29
N18
N75
N239
J445
V166
Zusatzsignale

Sensoren

Luftmassenmesser G70
Geber für Motordrehzahl G28
Hallgeber G40
Geber für Gaspedalstellung G79
Kick-Down-Schalter F8
Leerlaufschalter F60
Geber für Kühlmitteltemperatur G62
Geber für Saugrohrdruck G71
Geber für Saugrohrtemperatur G72
Kupplungspedalschalter F36
Bremslichtschalter F und Bremspedalschalter F47
Geber für Kraftstofftemperatur G81

Zusatzsignale:
Fahrgeschwindigkeitssignal
Klimakompressor-Bereitschaft
Schalter für Geschwindigkeitsregelanlage
Drehstromgenerator-Klemme DF

Aktoren

Relais für Glühkerzen J52 und Glühkerzen Q6
Ventile für Pumpe-Düse Zylinder 1 bis 4 N240 bis N243
Kontrolllampe für Vorglühzeit K29
Ventil für Abgasrückführung N18
Magnetventil für Ladedruckbegrenzung N75
Umschaltventil für Saugrohrklappe N239
Relais für Pumpe Kraftstoffkühlung J445
Pumpe für Kraftstoffkühlung V166

Zusatzsignale:
Kühlmittel-Zusatzheizung
Motordrehzahl
Kühlerlüfternachlauf
Klimakompressor-Abschaltung
Kraftstoffverbrauchssignal

Technische Beschreibung

- Motormanagement Pumpe-Düse
- Abgasrückführung mit Oxidationkatalysator

2.8.2 Aufbau

In dem Pumpe-Düse-Einspritzsystem sind Hochdruckpumpe und Einspritzdüse in einem Bauteil zusammengefasst. Jeder Zylinder hat eine Pumpe-Düse-Einheit. Hochdruckleitungen entfallen. Mit dem Pumpe-Düse-Einspritzsystem werden Einspritzdrücke von maximal 2 050 bar erreicht. Im Vergleich zu der Verteilereinspritzpumpe werden mit dem Pumpe-Düse-Einspritzsystem
- geringere Verbrennungsgeräusche,
- weniger Schadstoffemissionen,
- geringerer Kraftstoffverbrauch,
- höhere Leistungsausbeute erreicht.

Das Pumpe-Düse-Einspritzsystem besteht aus
- dem Kraftstoffversorgungssystem,
- der Pumpe-Düse-Einheit,
- dem Motorsteuergerät mit den entsprechenden Sensoren.

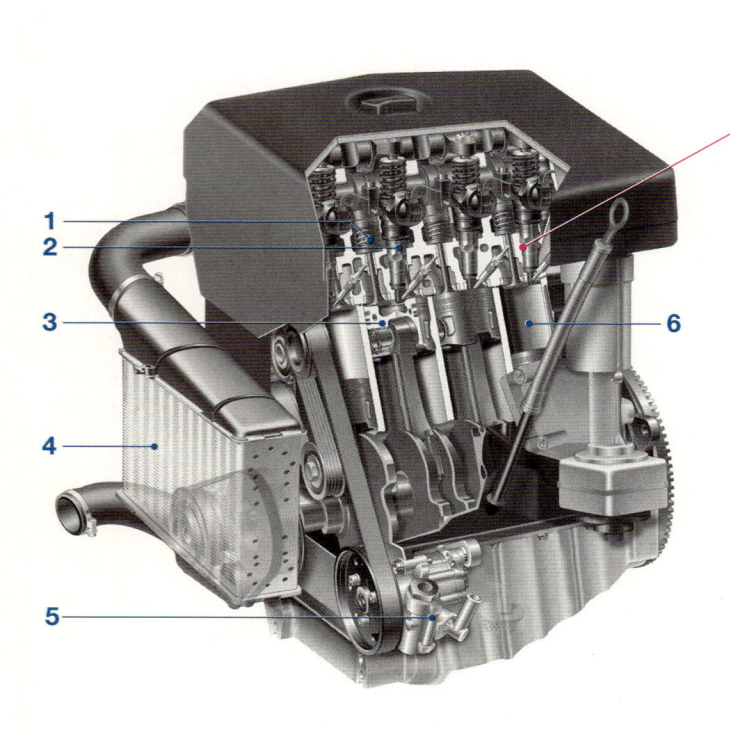

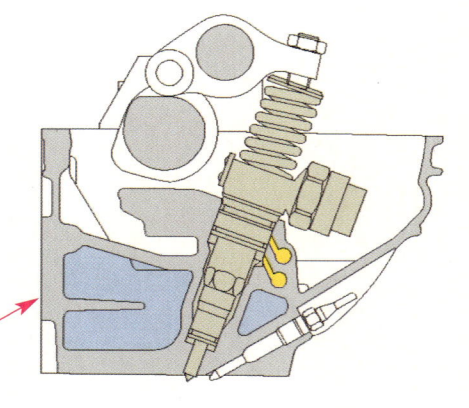

1 Ventiltrieb
2 Injektor
3 Kolben mit Bolzen und Pleuel
4 Ladeluftkühler
5 Kühlmittelpumpe
6 Zylinder

Ausführung

Grundfunktionen	Zusatzfunktionen
Die Grundfunktionen steuern die Einspritzung von Dieselkraftstoff • zum richtigen Zeitpunkt, • in der richtigen Menge, • mit einem möglichst hohen Druck.	• Abgasrückführung • Ladedruckregelung • Zylinderabschaltung • Fahrgeschwindigkeitsregelung • Elektronische Wegfahrsperre • Datenaustausch mit anderen elektronischen System über das serielle Bussysten CAN.

2.8.3 Kraftstoffversorgung

Aufbau

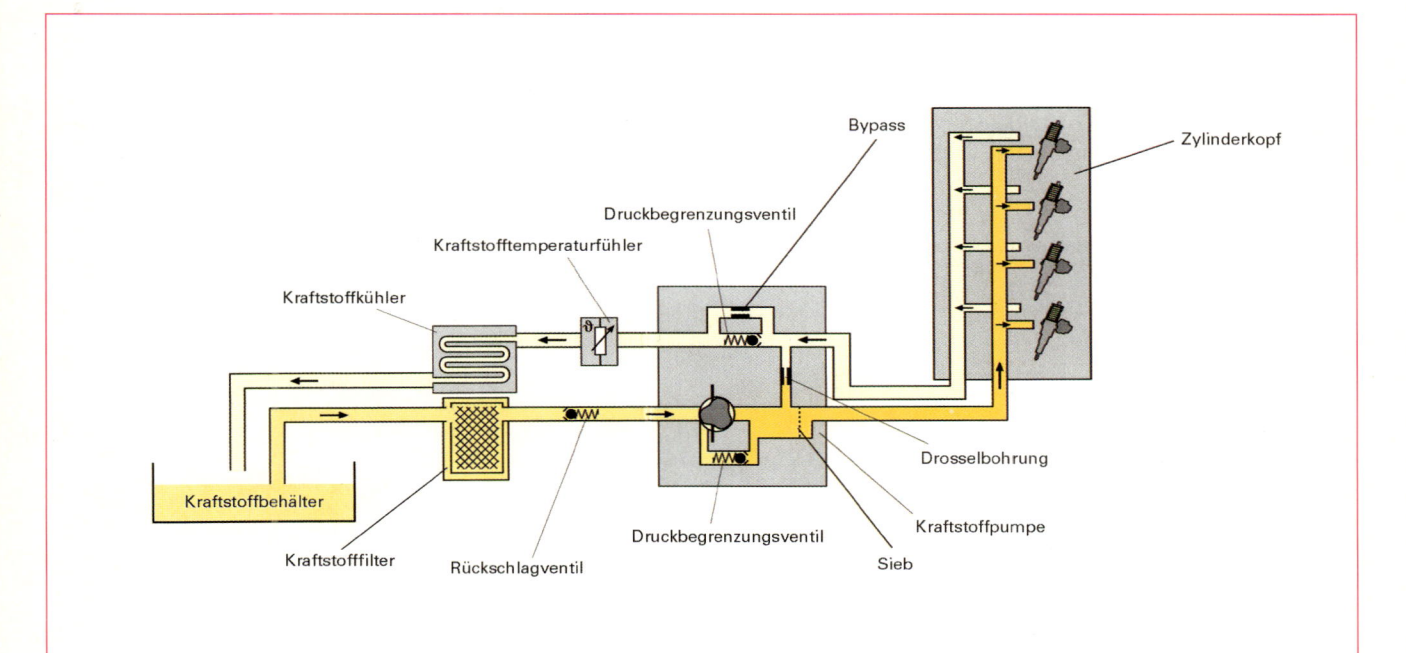

Diagram labels: Bypass, Zylinderkopf, Druckbegrenzungsventil, Kraftstofftemperaturfühler, Kraftstoffkühler, Kraftstoffbehälter, Kraftstofffilter, Rückschlagventil, Druckbegrenzungsventil, Sieb, Drosselbohrung, Kraftstoffpumpe

Vorlauf

- Kraftstofffilter: Er schützt das System vor Verschmutzung und Verschleiß durch Partikel und Wasser.
- Rückschlagventil: Es verhindert, dass bei Motorstillstand Kraftstoff von der Kraftstoffpumpe zurück in den Kraftstoffbehälter fließt (Öffnungsdruck 0,2 bar).
- Kraftstoffpumpe: Sie fördert den Kraftstoff aus dem Kraftstoffbehälter über den Kraftstofffilter zu den Pumpe-Düse-Einheiten. Der nicht benötigte Kraftstoff wird über die Rücklaufleitung im Zylinderkopf in den Kraftstoffbehälter zurückgeführt.
- Druckbegrenzungsventil (Teil der Kraftstoffpumpe): Es regelt den Kraftstoffdruck im Vorlauf. Bei einem Druck von 7,5 bar öffnet das Ventil und der Kraftstoff wird der Saugseite der Kraftstoffpumpe zugeführt.
- Drosselbohrung zwischen Vor- und Rücklauf: Über die Drosselbohrung werden Dampfblasen, die sich im Kraftstoff-Vorlauf befinden, in den Rücklauf abgeschieden.

Rücklauf

- Druckbegrenzungsventil (Teil der Kraftstoffpumpe) Es hält den Kraftstoff im Rücklauf auf 1 bar, so dass an der Magnetnadel gleichbleibende Kräfteverhältnisse erzielt werden.
- Bypass: Wenn sich Luft im Kraftstoffsystem befindet (bei leergefahrenem Kraftstoffbehälter) bleibt das Druckbegrenzungsventil geschlossen. Die Luft wird von dem nachfließenden Kraftstoff aus dem System gedrückt.
- Kraftstofftemperatursensor: Er ermittelt die Kraftstofftemperatur im Rücklauf und sendet ein Signal an das Motorsteuergerät.
- Kraftstoffkühler: Durch den hohen Druck in den Pumpe-Düse-Einheiten erwärmt sich der Kraftstoff so stark, dass er abgekühlt werden muss, bevor er in den Kraftstoffbehälter zurückfließt. Der Kraftstoff-Kühlkreislauf ist vom Motor-Kühlkreislauf getrennt, da das Kühlmittel bei betriebswarmem Motor zu hoch ist. Der Kraftstoffkühler befindet sich bei diesem Motor auf dem Kraftstofffilter.

Verteilerrohr

Das Verteilerrohr hat die Aufgabe, den Kraftstoff gleichmäßig an die Pumpe-Düse-Einheiten zu verteilen.

Da die Kraftstofftemperatur von Zylinder 4 zu Zylinder 1 ansteigt, würden die Pumpeneinheiten mit einer Vorlaufleitung aufgrund der unterschiedlichen Temperaturen mit einer unterschiedlichen Kraftstoffmasse versorgt. Um dies zu vermeiden, befindet sich in der Vorlaufleitung ein Verteilerrohr mit Querbohrungen, so dass ein Ringspalt entsteht. Über diese Querbohrungen fließt der kühle Kraftstoff aus dem Vorlauf in den Ringspalt. Gleichzeitig strömt von der Pumpe-Düse-Einheit zurückgeschobener heißer Kraftstoff in den Ringspalt. Hier vermischen sie sich und es ergibt sich eine gleichmäßige Temperatur des Kraftstoffes. Damit werden alle Pumpe-Düse-Einheiten mit der gleichen Kraftstoffmasse versorgt.

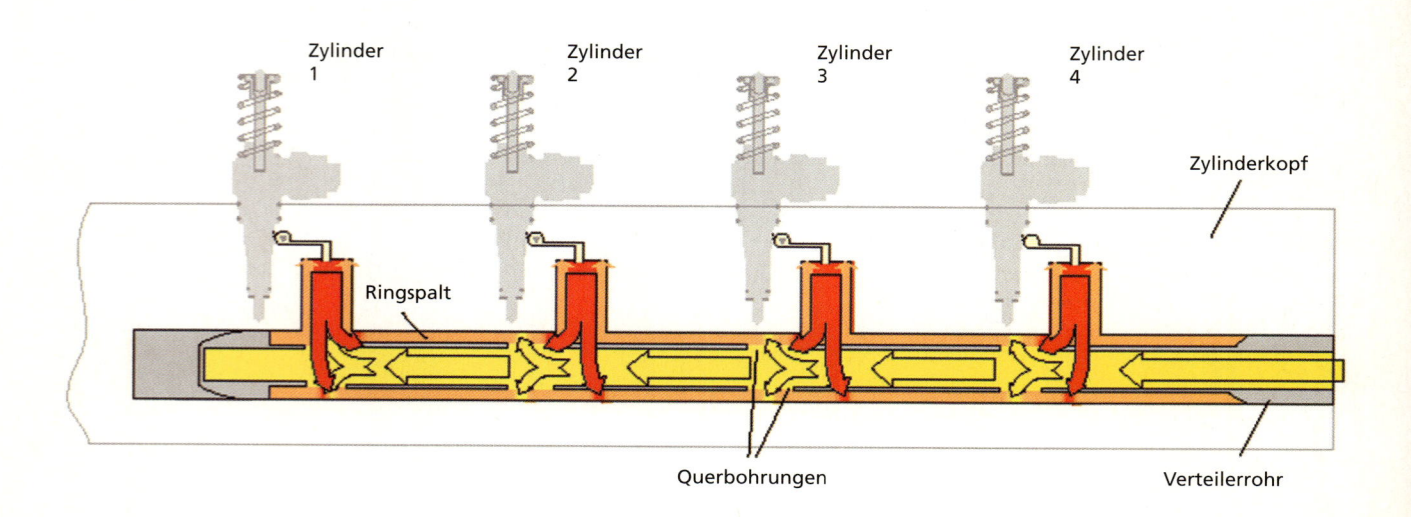

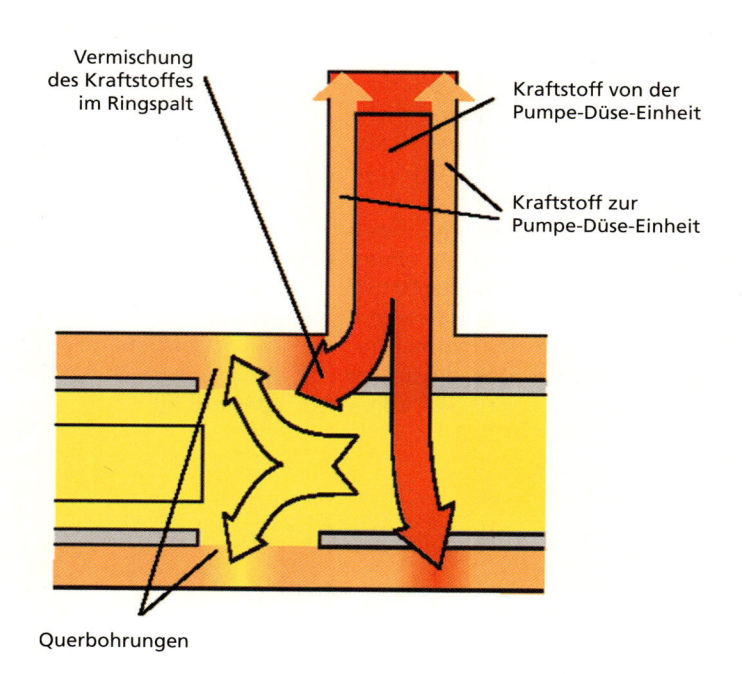

Pumpe-Düse-Einheit

Die Pumpe-Düse-Einheit besteht aus
- dem Pumpenkörper mit Pumpenkolben und der Kolbenfeder,
- dem Hochdruckmagnetventil (Ventil für Pumpe-Düse),
- der Düsennadel mit Düsenfeder und dem Ausweichkolben

Den Aufbau zeigt die nebenstehende Darstellung.

Der Pumpenkolben wird von der Nockenwelle über Rollenkipphebel betätigt. Der Einspritznocken hat unterschiedliche Flanken:
- Steil auflaufende Flanke: Der Pumpenkolben wird mit hoher Geschwindigkeit nach unten gedrückt und somit schnell ein hoher Einspritzdruck erreicht.
- Flache ablaufende Flanke: Der Kolben geht langsam und gleichmäßig nach oben und der Kraftstoff kann blasenfrei in den Hochdruckraum der Pumpe-Düse-Einheit nachströmen.

Bei flach ablaufender Nockenflanke bewegt sich der Pumpenkolben durch die Kraft der Kolbenfeder nach oben. Das Volumen des Hochdruckraumes wird vergrößert. Da das Magnetventil nicht angesteuert wird, befindet es sich in Ruhelage und gibt den Weg vom Kraftstoff-Vorlauf zum Hochdruckraum frei. Durch den Kraftstoffdruck im Vorlauf strömt der Kraftstoff in den Hochdruckraum.

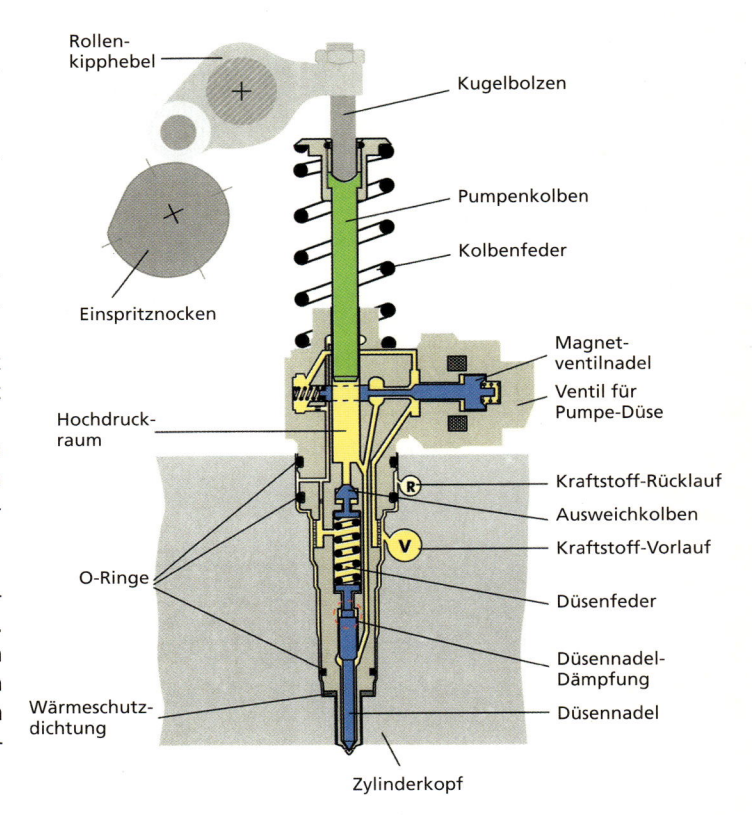

2.8.4 Motormanagement

2.8.4.1 Betriebsdatenerfassung

Die Betriebsdaten werden durch folgende Sensoren erfasst.
- Der Luftmassenmesser mit Rückströmerkennung: Er ermittelt die angesaugte Luftmasse. Die gemessenen Werte werden vom Steuergerät zur Berechnung der Einspritzmenge und der Abgasrückführungsmenge verwendet.
- Motordrehzahlsensor: Er ermittelt die Motordrehzahl und die Kurbelwellenposition. Mit diesen Informationen wird der Einspritzzeitpunkt und die Einspritzmenge berechnet.
- Hallgeber: Das Signal dient der Zylindererkennung beim Motorstart. Damit kann das richtige Ventil für die Pumpe-Düse angesteuert werden.
- Fahrpedalsensor: Durch ihn erkennt das Motorsteuergerät die Stellung des Gaspedals.
- Kühlmitteltemperatursensor: Er ermittelt die aktuelle Kühlmitteltemperatur. Sie wird vom Steuergerät als Korrekturwert für die Berechnung der Einspritzmenge verwendet.
- Saugrohrsensoren: Der Saugrohrdrucksensor wird zur Überprüfung des Ladedrucks benötigt und wird mit dem Sollwert aus dem Ladedruck-Kennfeld verglichen. Der Saugrohrtemperatursensor dient dem Motorsteuergerät als Korrekturwert für die Berechnung des Ladedrucks.
- Kupplungspedalschalter: Er signalisiert, ob ein- oder ausgekuppelt ist. Bei betätigter Kupplung wird die Einspritzmenge kurzzeitig reduziert.
- Bremslichtschalter/Bremspedalschalter: Beide Schalter liefern das Signal „Bremse betätigt".
- Kraftstofftemperatursensor: Er ermittelt die Kraftstofftemperatur, die das Steuergerät zur Berechnung des Förderbeginns und der Einspritzmenge verarbeitet.
- Höhengeber: Er befindet sich im Motorsteuergerät und dient der Höhenkorrektur für die Ladedruckregelung und die Abgasrückführung

2.8.4.2 Betriebsdatenverarbeitung

Auch bei Dieselmotoren wird ein drehmomentorientiertes Motormanagement eingesetzt. Das Motorsteuergerät sammelt alle Drehmomentanforderungen, wertet sie aus und koordiniert die Umsetzung.

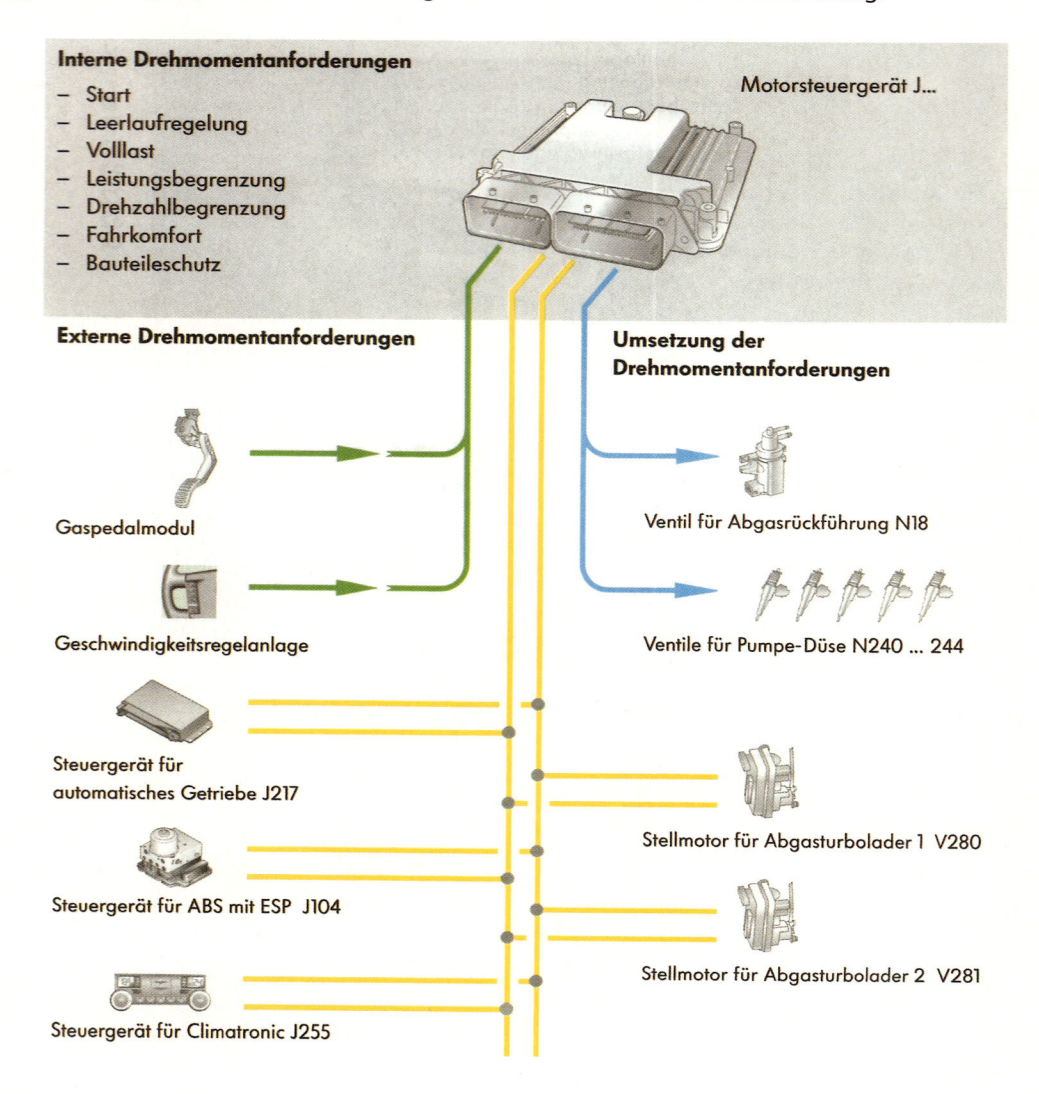

Interne Drehmomentanforderungen
- Start
- Leerlaufregelung
- Volllast
- Leistungsbegrenzung
- Drehzahlbegrenzung
- Fahrkomfort
- Bauteileschutz

Motorsteuergerät J...

Externe Drehmomentanforderungen
- Gaspedalmodul
- Geschwindigkeitsregelanlage
- Steuergerät für automatisches Getriebe J217
- Steuergerät für ABS mit ESP J104
- Steuergerät für Climatronic J255

Umsetzung der Drehmomentanforderungen
- Ventil für Abgasrückführung N18
- Ventile für Pumpe-Düse N240 ... 244
- Stellmotor für Abgasturbolader 1 V280
- Stellmotor für Abgasturbolader 2 V281

Aus den internen und externen Drehmomentanforderungen bestimmt das Motorsteuergerät ein Soll-Drehmoment. Um dieses Soll-Drehmoment zu erreichen, muss die Einspritzmengenregelung die entsprechende Einspritzmenge ermitteln. Die Förderbeginnregelung hat die Aufgabe, den richtigen Zeitpunkt für die Förderung und die Einspritzung zu bestimmen.

Einspritzmengenregelung	Förderbeginnregelung
Die Einspritzmenge berechnet das Motorsteuergerät unter Berücksichtigung • des Fahrerwunsches, • der Motordrehzahl, • der angesaugten Luftmasse, • der Kühlmitteltemperatur, • der Kraftstofftemperatur, • der Ansauglufttemperatur. Die Einspritzmenge wird begrenzt, um Schäden am Motor und Schwarzrauch zu vermeiden. Die Begrenzung ist abhängig von • der Motordrehzahl, • der Luftmasse, • dem Luftdruck.	Das Motorsteuergerät berechnet den Förderbeginn. Der Sollwert ist abhängig von • der Motordrehzahl, • der errechneten Einspritzmenge, • der Kühlmitteltemperatur, • dem Luftdruck.

2.8.4.3 Aktor: Ventil für Pumpe-Düse

Prinzipbild

Ventil für Pumpe-Düse

Schaltbild

N240 N241 N242 N243

Stromverlauf

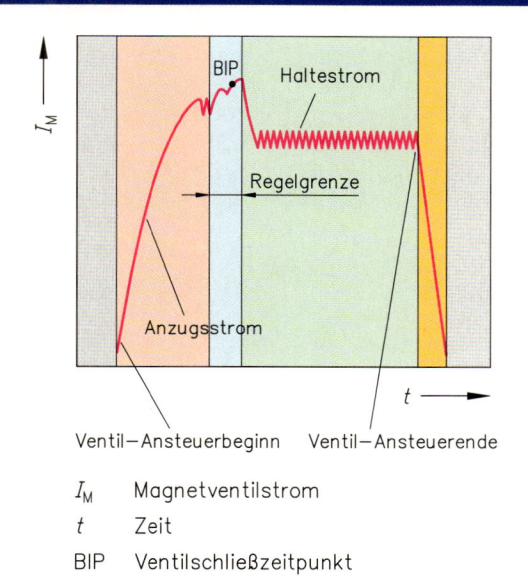

BIP
Haltestrom
Regelgrenze
Anzugsstrom
Ventil–Ansteuerbeginn Ventil–Ansteuerende

I_M Magnetventilstrom
t Zeit
BIP Ventilschließzeitpunkt

Beim Ansteuern des Ventils wird der Einspritzvorgang eingeleitet. Ein Magnetfeld wird aufgebaut, die Stromstärke steigt an, das Ventil schließt. Beim Schließen des Ventils gibt es einen Knick im Stromverlauf. Dieser Knick signalisiert dem Motorsteuergerät das Schließen des Ventils und den Zeitpunkt des Förderbeginns. Dieser Knick wird als BIP (Beginning of Injection Period = Einspritzbeginn) bezeichnet. Nach Schließen des Ventils, fällt die Stromstärke auf einen konstanten Haltestrom ab. Ist die berechnete Förderdauer erreicht, wird die Ansteuerung beendet und das Ventil schließt.

Das Motorsteuergerät überwacht den Stromverlauf des Ventils und stellt Funktionsstörungen des Ventils fest. Das Motorsteuergerät erfasst den tatsächlichen Schließpunkt des Ventils (BIP). Daraus berechnet das Steuergerät die Ansteuerzeit des Ventils für die nächste Einspritzung. Bei Abweichung des Ist-Förderbeginns von dem im Steuergerät abgelegten Sollwert korrigiert das Motorsteuergerät nach.
Die Funktion des Ventils ist einwandfrei, wenn das BIP innerhalb der Regelgrenze liegt.

Ausfall des Ventils für Pumpe-Düse

Bei Ausfall eines Ventils für Pumpe-Düse ist der Motorlauf unrund und die Leistung geringer. Das Ventil hat eine doppelte Sicherheitsfunktion. Bei offenem Ventil kann kein Druck in der Pumpe-Düse-Einheit aufgebaut werden, bei geschlossenem Ventil kann der Hochdruckraum der Pumpe-Düse-Einheit nicht mehr gefüllt werden. In beiden Fällen wird kein Kraftstoff eingespritzt.

2.8.1.7 Ablauf des Einspritzvorgangs

Voreinspritzung beginnt

Der Pumpenkolben wird vom Rollenkipphebel nach unten bewegt. Er drückt den Kraftstoff vom Hochdruckraum in den Kraftstoff-Vorlauf. Das Motorsteuergerät steuert das Magnetventil an. Die Magnetventilnadel wird auf den Sitz gedrückt, der Weg vom Hochdruckraum zum Kraftstoff-Vorlauf wird geschlossen. Bei 180 bar ist der Druck größer als die Kraft der Düsenfeder und die Düsennadel öffnet. Die Voreinspritzung beginnt.

Voreinspritzung endet

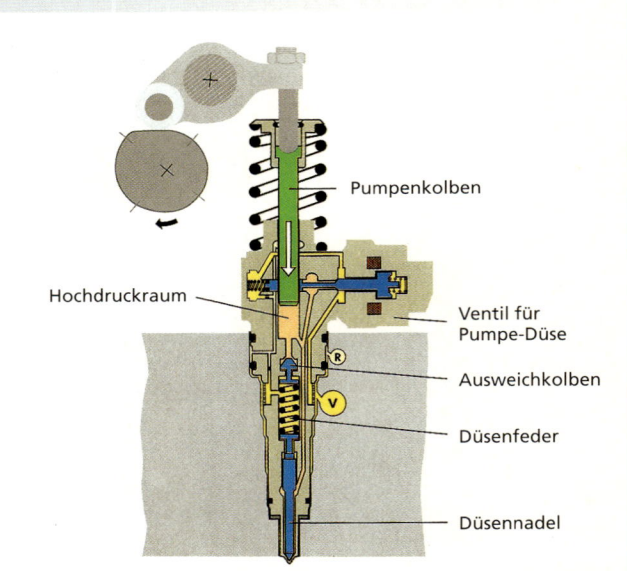

Durch den ansteigenden Druck bewegt sich der Ausweichkolben nach unten. Es vergrößert sich das Volumen des Hochdruckraumes. Der Druck fällt kurzzeitig. Die Düsennadel schließt und die Voreinspritzung ist beendet. Durch die Abwärtsbewegung des Ausweichkolbens wird die Düsenfeder stärker vorgespannt. Bei der folgenden Haupteinspritzung ist daher ein größerer Kraftstoffdruck erforderlich als bei der Voreinspritzung.

Haupteinspritzung beginnt

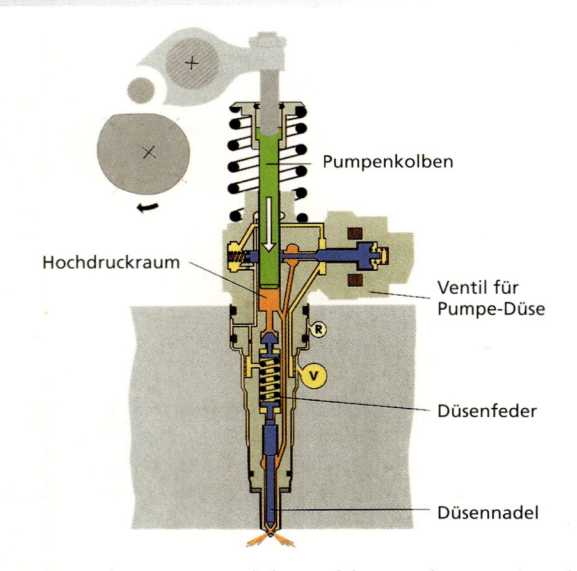

Nachdem die Düsennadel geschlossen hat, steigt der Druck im Hochdruckraum wieder an. Das Magnetventil ist ebenfalls geschlossen, der Pumpenkolben bewegt sich nach unten. Bei etwa 300 bar ist der Kraftstoffdruck größer als die Kraft der vorgespannten Düsenfeder. Die Düsennadel hebt ab und öffnet die Spritzlöcher. Die Hauptanspritzung beginnt. Da durch die Spritzlöcher weniger Kraftstoff abgespritzt wird als durch den Pumpenkolben verdrängt wird, steigt der Druck auf bis 2050 bar an.

Haupteinspritzung endet

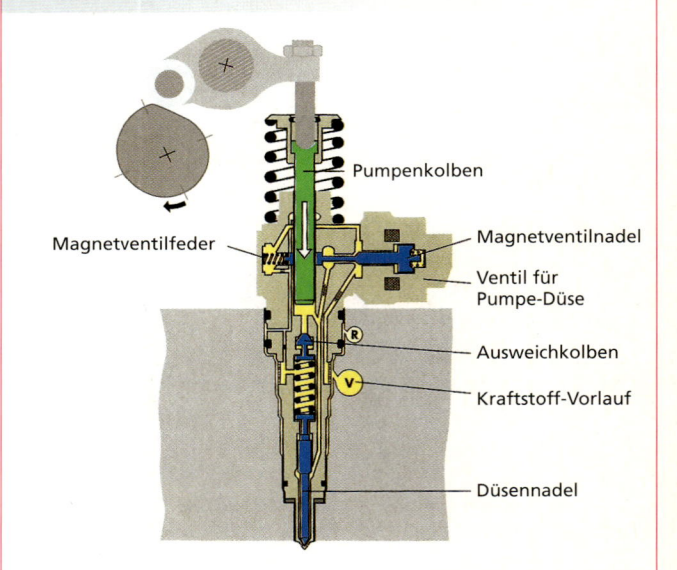

Die Einspritzung endet, wenn das Motorsteuergerät das Magnetventil nicht mehr ansteuert und die Magnetventilnadel durch die Magnetventilfeder geöffnet wird. Der vom Pumpenkolben verdrängte Kraftstoff entweicht in den Kraftstoff-Vorlauf. Der Druck sinkt ab, die Düsennadel schließt. Der Ausgleichkolben bewegt sich in seine Ausgangslage. Die Haupteinspritzung ist beendet.

2.9 Qualitätssicherung durch Prüfen und Messen

Fehlersuche: Motor startet nicht

Prüfvoraussetzungen:
Starter dreht
Kraftstoff vorhanden

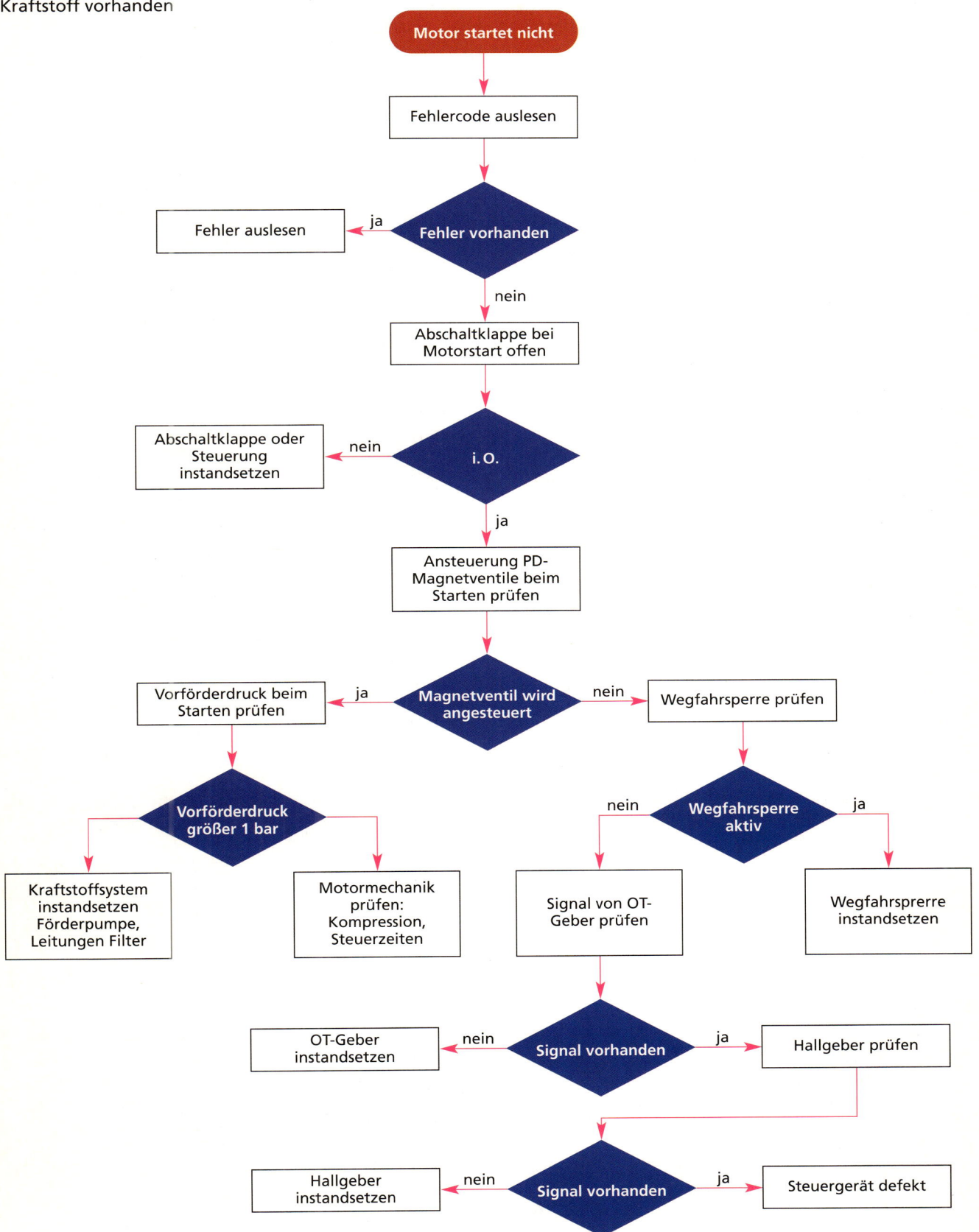

```
                          ┌─────────────────────┐
                          │ Motor startet nicht │
                          └──────────┬──────────┘
                                     ▼
                          ┌─────────────────────┐
                          │  Fehlercode auslesen │
                          └──────────┬──────────┘
                                     ▼
   ┌──────────────────┐  ja    ◆ Fehler vorhanden ◆
   │ Fehler auslesen  │◄───────
   └──────────────────┘             │ nein
                                     ▼
                          ┌─────────────────────┐
                          │ Abschaltklappe bei  │
                          │ Motorstart offen    │
                          └──────────┬──────────┘
                                     ▼
   ┌──────────────────┐  nein
   │ Abschaltklappe   │◄──────── ◆ i. O. ◆
   │ oder Steuerung   │
   │ instandsetzen    │              │ ja
   └──────────────────┘              ▼
                          ┌─────────────────────┐
                          │ Ansteuerung PD-     │
                          │ Magnetventile beim  │
                          │ Starten prüfen      │
                          └──────────┬──────────┘
                                     ▼
   ┌──────────────────┐  ja  ◆ Magnetventil wird ◆  nein  ┌──────────────────┐
   │ Vorförderdruck   │◄────     angesteuert      ────►   │ Wegfahrsperre    │
   │ beim Starten     │                                    │ prüfen           │
   │ prüfen           │                                    └─────────┬────────┘
   └────────┬─────────┘                                              ▼
            ▼                                           nein  ◆ Wegfahrsperre ◆ ja
   ◆ Vorförderdruck ◆                                  ┌──────┘     aktiv     └──────┐
      größer 1 bar                                     ▼                             ▼
       │         │                              ┌─────────────┐              ┌──────────────┐
       ▼         ▼                              │ Signal von  │              │ Wegfahrsperre│
 ┌──────────┐ ┌──────────┐                      │ OT-Geber    │              │ instandsetzen│
 │Kraftstoff│ │Motor-    │                      │ prüfen      │              └──────────────┘
 │system    │ │mechanik  │                      └──────┬──────┘
 │instand-  │ │prüfen:   │                             ▼
 │setzen    │ │Kompress- │                ┌──────────┐ nein  ◆Signal vorhanden◆ ja  ┌──────────┐
 │Förder-   │ │ion,      │                │ OT-Geber │◄──────                ─────►│Hallgeber │
 │pumpe,    │ │Steuer-   │                │instand-  │                              │ prüfen   │
 │Leitungen │ │zeiten    │                │ setzen   │                              └────┬─────┘
 │Filter    │ └──────────┘                └──────────┘                                   │
 └──────────┘                                                                            ▼
                                          ┌──────────┐ nein  ◆Signal vorhanden◆ ja  ┌──────────┐
                                          │Hallgeber │◄──────                ─────►│Steuergerät│
                                          │instand-  │                              │ defekt   │
                                          │ setzen   │                              └──────────┘
                                          └──────────┘
```

Anweisungen zur Lösung der Kundenaufträge

Motormanagement

1 Qualitätssicherung durch Kundenorientierung
  1.1 Beschreiben Sie den Empfang eines Kunden (evtl. auch im Rollenspiel).
  1.2 Der Betrieb wirbt in der Presse mit Kundenorientierung. Ein Kunde möchte Informationen, was darunter zu verstehen ist. Beschreiben Sie, welche Informationen Sie dem Kunden geben würden.
  1.3 Legen Sie mit Hilfe der ESItronic eine Arbeitskarte an (Arbeitsblatt 1).

2 Qualitätssicherung durch Systemkenntnis
  2.1 Führen Sie die Fahrzeugidentifizierung durch (Arbeitsblatt 2).
  2.2 Beschreiben Sie das Verbrennungsverfahren (Arbeitsblatt 3).
  2.3 Zeichnen Sie den Blockschaltplan der unterschiedlichen Gemischbildungssysteme, bestehend aus Kraftstoffsystem, Ansaugsystem und Abgassystem.
  Beschreiben Sie in Stichworten die wesentlichen Funktionsmerkmale der Systeme (Arbeitsblatt 4).
  2.4 Drucken Sie Schaltpläne des Motorsteuerungssystems (siehe ESItronic) aus und kleben Sie sie in die Arbeitsblätter 5 und 6 ein. Zeichnen Sie die Signale farbig in die Schaltpläne ein:
  Grün: Eingangssignal ins Steuergerät
  Blau: Ausgangssignal aus dem Steuergerät
  Rot: Plus, Spannungsversorgung Kl. 15/30
  Braun: Masse

3 Qualitätssicherung durch Prüfen und Messen
  3.1 Bestimmen Sie den Fehler (siehe ESItronic) und beschreiben Sie die Funktion des zu prüfenden Funktionsteils (Arbeitsblatt 7).
  Folgende Fehler sind im Fehlerspeicher eingetragen:
  Kundenauftrag 1 (VW Lupo/AUC): 44AB
  Kundenauftrag 2 (VW Lupo/ARR): 4065
  Kundenauftrag 3 (Audi A 4/AKE): 0309
  Kundenauftrag 4 (MB E 320/OM613.961): kein Eintrag im Fehlerspeicher
  Kundenauftrag 5 (VW Golf IV/AUY): 469A
  3.2 Führen Sie eine Fehleranalyse durch und entwickeln Sie den Prüfplan (Arbeitsblatt 8).

4 Qualitätssicherung durch geplante Instandsetzung
  4.1 Entwickeln Sie den Arbeitsplan (Arbeitsblatt 9).
  4.2 Welche Sicherheitsmaßnahmen sind zur Instandsetzung zu treffen (Arbeitsblatt 10).

5 Qualitätssicherung durch Kontrolle und Dokumentation
  5.1 Welche Positionen der Instandsetzung müssen vor Übergabe des Wagens an den Kunden überprüft werden?
  5.2 Vergleichen Sie die unterschiedlichen Ergebnisse der Arbeitsgruppen, diskutieren sie die Arbeitsprozesse und halten Sie Verbesserungen fest (Arbeitsblatt 11).
  5.3 Ergänzen Sie mit Hilfe der ESItronic die Arbeitskarte.
  5.4 Erstellen Sie eine Rechnung (ermitteln Sie die Preise der zu ersetzenden Teile, Arbeitswerte siehe ESItronic.

→ *Die Arbeitsblätter zur Lösung der Kundenaufträge sowie weitere Informationen zu Motoren bzw. Systemen finden Sie auf der CD-ROM Zusatzmaterialien.*
Informationen zu Fahrzeugen die auf der ESItronic „Demo" nicht enthalten sind finden Sie auf der diesem Buch beigelegten CD-Rom ESItronic „Demo 2". Diese CD ist auf die Kundenaufträge, die Fahrzeuge und die Motormanagementsysteme dieses Buches abgestimmt.

Bildquellenverzeichnis

Den nachfolgend aufgeführten Firmen danken wir für die Überlassung von Informationsmaterial, Fotos und fachliche Beratung:

Adam Opel AG, Rüsselsheim
Adolf Würth GmbH & Co.KG, Künzelsau
AEG AG Regensburg
Aluminium-Zentrale e. V., Nürnberg
Aral AG, Bochum
Ate GmbH, Frankfurt
Audi AG, Ingolstadt
Automeister, Langen
BASF AG, Ludwigshafen
Bayrische Motoren Werke, München
Behr GmbH & Co.KG, Stuttgart
Bewag AG & Co.KG, Berlin
Boge GmbH, Eitorf
Conrad Electronic GmbH, Hirschau,
Continental Deutschland GmbH, Hannover
DABAG GmbH, Zürich
Daimler-Benz, Stuttgart
ELMAG Entwicklungs- und Handels-GmbH, Ried im Innkreis
Fluke Deutschland GmbH, Kassel
Ford-Werke AG, Köln

Freudenberg Simrit KG, Weinheim
Hazet – Werk, Remscheid
Heinrich Klar Schilder- und Etikettenfabrik GmbH & Co. KG, Wuppertal
Hella KG, Hueck & Co. KG, Lippstadt
Henkel Loctite Deutschland GmbH, München
ITT Automotiv Europe GmbH, Frankfurt am Main
KAMAX – Werke, Osterode am Harz
LuK-Aftermarket Service oHG, Langen
MEV Bildarchiv
Müller Gerätebau GmbH, Höfendorf
Pirelli Reifenwerke GmbH & Co. KG, Höchst
Robert Bosch GmbH, Stuttgart
Rothenberger Werkzeuge GmbH, Kelkheim
Straßenverkehrsamt, Siegburg
Uniroyal, Hannover
Varta AG, Hannover
Volkswagen AG, Wolfsburg
Zahnradfabrik Friedrichshafen AG, Friedrichshafen
Zippo Beissbarth Automotive Group, München

Sachwortverzeichnis

A
Abgasnachbehandlung beim Dieselmotor 91
Abgasrückführung 45
Abgasturbolader 89
Abgasturbolader mit verstellbaren Leitschaufeln 100
Aktoren 87, 104, 121
Aktorprüfung 64, 106
Arbeitsdiagramm 6

B
Benzindirekteinspritzung 49
Betriebsartenkoordinator 54
Breitband-Lambda-Sonde 39

C
Common-Rail 95

D
Dieselmotor 77
Drehmomentanforderungen 11
Dreiwegekatalysator 36
Drosselklappensteuereinheit 10
Drosselklappensteuereinheit 17
Düsenhalter 82
Düsenhalter mit Nadelbewegungssensor 82

E
EEPROM 33
E-Gas-Funktion 15
Eigendiagnose 55
Einspritzventil 20
Einzelfunken-Zündspule 22, 34
Elektrodenformen 25
elektronisches Gaspedal 12

F
Fehlerdiagnose 61
Flash-EPROM 33
Füllungsteuerung 14
Funkenlage 25
Funkenstrecke 25

G
Gemischbildung 7, 78, 100
Geschwindigkeits-Regelanlage 44
Glühstiftkerze 90

H
Hallgeber 30
Harnstoff-Katalysator 92
Heißfilm-Luftmassenmesser 27
Hochdruckspeicher 99
Hochspannungsversorgung 23
Homogenbetrieb 51
hydraulische Motorlagerung 92

I
Injektor 99, 105

K
Kegelstrahlventil 20
Klopfregelung 40
Klopfsensor 41
Kohlenmonoxid 7
Kohlenwasserstoffe 7
Kraftstoff-Einspritzsystem 19
Kraftstoffmengenregelung 89
Kraftstoffverdunstungs-Rückhaltesystem 41
Kraftstoffversorgung 19, 52, 81, 97, 117

L
Ladedrucksensor 29
Lambda-Regelsystem 36
Lambda-Sonde 37
Lanar-Lambda-Sonde 37
Leerlaufdrehsteller 10
Leistungs- und Drehmomentkurven 6
Leistungsbilanz 6
Logikvergleich 56
Luftverhältnis 7

M
MED-Motronic 49
ME-Motronic 9
Motordrehmoment 11

N
Nadelbewegungssensor 82
Nockenwellenverstellung 46
NOX-Katalysator 54, 90

O
Ottomotor 6
Oxidationskatalysator 91

P
Partikelfilter 91
Pedalwertgeber 15
Plausibilitätsüberwachung 56
Prüfen von Sensoren und Aktoren 64, 106
Pumpe-Düse-Einheit 115, 118
PWM-Signale 33

R
Radialkolben-Verteilereinspritzpumpen 79
Rail 99
Raildrucksensor 102
RAM 33
ROM 33

S
Sacklochdüse 83
Saugrohrdrucksensor 29
Saugrohreinspritzung 21
Schadstoffe 7, 78
Schaltsaugrohre 43
Schichtladungsbetrieb 51
Schließwinkel 24
Sekundärluftsystem 42
Sensoren 27, 84, 89, 91, 92, 102
Sensorprüfung 64, 106
sequentielle Einspritzung 34
Spritzbeginnregelung 88
Spritzlochdüse 83
stetige Regelung 39
Steuergeräte-Diagnose-Tester 60
Stickoxide 7

T
Temperatursensor 31

V
Vorglühanlage 90

W
Wärmewert 26
Wastgate 89

Z
Zündkerze 25
Zündoszillogramm 23
Zündspule 22
Zündsystem 22
Zündwinkel 24
Zweifeder-Düsenhalter 82
Zweifunken-Zündspule 22, 34
Zwei-Punkt-Lambda-Regelung 38
Zwei-Sonden-Regelung 40
Zweistrahlventil 20
Zylinderfüllung 14
zylinderindividuelle Einspritzung 34